应用型本科系列规划教材

材料科学基础

主　编　孟广慧
副主编　张海鸿　罗西希

U0382395

西北工业大学出版社
西安

【内容简介】 材料科学基础是分析材料成分、组织结构、制备与合成工艺及材料性能之间相互关系的课程。本书是面向材料专业的相关应用型本科教材,重点阐述了金属材料最基本的理论知识,并初步介绍了无机非金属材料的相关知识。本书从材料的基本性能出发,介绍了金属和无机非金属结构材料的基本概念和基本理论知识。

本书可供材料相关专业应用型本科生作为教材使用,也可供其他与材料有关应用型专业教师和学生参考。

图书在版编目(CIP)数据

材料科学基础/孟广慧主编 . —西安:西北工业大学出版社,2020.5
ISBN 978 - 7 - 5612 - 7073 - 8

Ⅰ.①材… Ⅱ.①孟… Ⅲ.①材料科学-高等学校-教材 Ⅳ.TB3

中国版本图书馆 CIP 数据核字(2020)第 065408 号

CAILIAO KEXUE JICHU

材 料 科 学 基 础

责任编辑:胡莉巾		策划编辑:蒋民昌	
责任校对:王玉玲		装帧设计:董晓伟	

出版发行:西北工业大学出版社
通信地址:西安市友谊西路 127 号   邮编:710072
电　　话:(029)88491757,88493844
网　　址:www.nwpup.com
印 刷 者:陕西向阳印务有限公司
开　　本:787 mm×1 092 mm　　1/16
印　　张:16.5
字　　数:433 千字
版　　次:2020 年 5 月第 1 版　　2020 年 5 月第 1 次印刷
定　　价:50.00 元

前　言

为进一步深化应用型本科高等教育的教学水平,促进应用型人才的培养工作,提升学生的实践能力和创新能力,提高应用型本科教材的建设和管理水平,西安航空学院与国内其他高校、科研院所、企业进行深入探讨和研究,编写了"应用型本科系列规划教材"系列用书,包括《材料科学基础》共计 30 种。本系列教材的出版,将对基于生产实际,符合市场人才的培养工作具有积极的促进作用。

材料科学基础是分析材料的成分、组织结构、制备工艺与材料性能之间相互关系的一门课程,是材料相关专业的重要基础课。它对材料生产、使用和选材具有重要指导意义。人类使用材料具有悠久的历史,材料对人类历史发展和社会进步起着重要的作用。随着社会经济发展,对材料的要求不断提高,新材料也不断涌现,这就要求加深对材料基本知识的认知。本书以实际应用为背景,结合近几年的材料科学基础课程教学经验编写而成。

本书较为系统地介绍金属和无机非金属结构材料有关的基本理论知识,内容主要包括材料的性能、原子的结构与键合、晶体结构、晶体缺陷、固体中的扩散、相图、凝固基础与应用、材料的塑性变形以及亚稳态材料等。本书从实际教学的基本要求出发,着重介绍基本概念和基本基础理论知识,使学生能够应用基本理论知识解决材料工程的基本实际问题。

在编写本书过程中参阅并引用了有关教材、手册及文献,并把引用的主要参考资料列举在参考文献中。在此向相关资料的作者表示感谢。

本书的 2.3 节陶瓷材料的力学性能、4.4 节离子晶体结构、5.5 节离子晶体结构的点缺陷和第 9 章材料的变形由张海鸿编写,第 4 章晶体结构(4.4 节除外)、第 5 章晶体缺陷(5.5 节除外)由罗西希编写,第 1 章引言、第 2 章材料的性能(2.3 节除外)、第 3 章原子的结构与键合、第 6 章固体中的扩散、第 7 章相图、第 8 章凝固基础与应用和第 10 章亚稳态材料由孟广慧编写。本书由孟广慧任主编。

中国航发成都发动机有限公司杜立成、安泰科技股份有限公司牛山廷(现在钢研昊普科技有限公司工作)为本书编写提供了有关信息和素材,在此向他们表示感谢。

限于水平,书中难免有不足之处,恳请读者批评指正。

编　者

2020 年 1 月

目　录

第 1 章 引 言

人类使用材料的历史,与人类本身的历史一样长久。毫不夸张地说,人类科学技术发展史也是材料发展史。每一种新材料的发现,每一项新材料技术的应用,都给社会生产和人类的生活带来巨大的改变,推动人类社会前进,极大地改变了人们的生活和生产方式,对社会进步起到了关键性的作用。因此,材料也被历史学家用作划分历史时期的重要标志,如石器时期、青铜器时期和铁器时期等。

现代文明是建立在材料、能源技术、信息技术与生物技术基础之上的,其中材料是现代文明的重要基石,能源技术、信息技术和生物技术的发展都离不开材料的发展(见图1.1)。

图 1.1　材料是现代文明的重要基石

通常,为了实现某种目的,人们可以选用不同的材料。例如,可以使用塑料(见图1.2左)、玻璃(见图1.2中)和铝合金(见图1.2右)等不同的包装材料来包装液体饮料。另外,即使是同一种材料,当其组织结构不同时也会表现出不同的性能。如图1.3所示为具有不同组织结构的 Al_2O_3 薄片置于带有文字的纸张之上时呈现出不同的光学性能(透光性)。

图 1.2　饮料包装材料:塑料(左)、玻璃(中)和铝合金(右)

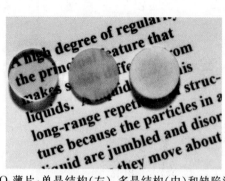

图 1.3　不同结构的 Al_2O_3 薄片:单晶结构(左)、多晶结构(中)和缺陷浓度较高的多晶结构(右)

1.1　材料科学的由来与内涵

材料科学一词源于冶金学,诞生于 20 世纪 50 年代初期的美国。究竟是哪位学者最先使用材料科学这一术语不得而知,但可以确定的是到 1956 年,美国已经有很多资深研究人员在使用材料科学这一术语。1958—1959 年间,材料科学在美国的高校和研究机构得到充分发展。1958 年 12 月美国西北大学的冶金学研究生部(Graduate Department of Metallurgy)正式更名为材料科学研究生部(Graduate Department of Materials Science)。美国西北大学是将材料科学作为系部名称的第一所高校。此后,材料科学这一术语在世界范围内逐渐普及开来。在高校中,材料科学系(后来逐渐演变为材料科学与工程系)越来越多,冶金系越来越少。

从空间尺度上看,材料科学与工程所涉及的尺度范围是从宏观(肉眼可见)到纳观(原子尺度)。以常规铸件为例,其不同的尺度范围如图 1.4 所示。该图中从左到右依次为宏观尺度(通常是 10^{-3} m 数量级)、介观尺度($10^{-4}\sim10^{-5}$ m 数量级)、微观尺度(10^{-6} m 数量级)和纳观尺度(10^{-9} m 数量级)。

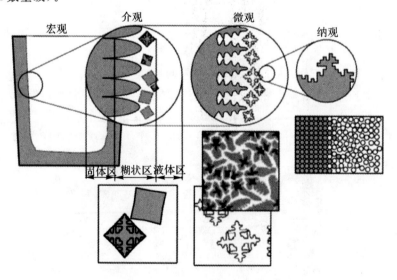

图 1.4　普通铸件涉及的尺度范围

材料科学与工程所涉及的研究内容可由如图 1.5 所示的空间四面体来表述。决定材料最终选择与应用的是其性能,而其性能取决于所给定材料的成分、制备工艺和组织结构。可见,材料科学与工程是研究材料结构、组织、制备和性能之间关系的一门学科。

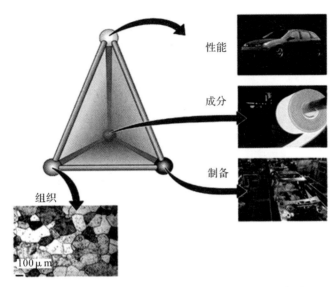

图 1.5 材料成分、组织、制备和性能之间的关系示意图

严格来说,材料科学与工程中的结构这一术语是一个相对模糊的概念。如:有的将宏观至纳观都称为结构;有的将原子尺度称为结构,将宏观至微观的称为组织;也有的将宏观至微观尺度称为组织结构。在本教材中将原子尺度称为结构,而将宏观到微观尺度的称为组织。

1.2 材料的分类

材料有多种不同的分类方法。在本教材中使用表 1.1 中给出的分类方法。表 1.1 中每种材料都具有不同的结构和性质。

表 1.1 材料的分类

材料的种类	实际材料	应用实例	特点
金属与合金材料	铜	导线等	电导率高、易成形
	灰铸铁	卡车引擎壳体等	铸造性好、易加工、减震
	合金钢	工具、汽车底盘等	可热处理强化
陶瓷与玻璃材料	SiO_2-Na_2O-CaO	建筑玻璃或钠钙玻璃	透光性好、隔热性好
	Al_2O_3,MgO,SiO_2	耐火材料、耐热材料	耐高温、不与金属熔体反应
	钛酸钡	微电路电容器	储存电荷量大
高分子材料	聚乙烯	食品包装袋	易成形、柔韧性好、密封性好
	环氧树脂	集成电路封装	绝缘、耐潮湿

续表

材料的种类	实际材料	应用实例	特点
高分子材料	酚醛塑料	胶合板用胶黏剂	强度高、耐潮湿
半导体材料	Si	晶体管、集成电路	独特的半导体特性
	GaAs	光电系统	将电信号转变为可见光、激光
复合材料	石墨环氧树脂	制造飞行器零件	比强度高
	WC-Co	机械切屑工具	硬度高、抗冲击
	钛钢复合板	反应容器	成本低

1. 金属材料

金属材料是应用范围最为广泛的结构材料。金属结构材料主要是以过渡族金属为基础的纯金属及含有金属、半金属或非金属的合金。由于金属材料具有良好的力学性能、物理性能、化学性能及工艺性能，能采用比较简便和经济的加工方法制成零件，因此金属材料是目前应用最广泛的材料。工业上通常把金属材料分为两大类：一类是黑色金属(钢铁)，它是指铁、锰、铬及其合金，其中以铁为基的合金——钢和铸铁应用最广；另一类是有色金属(非铁金属)，它是指黑色金属以外的所有金属及其合金。这两类材料还可进一步细分为如图1.6所示的系列。常见的有色金属与合金材料包括铝合金、镁合金、锌合金、钛合金、铜合金和镍合金等。

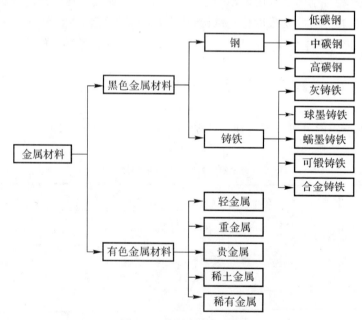

图 1.6　金属材料的分类

通常，金属材料具有良好的导电性和导热性。此外，金属与合金材料还具有高强度、高刚度、高延展性、良好的成形性能及抗冲击性能等，因此，金属与合金材料通常用作承受载荷的结构材料使用。尽管偶尔也可见应用纯金属的情况，如在电路板上镀纯金箔增加其在特殊场合应用的抗氧化性，合金结构材料在实际中应用更为广泛。近年来，复合材料在航空工业中应用范围不断拓展,但是还不能撼动金属材料在结构材料中的地位,如在航空发动机中应用的主要金属材料有高温合金、钛合金等。如图 1.7 所示为航空发动机结构。

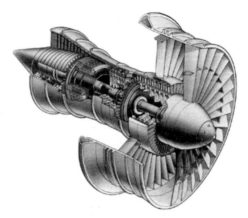

图 1.7　航空发动机结构

2. 陶瓷材料

陶瓷材料是指用天然或合成化合物经过成形和高温烧结制成的一类无机非金属材料。它具有高熔点(大多在 2 000 ℃以上)、高温下化学稳定性极好,具有高硬度(1 500 HV 以上)、高耐磨性、耐氧化等优点。陶瓷的导热性低于金属材料,还是良好的隔热材料。大多数陶瓷具有良好的电绝缘性,因此大量用于制作各种电压(1 ～110 kV)的绝缘器件。陶瓷材料还具有独特的光学性能,可用作固体激光器材料、光导纤维材料、光储存器等。同时陶瓷的线膨胀系数比金属低,当温度发生变化时,陶瓷具有良好的尺寸稳定性。陶瓷材料是工程中广泛使用的材料中刚度最好、硬度最高的材料。陶瓷的抗压强度较高,但抗拉强度较低,塑性和韧性很差。

由上述内容可见,陶瓷材料可用作结构材料。由于陶瓷还具有某些特殊的性能,又可作为功能材料。陶瓷材料可以根据制备原料的来源、化学组成、性能特点或用途等不同方法进行分类,一般分为工程陶瓷和功能陶瓷两大类。如图 1.8 所示为不同陶瓷制备的零件。

图 1.8　由不同陶瓷制备的零件

3. 高分子材料

高分子材料是指相对分子质量很大的化合物,它们的相对分子质量可达几千甚至几百万以上。高分子材料包括塑料、橡胶等,因其原料丰富、成本低、加工方便等优点,发展极其迅速,目前在工业上得到广泛应用,并将越来越多地被采用,这类材料大体可细分为如图1.9所示系列。

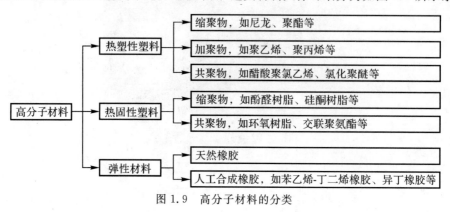

图 1.9　高分子材料的分类

4. 复合材料

采用两种或多种物理和化学性能不同的材料,制成一种多相固体材料,称之为复合材料。复合材料是由基体材料(树脂、金属、陶瓷)和增强剂(颗粒、纤维、晶须)复合而成的。它既保持所组成材料的各自特性,又具有组成后的新特性,且它的力学性能和功能可以根据使用需要进行设计、制造,所以自1940年玻璃钢问世以来,复合材料的应用领域在迅速扩大,品种、数量和质量有了飞速发展。目前已经能够应用的复合材料有纤维增强材料、树脂基复合材料、碳硅复合材料、金属基复合材料、陶瓷基复合材料和夹层结构复合材料等。图1.10为根据基体材料的不同对复合材料进行的分类。图1.11为铝基复合材料零件图。近年来,由于环境和能源意识的不断提升,先进复合材料的研究和应用范围越来越广。如世界先进的波音787客机在机身、机翼和发动机中的主要结构材料占比总的已经超过50%。本教材内容以金属材料为主,兼顾非金属材料。因此,后续内容以体系比较成熟的金属材料基本知识为主。

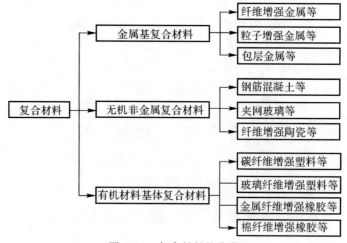

图 1.10　复合材料的分类

图 1.11 铝基复合材料零件

习 题

1. 请简述材料的分类及每种材料的特点。
2. 什么是材料四面体?

第2章　材料的性能

在航空航天、机械制造、交通运输、国防工业、石油化工和日常生活各个领域需要使用大量的不同种类的材料。生产实践中,往往由于选材不当造成设备或器件达不到使用要求或过早失效而导致严重的后果。如图2.1所示为某型号战机在训练中凌空解体的结构材料失效的一个具体案例。由此可见,熟悉和掌握材料的性能成为合理设计和制备材料、选材、充分发挥材料内在性能潜力的主要依据。材料的性能包括使用性能和工艺性能。使用性能是指材料在使用过程中表现出来的性能,它包括力学性能和物理、化学性能等;工艺性能是指材料对各种加工工艺适应的能力,它包括铸造性能、锻造性能、焊接性能、切削加工性能和热处理工艺性能等。本教材以结构材料为主,因此,本章内容以材料的力学性能基本知识为主。

图 2.1　战机在训练中凌空解体

2.1　材料力学性能的重要意义

当今许多新兴技术中,首要强调的是所用材料的力学性能。在航空领域,用于制造航空结构件的铝合金或者碳纤维增强复合材料须质量轻、强度高,能够在其服役期间承受循环载荷。

如前所述,波音 787 客机复合材料结构件占比达 50% 以上,其显而易见的结果是可以节能 20%。在民用其他领域,高层建筑和桥梁用钢必须有合适的强度以保证结构的安全性,用于制造管材、阀门和地板的塑料材料也应具有合适的强度。在医学领域,用于制造人工瓣膜的裂解石墨或钴铬钨合金则绝不允许失效。在体育方面,棒球、板球球棒、球拍、高尔夫球杆、滑雪板等体育用品不但要有足够高的强度,同时还要有良好的耐冲击性能。由此可见,承受载荷(静载荷和动载荷)的材料首先要考虑其力学性能。

另外,在功能材料的应用中,力学性能也起着非常重要的作用。例如,传播数字信号的光纤必须能够承受其在使用过程中环境的应力。生物移植用钛合金必须具有足够的强度和韧性。

各种材料在加工以及使用过程中都不可避免地要受到外力的作用,特别对于金属材料而言,材料的变形行为显得格外重要。材料在外力的作用下,当外力较小时发生弹性变形,随着外力的逐步增大,会发生永久变形,直至最终断裂。在这个过程中,不仅其形状或尺寸发生了变化,其内部组织以及相关的性能也都会发生相应的变化。这种变化的结果会使材料的内部能量增加,因此在热力学上处于不稳定状态。当动力学条件许可时(如加热到某一温度),在材料内部就会发生一系列的变化(如回复和再结晶),以降低系统能量。因此,研究材料在塑性变形中的行为特点及其变化规律,具有十分重要的理论和实际意义。

2.2 材料的力学性能

2.2.1 工程应力-应变曲线

具有一定塑性的金属材料,在受力之后产生变形,起初是弹性变形,然后是弹-塑性变形,当外力超过一定大小之后便发生断裂。如图 2.2 所示为不同金属材料试样经拉伸试验后的断口形貌。由图 2.2(a)可见,铝合金试样在变形过程中出现明显的颈缩,且其剪切应力方向与载荷方向成近 45°角。而图 2.2(b)所示高碳钢试样的断口几乎呈平面,剪切应力方向与载荷方向近似垂直。

(a)　　　　　　　　　　　(b)

图 2.2　金属材料试样拉伸变形后断口形貌

(a)铝合金试样;(b)高碳钢试样

由前述内容可见,不同的金属材料其变形特点不同。不同金属材料的变形特点可由拉伸试验确定。通过试样在变形过程中载荷与试样的变形间的关系可以得到应力-应变曲线,材料的变形特性可以明显地反映在应力-应变曲线上。如图 2.3 所示即为常用的工程应力-应变曲线。根据修订后的国家标准,强度指标用 R 表示,因此,图 2.3 中的相应指标均用 R 表示。但在实际工程应用中,仍广泛采用 σ 来表示应力、弹性极限和各种强度指标。为了与此相对应,本教材后面的表述中仍采用广泛使用 σ 表示应力和强度。工程应力-应变曲线中应力和应变采用如下方法获得:

$$\sigma = \frac{P}{A_0} \tag{2.1}$$

$$\varepsilon = \frac{l - l_0}{l_0} \tag{2.2}$$

式中, P ——作用在试样上的载荷;

A_0 ——试样的原始横截面积;

l_0 ——试样的原始标距部分长度;

l ——试样变形后标距部分的长度。

之所以称这样得出的应力-应变曲线为工程应力-应变曲线,是由于应力和应变的计算中没有考虑变形后试样截面积与长度的变化,故工程应力-应变曲线与载荷-变形曲线的形状是一致的。

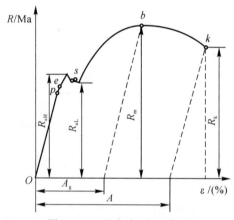

图 2.3　工程应力-应变曲线

在图 2.3 中, Oe 段对应于弹性变形阶段, $esbk$ 段对应于弹-塑性变形阶段, k 为断裂点。当应力低于材料的弹性极限 σ_e(图 2.3 中 e 点所对应的应力)时,发生弹性变形,应力 σ 与应力 ε 之间通常保持线性关系,服从胡克定律:

$$\sigma = E\varepsilon \text{ 或 } \tau = G\gamma$$

其中, σ 和 τ 分别为正应力和切应力, ε 和 γ 分别为正应变和切应变。应力与应变之间的比例系数 E、G 分别称为(正)弹性模量和切应变弹性模量。弹性模量在数值上等于应力-应变曲线上弹性变形阶段的斜率。

弹性模量 E 反映了材料对弹性变形的抗力, E 越大,则在一定的外力下产生的弹性应变越小,因此 E 反映了材料的刚度,在其他条件相同时, E 越大,材料的刚度越好。弹性模量是表征材料中原子间结合力强弱的物理量,对组织结构不敏感,所以在金属中添加少量合金元素或是进行加工都不会对弹性模量产生明显影响。

在图 2.3 中,当应力超过一定的应力值 R_{eH} 时,材料发生塑性变形,出现了屈服现象。随着材料继续变形,应力值降至 R_{eL} 后,材料继续变形而载荷基本保持不变。R_{eH} 和 R_{eL} 分别称为上屈服点和下屈服点。通常,对于给定的材料上屈服点的值比较分散,而下屈服点的值比较稳定,因此,在实际应用中使用下屈服点的数值作为屈服强度,并用 σ_s 表示。对于屈服点不明显的材料,如工程上用作承受压力载荷的铸铁等,常规定以发生剩余塑性变形量为试样标距部分原长的 0.2% 时的应力值作为条件屈服极限或屈服强度,以 $\sigma_{0.2}$ 表示。

应力超过 σ_s 之后,试样发生明显而均匀的塑性变形,随着塑性变形的进行,金属被不断地强化,继续变形所需的应力不断提高,一直达到最大值 b 点,此最大应力值 σ_b 称为材料的强度极限(或拉伸强度)。它表示材料对最大均匀塑性变形的抗力。超过此值后,拉伸试样上出现了颈缩现象,试样局部截面尺寸快速缩小,导致试样承受的载荷开始降低,因而工程应力-应变曲线也开始下降,直至达到 k 点试样发生断裂为止。

工程应力-应变曲线除了能得到前述的强度指标外,还可以获得塑性指标。

材料在外力作用下,产生永久变形而不致引起破坏的性能,称为塑性。许多零件和毛坯是通过塑性变形而成形的,因此要求材料有较高的塑性,同时为了防止零件工作时脆断,也要求材料有一定的塑性。塑性通常由伸长率(δ)和断面收缩率(ψ)表示。

(1)伸长率,也称为延伸率,可由下式确定:

$$\delta = \frac{l - l_0}{l_0} \times 100\% \tag{2.3}$$

式中,l 和 l_0 的含义同式(2.2)。

(2)断面收缩率可由下式确定:

$$\psi = \frac{A - A_0}{A_0} \times 100 \tag{2.4}$$

式中,A —— 试样拉伸断裂后的截面积;

A_0 —— 试样原始的截面积。

δ 或 ψ 值越大,材料的塑性越好。两个塑性指标相比较,用 ψ 表示塑性更接近材料的真实应变。

需要注意的是,在实际拉伸试验中,常用的有长试样和短试样。其中,长试样(试样标距长度为直径的 10 倍,$l_0 = 10d_0$)的伸长率写成 δ 或 δ_{10};短试样(试样长度标距为直径的 5 倍,$l_0 = 5d_0$)的伸长率写成 δ_5。同一种材料 $\delta_5 > \delta$,所以对不同材料,δ 值和 δ_5 值不能直接比较。一般把 $\delta > 5\%$ 的材料称为塑性材料,把 $\delta < 5\%$ 的材料称为脆性材料。

2.2.2　真应力-真应变曲线

在实际的塑性变形过程中,试样的截面积与长度也在不断地发生着变化,特别是当变形较大时,工程应力、应变将与材料的真实应力、应变存在明显的差异,因此,在研究金属塑性变形规律时,为了得出真实的变形特性,应当按真应力和真应变来进行分析(见图 2.4)。

真应变:以拉伸一个长为 l_0 的均匀圆柱体为例,若其伸长 1 倍,则工程应变 $\varepsilon = (l - l_0)/l_0 = 1.0$;若为压缩,要获得同样数值的负应变,理应压缩到其原长度的一半,但按此算得 $\varepsilon = (l - l_0)/l_0 = -0.5$,两者并不相符,必须压缩到厚度为零时才能算得 -1.0 应变值。这样的结果显然是不对的。这里的主要问题就在于工程应变公式计算所得到的是对应于原长度的平均应变,而不是真实的应变值。考虑到变形过程中试样的长度在变化,故每一瞬时的应变值应由此时刻的实际长度来决定。这样,在拉伸时,由于试样长度不断增大,每伸长同样的增量

Δl，相应的应变增量就不断减小；而在压缩时，试样不断缩短，每压缩 Δl，其相应的应变增量却不断增大。

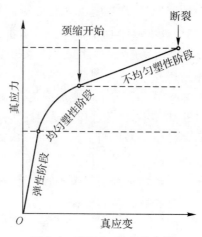

图 2.4　真应力-真应变曲线

由此可知，要得出变形的真应变（ε_T），必须按每瞬时的长度进行计算，即

$$\varepsilon = \int_{l_0}^{l} \frac{\mathrm{d}l}{l} = \ln \frac{l}{l_0} \tag{2.5}$$

按照式(2.5)计算所得前述圆柱形试样变形的例子，可求得伸长 1 倍时，真应变为 ln2，压缩到原来的一半时，其真应变为 $-\ln2$，这样就得到了比较合理的结果。

与真应变类似，真应力可以由下式确定：

$$\sigma_T = \frac{P}{A} \tag{2.6}$$

式中，A 为试样的实际截面积。

因金属变形过程中的体积变化可以忽略，则试样变形前和变形后的体积不变。由此可得

$$A_0 l_0 = Al \tag{2.7}$$

因此

$$\sigma_T = \frac{P}{A} = \frac{P}{A_0} \times \frac{A_0}{A} = \frac{P}{A_0} \times \frac{l}{l_0} = \frac{P}{A_0} \times \frac{(l_0 + \Delta l)}{l_0} = \sigma(1+\varepsilon) \tag{2.8}$$

式(2.8)就是真应力和工程应力之间的关系式。由该式可知，当材料变形较大时，真应力和工程应力之间的差别明显。

2.2.3　硬度

硬度是材料表面抵抗塑性变形的能力。通常，材料的硬度和材料的强度是正相关的关系，即材料的硬度值越高，材料的强度也越高。在实际工程应用中，经常用到的硬度有如下几种。

1. 布氏硬度

布氏硬度试验是由瑞典工程师布利涅尔(J. B. Brinell)于 1900 年提出的。

图 2.5 是布氏硬度测试原理图，在载荷的作用下使淬火钢球或硬质合金球压向被测试金属材料的表面，保持一定时间后卸除载荷，并形成凹痕。

图 2.5　布氏硬度测试原理图

布氏硬度由下式确定：

$$HB = 0.102 \frac{2F}{\pi D (D - \sqrt{D^2 - d^2})}$$
(2.9)

式中，F——测试载荷，N；

D——钢球的直径，mm；

d——金属材料表面压痕的直径，mm。

根据式(2.9)可知，布氏硬度的量纲为 N/mm^2（MPa）。在实际应用中标注布氏硬度值时量纲省略不标。

采用不同材料的压头测试的布氏硬度值，用不同的符号加以表示。当压头为淬火钢球时，硬度符号为 HBS，适用于硬度值低于 450 的金属材料。当压头为硬质合金球时，硬度符号为 HBW，适用于布氏硬度值为 450～650 的金属材料。

布氏硬度试验适用于测量退火钢、正火钢及常见的铸铁和有色金属等较软材料。布氏硬度试验的压痕面积较大，测试结果的重复性较好，但操作较烦琐。

2. 洛氏硬度

洛氏硬度试验是由美国洛克威尔(S. P. Rockwell 和 H. M. Rockwell)于 1914 年提出的，并于 1919 年和 1921 年两次对硬度计的设计进行了改进。

在初始试验力及总试验力先后作用下，将压头(金刚石圆锥或淬火钢球)压入试样表面，经规定保持时间后卸载，用测量残余压痕深度增量计算硬度。其测试原理如图 2.6 所示。首先加一载荷使压头与被测试试样材料表面紧密接触。而后加入标准载荷并保持一定的时间，此时，压头压入试样表面的深度为 h_1。卸掉载荷后，压痕中的弹性变形(h_0)要复原，因此，移去载荷后压痕的深度变为 $h_1 - h_0$。由此可见，材料的硬度越低，压痕的深度越大。为了使硬度值与测试结果正相关，可对测试结果进行简单的数学处理，如对 HRC 硬度值采用下式确定：

$$HRC = 100 - \frac{0.2 - (h_1 - h_0)}{0.002}$$
(2.10)

根据式(2.10)可知，压痕的深度越大，所得的 HRC 硬度值越小。

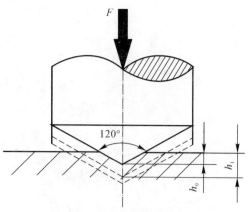

图 2.6　洛氏硬度测试原理图

与前述的布氏硬度测试结果不同,洛氏硬度本身就没有量纲。在实际应用中,洛氏硬度有不同的标尺,如 HRA、HRB、HRC 等。图 2.7 是测量洛氏硬度(HRC)在材料表面留下的压痕形貌。

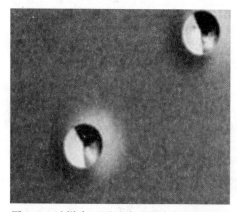

图 2.7　试样表面测试洛氏硬度留下的压痕

不同的洛氏硬度标尺最佳的适用范围不同,如 HRA 可测定硬质合金、表面淬火层、渗碳钢的硬度。HRB 可测有色金属、退火钢、正火钢的硬度。而 HRC 可测淬火钢、调质钢等的硬度。

3. 维氏硬度

维氏硬度是英国史密斯(Robert L. Smith)和塞德兰德(George E. Sandland)于 1921 年在维克斯公司(Vickers)提出的。

维氏硬度的测试原理同布氏硬度。用一个相对面间夹角为 136° 的金刚石正棱锥体压头,在规定载荷 F 作用下压入被测试样表面,保持一定时间后卸除载荷,测量压痕对角线长度 d,进而计算出压痕表面积,最后求出压痕表面积上的平均压力,即为金属的维氏硬度值,用符号 HV 表示(见图 2.8)。同布氏硬度一样,维氏硬度也仅标出硬度值而省略量纲。

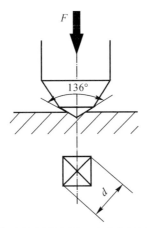

图 2.8 维氏硬度测试原理及形成的压痕示意图

2.2.4 冲击韧性

以较快速度作用于零件上的载荷称为冲击载荷,许多机器零件和工具在工作过程中,往往受到冲击载荷的作用,如飞机的起落架、锻造蒸汽锤的锤杆、冲床上的一些零部件、柴油机曲轴等。瞬时冲击的破坏作用远远大于静载荷的破坏作用,所以在设计受冲击载荷件时还要考虑抗冲击性能。材料在冲击载荷作用下抵抗变形和断裂的能力称为冲击韧度 α_K ,常采用一次冲击试验来测量。

一次冲击试验通常是在摆锤式冲击试验机上进行的。试验时将带有缺口的试样放在试验机两支座上(见图 2.9),将质量为 m 的摆锤抬到 H 高度,使摆锤具有的势能为 mgH(g 为重力加速度)。然后让摆锤由此高度自由下落将试样冲断,并向另一方向升高到 h 的高度,这时摆锤具有的势能为 mgh。因而冲击试样消耗的能量(即冲击功 A_K)为

$$A_K = mg(H - h) \tag{2.11}$$

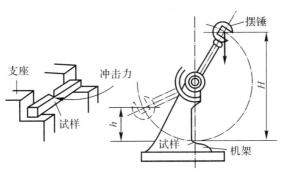

图 2.9 摆锤冲击试验示意图

在试验时,冲击功 A_K 值可以从试验机的刻度盘上直接读得。标准试样断口处单位横截面所消耗的冲击功,即代表材料的冲击韧度的指标,有

$$\alpha_K = \frac{A_K}{A_0} \tag{2.12}$$

α_K 的值越大,材料的冲击韧度越好。冲击韧度是对材料一次冲击破坏测得的。在实际应用中,许多受冲击件往往是受到较小冲击能量的多次冲击而破坏的,它受很多因素的影响。由

于冲击韧度的影响因素较多，α_K 值仅作为设计时的选材参考。

2.2.5　疲劳强度

许多机械零件是在交变应力下工作的，如飞机发动机的叶片、涡轮盘、主轴、各种滚动轴承等。所谓交变应力是指零件所受应力的大小和方向随时间作周期性变化。例如，受力发生弯曲的轴，在转动时材料要反复受到拉应力和压应力，属于对称交变应力循环。零件在交变应力作用下，即使交变应力值远低于材料的屈服强度，经长时间运行也会发生破坏，这种破坏称为疲劳破坏。疲劳破坏往往突然发生，无论是塑性材料还是脆性材料，断裂时都不产生明显的塑性变形，具有很大的危险性，往往造成事故。如图 2.10 所示为金属零件发生疲劳断裂的断口。

图 2.10　金属材料疲劳断口

材料抵抗疲劳破坏的能力由疲劳实验获得。通过疲劳实验，绘制出被测材料承受的交变应力与材料断裂前的应力循环次数的关系曲线，称为疲劳曲线（见图 2.11）。从图中可以看出，随着应力循环次数 N 的增大，材料所能承受的最大交变应力不断减小。材料能够承受无数次应力循环的最大应力称为疲劳强度。材料疲劳强度用 σ_r 表示，r 表示交变应力循环系数，对称应力循环时的疲劳强度用 σ_{-1} 表示。由于无数次应力循环难以实现，规定钢铁材料经受 10^7 循环，有色金属经受 10^8 循环时的应力值确定为 σ_{-1}。

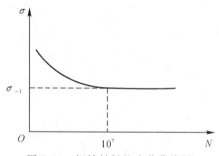

图 2.11　钢铁材料的疲劳曲线图

一般认为，产生疲劳破坏的原因是材料的某些缺陷，如夹杂物、气孔等。交变应力下，缺陷处首先形成微小裂纹，裂纹逐步扩展，导致零件的受力截面减小，以至发生突然破坏。零件表面的机械加工刀痕和构件截面突然变化部位，均会产生应力集中。交变应力下，应力集中处易于产生显微裂纹，这也是产生疲劳破坏的主要原因。

为了防止或减少零件的疲劳破坏，除应合理设计结构防止应力集中外，还要尽量减小零件表面粗糙度值，采取表面硬化处理等措施来提高材料的抗疲劳能力。

2.3 陶瓷材料的力学性能

陶瓷材料主要承受压力载荷。假设陶瓷材料各向同性,通过力学分析可以得到材料的体弹性模量:

$$K = \frac{E}{3(1-2\nu)} \tag{2.13}$$

式中,E —— 弹性模量;

ν —— 泊松比。

上述结果是假定材料为各向同性体而得出的。大多数多晶体材料虽然微观上各晶粒具有方向性,但因晶粒数量很大,且随机排列,故宏观上可以当做各向同性体处理。

此外,材料的剪切模量与弹性模量间存在着如下关系:

$$G = \frac{E}{2(1+\nu)} \tag{2.14}$$

由式(2.13)和式(2.14)可知,只要知道材料的弹性模量和泊松比,就可知道材料的剪切模量和弹性模量。

对于弹性形变,一般金属材料的泊松比为 0.29～0.33,大多数无机材料为 0.2～0.25。无机材料的弹性模量 E 随材料不同变化很大,范围约为 $10^3 \sim 10^5$ MPa。

陶瓷材料经常存在气孔。在这样的条件下,气孔可以认为是第二相,但气孔的弹性模量为零,对连续基体内的密闭气孔,可用下面的经验公式计算弹性模量:

$$E = E_0(1 - 1.9P + 0.9P^2) \tag{2.15}$$

式中,E_0 —— 材料无气孔时随弹性模量;

P —— 气孔率。

当气孔率达 50% 时,式(2.15)仍可用。

图 2.12 为氧化物陶瓷的相对强度与气孔率的关系。其中 σ_1/σ_0 为相对强度。

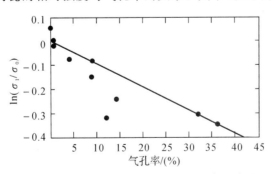

图 2.12 氧化物陶瓷相对强度与气孔率的关系

由图 2.12 可见,当气孔率增加时,氧化物陶瓷的相对强度降低。由此可知,该氧化物陶瓷的相对弹性模量也随着气孔率的增加而降低。

1. 脆性断裂现象

一般固体材料在外力作用下,首先产生正应力下的弹性形变和剪应力下的弹性畸变。随着外力的移去,这两种形变都会完全恢复。

但在足够大的剪应力作用下(或环境温度较高时),材料中的晶体部分将选择最易滑移的系统(对陶瓷材料来说,这些系统为数不多),出现晶粒内部的位错滑移,宏观上表现为材料的塑性形变。无机材料中的晶界非晶相则会产生另一种变形,称为黏性流动,宏观上表现为材料的黏性形变。这两种形变为不可恢复的永久形变。

当材料长期受载,尤其在高温环境中受载时,上述塑性形变及黏性形变将随时间而具有不同的速率,这就是材料的蠕变。蠕变的后期或者是蠕变终止,或者是发生蠕变断裂。

当剪应力降低(或温度降低)时,此塑性形变及黏性流动减缓,甚至终止。

裂纹的存在及其扩展行为,决定了材料抵抗断裂的能力。断裂时,材料的实际平均应力尚低于材料的结合强度(或称理论结合强度)。在临界状态下,断裂源处的裂纹尖端所受的横向拉应力正好等于结合强度时,裂纹产生突发性扩展。一旦扩展,将引起周围应力的再分配,导致裂纹的加速扩展,从而出现突发性断裂,这种断裂往往并无先兆。

有时,当裂纹尖端处的横向拉应力尚不足以引起扩展时,在长期受应力的情况下,特别是同时处于高温环境下,还会出现裂纹的缓慢生长,尤其在有环境侵蚀,如存在 O_2,H_2,SO_2,H_2O(汽)等的情况下,金属及玻璃更易出现缓慢开裂。

2. 无机材料的理论结合强度

无机材料的抗压强度约为抗拉强度的 10 倍。所以一般对其抗拉强度进行研究,也就是研究其最薄弱的环节。

要推导材料的理论强度,应从原子间的结合力入手,只有克服了原子间的结合力,材料才能断裂。如果知道原子间结合力的细节,即知道应力-应变曲线的精确形式,就可算出理论结合强度。这在原则上是可行的,就是说固体的强度都能够根据化学组成、晶结构与强度之间的关系来计算。但不同的材料有不同的组成、不同的结构及不同的键合方式,因此这种理论计算十分复杂,而且对各种材料都不一样。

为了能简单、粗略地估计各种情况都适用的理论强度,Orowan 提出了以正弦曲线来近似原子间约束力随原子间的距离 x 的变化曲线(见图 2.13)。

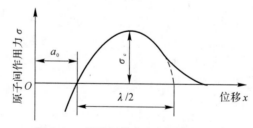

图 2.13 原子间约束力和距离的关系

原子间的作用力可以用下式表示:

$$\sigma = \sigma_{th}\sin\frac{2\pi x}{\lambda} \tag{2.16}$$

式中,σ_{th}——理论结合强度;

λ——正弦曲线的波长。

实际上,将材料拉断时,将产生两个新表面,因此当使单位面积的原子平面分开所做的功等于产生两个单位面积的新表面所需的表面能时,材料才能断裂。当 x 很小时,即 $\sin\frac{2\pi x}{\lambda}\approx$

$\dfrac{2\pi x}{\lambda}$ 时，通过简单的分析可得

$$\sigma_{th} = \sqrt{\dfrac{E\gamma}{a}} \tag{2.17}$$

式中，E——弹性模量；

　γ——表面能；

　a——晶格常数，随不同的材料而异。

可见理论结合强度只与弹性模量、表面能和晶格常数等材料常数有关。式(2.17)虽是粗略的估计，但对所有固体均能应用且不涉及原子间的具体结合力。通常 γ 约为 $aE/100$，这样，式(2.17)可写成

$$\sigma_{th} = \dfrac{E}{10} \tag{2.18}$$

更精确的分析表明式(2.17)的计算结果略微偏高。

一般材料性能的典型数值为 $E = 300\ \text{GPa}, \gamma = 1\ \text{J} \cdot \text{m}^{-2}, a = 3 \times 10^{-10}\ \text{m}$，代入式(2.17)可得

$$\sigma_{th} = 33.3\ \text{GPa} \approx \dfrac{E}{10} \tag{2.19}$$

3. 无机材料的实际强度

根据式(2.17)可知，要得到高强度的固体，就要求 E 和 γ 大，a 小。实际材料中只有一些极细的纤维和晶须其强度才接近理论强度值。尺寸较大的材料的实际强度比理论值低得多，约为 $E/1000 \sim E/100$，而且实际材料的强度总在一定范围内波动，即使是用同样材料在相同的条件下制成的试件，强度值也有波动。一般试件尺寸大，强度偏低。

为了解释玻璃的理论强度与实际强度的差异，研究人员提出了微裂纹理论，后来经过不断的发展和补充，逐渐成为脆性断裂的主要理论基础。

对无机非金属材料的研究认为实际材料中总是存在许多细小的裂纹或缺陷，在外力作用下，这些裂纹和缺陷附近产生应力集中现象。当应力达到一定程度时，裂纹开始扩展而导致断裂。所以断裂并不是两部分晶体同时沿整个界面拉断，而是裂纹扩展的结果。

陶瓷材料中的孔洞是始终存在的。对于陶瓷材料而言，孔洞两个端部的应力几乎取决于孔洞的长度和端部的曲率半径，而与孔洞的形状无关。在一个大而薄的平板上，有一穿透孔洞，不管孔洞是椭圆还是菱形，只要孔洞的长度和端部曲率半径不变，则孔洞端部的应力不会有很大的改变。

为了分析问题方便，且因为裂纹尖端的半径 ρ 很小，可近似认为 ρ 与原子间距（晶格常数 a）的数量级相同，如图 2.14 所示。

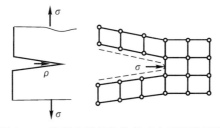

图 2.14　微裂纹端部的曲率对应于原子间距

当裂纹的长度远远小于裂纹的尖端半径时,可得裂纹的扩展临界条件为

$$\sigma_c = \sqrt{\frac{E\gamma}{4c}} \tag{2.20}$$

式中,c 为裂纹长度。因裂纹的长度远大于原子间距(晶格常数 a),根据式(2.20)可知,裂纹扩展的临界应力σ_c 远小于理论强度σ_{th}。

如果我们能控制裂纹长度和原子间距在同一数量级,就可使材料达到理论强度。当然,这在实际中很难做到,但已给我们指出了制备高强材料的方向,即 E 和 γ 要大,而裂纹尺寸要小。

试验发现:用刚拉制的玻璃棒做试验,其弯曲强度为 6 GPa,在空气中放置几小时后强度下降至 0.4 GPa。强度下降的原因是大气腐蚀形成表面裂纹。还有人用温水溶去氯化钠表面的缺陷,强度即由 5 MPa 提高到 1.6 GPa。可见表面缺陷对断裂强度影响很大。还有人把石英玻璃纤维分割成几段不同的长度,测其强度时发现:长度为 12 cm 时,强度为 275 MPa;长度为 0.6 cm 时,强度可达 760 MPa。这是由于试件长,含有危险裂纹的机会就多。其他形状试件也有类似的规律,大试件强度偏低,这就是所谓的尺寸效应。弯曲试件的强度比拉伸试件强度高,也是因为弯曲试件的横截面上只有一小部分受到最大拉应力。从以上试验可知,陶瓷材料脆性断裂的本质是微裂纹扩展,也由此解释了强度的尺寸效应。

微裂纹扩展分析应用在玻璃等脆性材料上取得了很大的成功,但用到金属与非晶体聚合物时遇到了新的问题:实验得出的 σ_c 值比计算值大得多。这是因为延性材料受力时产生大的塑性形变,要消耗大量能量,因此 σ_c 提高。用考虑扩展单位面积裂纹所需的塑性功来描述延性材料的断裂即可合理解释两种不同类型的断裂行为,即延性材料的允许裂纹尺寸比陶瓷材料的允许裂纹尺寸大了三个数量级。由此可见,陶瓷材料存在微观尺寸裂纹便会导致在低于理论强度的应力下发生断裂,而金属材料则要有宏观尺寸的裂纹才能在低应力下断裂。因此,塑性是阻止裂纹扩展的一个重要因素。

实验表明,断裂表面能比自由表面能大。这是因为储存的弹性应变能除消耗于形成新表面外,还有一部分要消耗在塑性形变、声能、热能等方面。表 2.1 列出了一些单晶材料的断裂表面能。对于多晶陶瓷,由于裂纹路径不规则,阻力较大,测得的断裂表面能比单晶大。

表 2.1　一些单晶材料的断裂表面能

晶体	温度/K	断裂表面能/$(J \cdot m^{-2})$
云母(真空条件下)	298	4.5
LiF(在液氮中)	77	0.4
MgO(在液氮中)	77	1.5
CaF_2(在液氮中)	77	0.5
BaF_2(在液氮中)	77	0.3
$CaCO_3$(在液氮中)	77	0.3
Si(在液氮中)	77	1.8
NaCl(在液氮中)	77	0.3

续表

晶体	温度/K	断裂表面能/$(J \cdot m^{-2})$
蓝宝石(1011)面	298	6
蓝宝石(1010)面	298	7.3
蓝宝石(1123)面	298	24
蓝宝石(1123)面	77	32
蓝宝石(1011)面	77	24
蓝宝石(2243)面	77	16

4. 应力场强度因子和平面应变断裂韧性

微裂纹扩展机制,一直被认为只适用于玻璃、陶瓷这类脆性材料,对其在金属材料中的应用没有受到重视。从 20 世纪 40 年代起,金属材料的结构接连发生了一系列重大的脆性断裂事故。如第二次世界大战期间,近千艘全焊接"自由轮"(标准船)发生了多次脆性破坏事故,其中部分船只完全破坏;北极星导弹固体燃料发动机壳体在试验发射时发生爆炸;原油罐因脆性断裂倒塌等。从大量事故分析中发现,结构件中往往不可避免地存在着宏观裂纹,结构件在低应力下脆性破坏正是这些裂纹扩展的结果。因此,研究含裂纹物体的强度和裂纹扩展规律是非常重要的。本部分主要介绍一些和裂纹有关的基本概念。

(1)裂纹扩展方式。裂纹有三种扩展方式或类型:张开型(Ⅰ型)、错开型(Ⅱ型)及撕开型(Ⅲ型),其示意图如图 2.15 所示。其中张开型扩展是低应力断裂的主要原因,也是多年来实验和理论研究的主要对象,这里也主要介绍这种扩展类型。

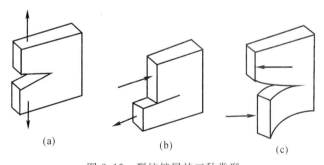

图 2.15　裂纹扩展的三种类型

(a)Ⅰ型裂纹:张开型;(b)Ⅱ型裂纹:错开型;(c)Ⅲ型裂纹:撕开型

采用不同裂纹长度的试件做拉伸试验,测出断裂应力,发现断裂应力与裂纹长度有如图 2.16 所示的关系。图示的关系可表示为

$$\sigma_c = K c^{-\frac{1}{2}} \tag{2.21}$$

式中,K——与材料、试件尺寸、形状、受力状态等有关的系数;

c——裂纹的长度。

式(2.21)说明,当作用应力 $\sigma = \sigma_c$ 或 $K = \sigma_c c^{\frac{1}{2}}$ 时,断裂立即发生。这是由实验总结出的规律,说明无机非金属材料断裂应力受现有裂纹长度制约。

(2)应力场强度因子及几何形状因子。根据图 2.14 可知,裂纹尖端存在着应力集中现象。为此,研究人员提出了反映裂纹尖端应力场强度的强度因子,其表达式如下:

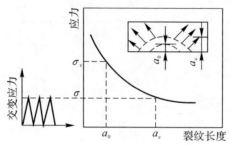

图 2.16　裂纹长度与断裂应力的关系

$$K_{\mathrm{I}} = Y\sigma \sqrt{c} \qquad (2.22)$$

式中,Y 为几何形状因子,它和裂纹形式、试样几何形状有关。

求应力场强度因子的关键在于求 Y。求不同条件下的 Y 即为断裂力学的内容,Y 也可通过试验得到。各种情况下的 Y 已汇编成册。

(3)临界应力场强度因子及断裂韧性。按照经典强度理论,在设计构件时,断裂准则是使用应力应小于或等于许用应力,即 $\sigma \leqslant [\sigma]$。许用应力$[\sigma] = \sigma_{\mathrm{f}}/n$ 或$[\sigma] = \sigma_{\mathrm{ys}}/n$,$\sigma_{\mathrm{f}}$ 为断裂强度,σ_{ys} 为屈服强度,n 为安全系数。对于给定的材料,σ_{f} 与 σ_{ys} 都是常数。如前所述,这种设计方法和选材的准则没有抓住断裂的本质,不能防止低应力下的脆性断裂。按断裂力学的观点,必须提出新的设计思想和选材准则,为此采用一个新的表征材料特征的临界值。此临界值叫做平面应变断裂韧性,它也是一个材料常数,从破坏方式为断裂出发,这一判据可表示为

$$K_{\mathrm{I}} = Y\sigma \sqrt{c} \leqslant K_{\mathrm{IC}} \qquad (2.23)$$

就是说应力场强度因子小于或等于材料的断裂韧性(K_{IC}),所设计的构件才是安全的。这一判据内考虑了裂纹尺寸。

下面举一个具体例子来说明两种设计选材方法的差异。有一构件,实际使用应力为 1.30 GPa,有下列两种陶瓷待选:

甲陶瓷:　　　　　　　$\sigma_{\mathrm{ys}} = 1.95$ GPa,$K_{\mathrm{IC}} = 45$ MPa・m$^{1/2}$
乙陶瓷:　　　　　　　$\sigma_{\mathrm{ys}} = 1.56$ GPa,$K_{\mathrm{IC}} = 75$ MPa・m$^{1/2}$

根据传统设计 $\sigma \times$ 安全系数 $\leqslant$ 屈服强度。

甲陶瓷的安全系数:

$$n = \frac{\sigma_{\mathrm{ys}}}{\sigma} = \frac{1.95\ \mathrm{GPa}}{1.30\ \mathrm{GPa}} = 1.5$$

乙陶瓷的安全系数:

$$n = \frac{\sigma_{\mathrm{ys}}}{\sigma} = \frac{1.56\ \mathrm{GPa}}{1.30\ \mathrm{GPa}} = 1.2$$

可见选择甲陶瓷比选乙陶瓷安全。

但是根据断裂力学观点,构件的脆性断裂是裂纹扩展的结果,所以应该计算 K_{I} 是否超过 K_{IC}。据计算,$Y = 1.5$,设最大裂纹尺寸为 1 mm,则由 $\sigma_{\mathrm{c}} = \dfrac{K_{\mathrm{IC}}}{Y\sqrt{c}}$ 计算得:

甲陶瓷的断裂应力:

$$\sigma_{\mathrm{c}} = \frac{K_{\mathrm{IC}}}{Y\sqrt{c}} = \frac{45 \times 10^{6}}{1.5\sqrt{0.001}} = 1.0\ \mathrm{GPa}$$

乙陶瓷的断裂应力：

$$\sigma_c = \frac{K_{IC}}{Y\sqrt{c}} = \frac{75 \times 10^6}{1.5\sqrt{0.001}} = 1.67\,GPa$$

由于甲陶瓷的 σ_c 小于 1.30 GPa，因此是不安全的，会导致低应力脆性断裂。乙陶瓷的 σ_c 大于 1.30 GPa，因而是安全可靠的。可见，两种设计方法得出截然相反的结果。按断裂力学观点设计，既安全可靠，又能充分发挥材料的强度，合理使用材料。而按传统观点，片面追求高强度，其结果不但不安全，而且还埋没了乙陶瓷这种使用非常合理的材料。

从上面分析可以看到 K_{IC} 这一材料常数的重要性。

(4)断裂韧性的测试方法。近年来有好几种脆性材料断裂韧性的测试方法，所得结果大致能相互验证，视具体条件而定。通常，研究较成熟的一种方法是单边直通切口梁法（SENB 法），此法虽然在国内外已经流行，但因受切口钝化的影响，对于细晶粒陶瓷，用这种方法测得的断裂韧性往往偏大。尤其受切口宽度的影响很大，而过分要求窄的切口，无论在国内还是国外，切口技术及其效率尚不足以使之广为推行。所以，至今国内外尚未见到国家试验标准颁布。其他类似的方法还有双扭法。一般国际公认此法较为成熟，因为在加载过程中，达到失稳断裂之前，此法具有一段裂纹缓慢扩展阶段，因而在失稳断裂瞬间，裂纹的形状与自然断裂的裂纹一样，不存在切口模拟问题，而且 K_I 表达式中，不出现临界裂纹长度值 a_c，不必量切口，所以获得的数值较准确。此法的缺点是试件尺寸较大，而且属于大裂纹，与陶瓷具体常见的裂纹有差别。

另一种较好的山形切口法，它是以一个山形的切口取代直通切口。在断裂过程中，随着裂纹的扩展，裂纹前沿的宽度不断增大，同时也增加了裂纹扩展阻力，使之产生裂纹的亚稳态生长，直到裂纹长度达到临界值 a_c 时，发生失稳断裂。此法的优点与双扭法相同。试件的受力方式有短棒劈裂法、三点弯曲山形切口梁法等，效果均比直通切口梁法好，只是由于开发较迟，尚未广泛采用。

还有一类 K_{IC} 测试方法是针对小裂纹的扩展的。比较成熟的方法是由 Knoop 硬度压头，以不同荷载，在三点弯曲梁试件的受拉面中部，制造各试件上尺寸不等的人工缺陷。根据各试件的断裂强度与缺陷尺寸的规律，经过拟合求得 K_{IC} 值。此法待推广。

2.4　材料的物理化学性能

2.4.1　材料的物理性能

材料的物理性能包括密度、熔点、导热性、导电性、热膨胀性和磁性等。由于各种材料的用途不同，因此，对材料的物理性能要求也有所不同。

(1)密度：表示某种材料单位体积的质量。密度是材料特性之一，通常用密度来计算所需零件毛坯的质量。材料的密度直接关系到由它所制成的零件或构件的重量或紧凑程度，这点对于要求减轻机件自重的航空和宇航工业制件具有特别重要的意义，例如飞机、火箭等。用密度小的铝合金制作同样零件，可比钢材制造的零件减重 1/4～1/3。

(2)熔点：材料由固态转变为液态时的熔化温度。纯金属都有固定的熔点，而合金的熔点取决于成分。例如，钢是铁和碳组成的合金，含碳量不同，熔点也不同。

根据熔点的不同，金属材料又分为低熔点金属和高熔点金属。熔点高的金属称为难熔金属(如 W、Mo、V 等)可用来制造耐高温零件,例如,喷气发动机的燃烧室需用高熔点合金来制造。熔点低的金属(Sn、Pb 等)可用来制造保险丝等。对于材料的热变形过程,熔点是制定工艺参数的重要依据之一。例如,铸铁和铸铝熔点不同,它们的熔炼工艺有较大区别。

(3)导热性:材料传导热量的能力。导热性能是工程上选择保温或热交换材料的重要依据之一,也是确定机件热处理保温时间的一个参数。如果热处理件所用材料的导热性差,则在加热或冷却时,表面与心部会产生较大的温差,造成不同程度的膨胀或收缩,导致机件破裂。一般来说,金属材料的导热性远高于非金属材料,而合金的导热性比纯金属差。例如,合金钢的导热性较差,当对其进行锻造或热处理时,加热速度应小一些,否则会形成较大的内应力而产生裂纹。

(4)导电性:材料传导电流的能力。电导率是表示材料导电能力的性能指标。在金属中,以银的导电性为最好,其次是铜和铝,合金的导电性比纯金属差。导电性好的金属适于制作导电材料(纯铝、纯铜等),导电性差的材料适于制作电热元件。

(5)热膨胀性:材料随温度变化体积发生膨胀或收缩的特性。一般材料都具有热胀和冷缩的特点。在工程实际中,许多场合要考虑热膨胀性。例如,相互配合的柴油机活塞和缸套之间间隙很小,既要允许活塞在缸套内往复运动又要保证气密性,这就要求活塞与缸套材料的热膨胀性要相近,以避免二者卡住或漏气;制定热加工工艺时,应考虑材料的热膨胀影响,尽量减小工件的变形和开裂等。

2.4.2 材料的化学性能

金属及合金的化学性能主要指它们在室温或高温时抵抗各种介质的化学侵蚀能力,主要有耐腐蚀性、抗氧化性和化学稳定性。

(1)耐腐蚀性:金属材料在常温下抵抗氧、水蒸气等化学介质腐蚀破坏作用的能力。腐蚀对金属的危害很大。

(2)抗氧化性:几乎所有的金属都能与空气中的氧作用形成氧化物,这称为氧化。如果氧化物膜结构致密(如 Al_2O_3),则可保护金属表层不再进行氧化,否则金属将受到破坏。

(3)化学稳定性:金属材料的耐腐蚀性和抗氧化性的总称。在高温下工作的热能设备(锅炉、汽轮机、喷气发动机等)上的零件应选择热稳定性好的材料制造;在海水、酸、碱等腐蚀环境中工作的零件,必须采用化学稳定性良好材料,例如,化工设备通常采用不锈钢来制造。

习　　题

1.名词解释:硬度、强度、塑性、冲击韧性。

2.材料的性能可分为哪几类?

3.金属材料的常规力学性能有哪些?应使用何种设备测试?

4.请阐述工程应力-应变曲线中各段的物理含义。

5.在实际应用中,如何定量判定材料的塑性?

6.比较布氏硬度、洛氏硬度和维氏硬度试验的优缺点,阐述各自使用对象和适应范围。

7.弹性模量(刚度)主要与什么因素有关?

8.现场操作中,发现有一碳钢制支架刚度不足,有人提出采用热处理强化,有人提出选用合金钢,有人提出改变零件截面形状来解决。请问哪种方法合理?为什么?

第3章 原子的结构与键合

3.1 原子的结构

物质是由基本粒子——原子构成的。在化学反应过程中,分子可以分解为原子,而原子却不能再进行细分,因此,原子是化学反应中的最小粒子。量子力学的研究告诉我们,原子并不是构成物质的最小微粒,它具有更复杂的结构。材料科学与工程的研究和应用主要集中在原子及更大尺度的范围上。本节主要介绍与原子结构相关的基本知识。

实际应用中材料是由无数个原子构成的。从原子尺度上看,原子结构直接影响原子间的结合方式。众所周知,原子是由位于原子中心的带有正电荷的原子核和核外带有负电荷的电子构成的。依靠静电力的作用,电子围绕着原子核在不停运动。在材料研究领域,一般研究者最关心的是原子结构中的电子结构(核材料除外)。原子的电子结构决定了原子之间的键合类型。因此,了解和掌握原子的电子结构既有助于根据材料的本征特点对材料进行分类,也有助于从根本上了解相应材料的性能。

近代科学实验研究已经证明,原子是由质子和中子组成的原子核,以及核外的电子所构成的。原子核内的中子呈电中性,而质子带有正电荷。一个质子的正电荷量正好与一个电子的负电荷量相等,其绝对值都等于 $1.602\,2\times10^{-19}$ C。通过质子与核外电子之间的静电吸引,带负电荷的电子被牢牢地束缚在原子核周围。因为在中性的原子中,核外电子和原子核中质子数量相等,所以原子作为一个整体,呈电中性。

原子的体积极其微小,原子直径约为 10^{-10} m 数量级,而其内部原子核直径更小,仅为 10^{-15} m 数量级。尽管如此,原子的质量主要集中在原子核内。这是因为每个质子和中子的质量大致为 1.67×10^{-27} kg,而每个电子的质量仅为约 9.11×10^{-31} kg,也就是说电子的质量仅为质子的 1/1836。

3.1.1 原子的核外电子结构

如前所述,原子的核外电子受到原子核的静电力束缚在原子核的周围。但是,核外电子并不是静止的,而是在原子核外空间围绕着原子核作高速旋转运动。由于电子高速旋转运动没有固定的轨迹,高速运动的电子就好像带负电荷的云雾笼罩在原子核周围,可将其形象地称为电子云。因为电子运动没有固定的轨道,可根据电子的能量高低,用统计方法判断其在原子核外空间某一区域内出现的概率的大小。能量低的核外电子,通常在离原子核较近的区域(壳层)运动。而能量高的核外电子,通常在离原子核远的区域运动。根据量子物理的知识,描述

原子中一个电子的空间位置和能量可用四个量子数表示,它们分别如下:

(1)主量子数,用 n 表示。主量子数决定原子中电子能量以及与核的平均距离,即表示电子所处的量子壳层(见图 3.1)。主量子数只限于正整数 $1,2,3,4\cdots$。量子壳层可用一个大写英文字母表示。例如,主量子数 $n=1$ 意味着能级最低的壳层,相当于量子论中的最靠近原子核的轨道,将其命名为 K 壳层。而核外电子相继的高能级壳层用 $n=2,3,4\cdots$ 表示,依次命名为 $L,M,N\cdots\cdots$ 壳层。

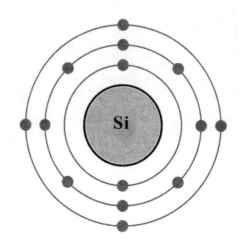

图 3.1 硅(原子序数为 14)原子结构中壳层的电子分布状况(共有三个电子壳层)

(2)角量子数,也称为轨道角动量量子数,用 l_i 表示。角量子数给出核外电子在同一量子壳层内所处的能级(电子亚层),与电子运动的角动量有关。角量子数的取值为 $0,1,2,\cdots,n-1$。例如,$n=2$,就有两个轨道角动量量子数 $l_2=0$ 和 $l_2=1$,即 L 电子壳层中,根据电子能量差别,还包含有两个电子亚层。为方便起见,常用小写的英文字母来标注对应于轨道角动量量子数 l_i 的电子能级(亚层),其对应关系如下:

l_i: 0   1   2   3   4

能级: s   p   d   f   g

在同一量子壳层里,亚层电子的能量是按 s,p,d,f,g 的次序递增的。不同电子亚层的电子云形状不同,如 s 亚层的电子云是以原子核为中心的球状,p 亚层的电子云是纺锤形。

(3)磁量子数,用 m_i 表示。磁量子数给出每个轨道角动量量子数的能级数或轨道数。每个 l_i 下的磁量子数的总数为 $2l_i+1$。如对于 $l_i=3$ 的情况,磁量子数为 $2\times3+1=7$,其值为 $-3,-2,-1,0,+1,+2,+3$。

核外电子的磁量子数决定了电子云的空间取向。如果把在一定的量子壳层上具有一定的形状和伸展方向的电子云所占据的空间称为一个轨道,那么 s,p,d,f 四个亚层就分别有 $1,3,5,7$ 个轨道。

(4)自旋角动量量子数,用 s_i 表示。自旋角动量量子数反映电子不同的自旋方向。s_i 规定为 $+\frac{1}{2}$ 和 $-\frac{1}{2}$,分别反映电子顺时针和逆时针两种自旋方向,通常用"↑"和"↓"表示。

当原子的核外电子较多时,其排布规律遵循以下三个原则:

(1)能量最低原理。电子的排布总是尽可能使体系的能量最低。为此,核外电子总是先占据能量最低的壳层,只有当这些壳层占满后,电子才依次进入能量较高的壳层。即核外电子排满了 K 层才排 L 层,排满了 L 层才排 M 层……由里往外依次类推,即主量子数由小到大。而在同一电子层中,电子则依次按照 s,p,d,f 的次序排列。

(2)泡利(Pauli)不相容原理。在一个原子中不可能有运动状态完全相同的两个核外电子,即不能有上述四个量子数都相同的两个原子。因此,主量子数为 n 的壳层,最多容纳的电子数量为 $2n^2$。

(3)洪特(Hund)规则:在同一电子层同一亚层中的各个能级中,电子的排布尽可能分占不同的能级,而且自旋方向相同。这样排布,整个原子的能量最低。例如,C、N 和 O 三种对材料性能有重要影响的元素其原子的电子层排布如下:

C 元素的核外电子排布为 $1s^2 2s^2 2p^2$;

N 元素的核外电子排布为 $1s^2 2s^2 2p^3$;

O 元素的核外电子排布为 $1s^2 2s^2 2p^4$。

轻合金的主要元素 Mg,Al 的核外电子排布如下:

Mg 元素的核外电子排布为 $1s^2 2s^2 2p^6 3s^2$;

Al 元素的核外电子排布为 $1s^2 2s^2 2p^6 3s^2 3p^1$。

实际上,原子的核外电子并非总是按照上述顺序依次填满核外电子,尤其是当原子序数较大且电子开始填充 d 轨道和 f 轨道时。以 Fe 元素为例,根据前述内容,原子序数为 26 的 Fe 元素的核外电子排布应为

$$1s^2 2s^2 2p^6 3s^2 3p^6 3d^8$$

实际上铁原子的核外电子排布为

$$1s^2 2s^2 2p^6 3s^2 3p^6 3d^6 4s^2$$

Fe 元素核外电子填充顺序偏离电子结构理论,未填满的 3d 能级使铁元素具有特殊的磁性性能。

原子的核外电子排列除满足上述三个基本原则外,还需满足如下两个条件:

(1)原子最外层电子数目不能超过 8 个(K 层为最外层时不能超过 2 个电子)。

(2)次外层电子数目不能超过 18 个(K 层为次外层时不能超过 2 个),倒数第三层电子数目不能超过 32 个。

1. 原子的化合价

原子的化合价是指原子中参与成键或化学反应的电子数。通常,价电子是外层 s 和 p 能级的电子。原子的化合价和原子与其他原子化合的难易程度有关。例如,前述 Mg 和 Al 元素的核外电子的价电子(下划线标出)为:

Mg 元素:$1s^2 2s^2 2p^6 \underline{3s^2}$;

Al 元素:$1s^2 2s^2 2p^6 \underline{3s^2 3p^1}$。

因 Mg 元素的最外层电子数为 2,因此,Mg 元素在形成化合物时容易失去最外层的 2 个电子,其化合价通常为 +2 价。而 Al 元素的最外层电子数为 3,因此,Al 元素在形成化合物时容易失去最外层的 3 个电子,其化合价通常为 +3 价。化合价也与原子所处的环境因素及相邻的原子种类有关。例如,当磷元素原子与氧元素原子反应时,磷元素原子为 +5 价。当磷元素原子与氢元素原子反应时,磷元素原子为 +3 价。

2.原子的稳定性

当元素原子的化合价为零时,该元素被称为惰性元素(元素周期表中零族元素)。例如,Ar 元素的核外电子排布为 $1s^2 2s^2 2p^6 3s^2 3p^6$。该元素的原子轨道电子全部充满,既不能得到电子,也不能失去电子,因此,该元素原子是稳定的。

其他元素原子的稳定性主要取决于其最外层电子 s 和 p 轨道处于全充满或全空时的电子得失情况。如 Al 元素原子最外层有 3 个电子,则该元素原子易失去 3 个电子最外层 s 和 p 电子轨道为全空而形成稳定的结构。与此相反,Cl 元素的最外层有 7 个电子,则该元素原子易得到 1 个电子使得最外层电子 s 和 p 轨道处于全充满状态而形成稳定的结构。

3.电负性

电负性是元素的原子在化合物中吸引电子的能力的量度。元素的电负性越大,表示其原子在化合物中吸引电子的能力越强;反之,电负性数值越小,相应原子在化合物中吸引电子的能力越弱。电负性又可称为相对电负性,用来表示两个不同原子间形成化学键时吸引电子能力的相对强弱,是元素的原子在分子中吸引共用电子的能力。通常以希腊字母 χ 为电负性的符号。一些常见元素的电负性值示于图 3.2 中。需要说明的是图中横坐标中的 O 是指周期表中的零族元素,而不是特指氧元素。

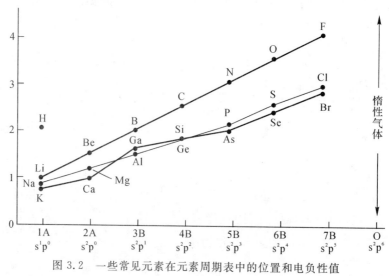

图 3.2 一些常见元素在元素周期表中的位置和电负性值

注:图中横坐标为元素周期表位置,纵坐标为电负性值

3.1.2 元素周期表

俄国化学家门捷列夫于 1869 年发明周期表以反映元素周期律。元素指的是具有相同核电荷数的同一类原子。而元素的核外电子结构随着原子序数(核中带正电荷的质子数)的增加而呈周期性的变化规律称为元素周期律。

元素周期表有主要有短式表、长式表、特长表和立体周期表等多种类型。其中,长式元素周期表是比较常用的一种类型(见图 3.3)。长式元素周期表是元素周期律的具体表现形式,它反映了元素之间相互联系的规律,元素在周期表中的位置反映了特定位置元素的原子结构,并可根据结构推知该元素的一些性质。在同一周期中,各元素的原子核外电子层数虽然相同,但从左到右,核电荷数依次增多,原子半径逐渐减小,电离能趋于增大,失电子能力逐渐减弱,得电子能力逐渐增强。因此,金属性逐渐减弱,非金属性逐渐增强。而在同一主族的元素中,由于从上到下电子层数逐渐增多,原子半径逐渐增大,元素的电离能一般趋于减小,失电子能力逐渐增强,得电子能力逐渐减弱。所以,元素的金属性逐渐增强,非金属性逐渐减弱。同样道理,由于同一元素的同位素在周期表中占据同一位置,尽管其质量不同,但它们的化学性质相同。

从元素周期表中还可很容易知道一种元素与其他元素化合的能力。元素的化合价跟原子的电子结构,特别是与其最外层电子的数目(价电子数)密切相关,而价电子数可根据它在周期表中的位置加以确定。例如,氩原子的最外层(3s 和 3p 轨道)是由 8 个电子完全填满的,价电子数为零,故氩原子无法提供电子参与化学反应,其化学性质很稳定,属惰性类元素。与此相反,钾原子的最外层(4s 轨道)仅有 1 个电子,其价电子数为 1。该最外层电子极易失去,从而使 4s 轨道完全空缺,属化学性质非常活泼的元素。

由此可见,元素性质、原子结构和该元素在周期表中的位置三者有着密切的关系。因此,可以根据元素在周期表中的位置,推断它的原子结构和所具有一定的性质,反之亦然。

需要说明的是并不是周期表中所有的元素都是自然界存在的。另外,周期表中的周期是依据元素原子的主量子数进行划分的。族主要依据最外层电子 s 和 p 轨道的电子排布情况划分的。通常,经常遇到的材料与元素周期表存在着如下关系:

(1)金属材料(主要为 I 族、II 族和过渡金属元素);

(2)陶瓷(主要为 I A－V B 族元素与氧、碳、氮元素之间,或 Ⅲ A－V A 元素之间形成的化合物);

(3)聚合物(塑料)(主要构成元素为 C,周期表中Ⅳ A 族)。

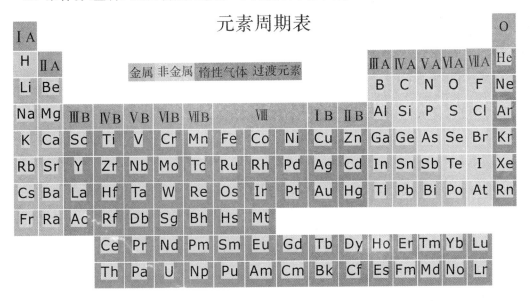

图 3.3　长式元素周期表

3.2 原子的键合

前述分析的是单个原子的结构。实际上材料是无数个原子聚集在一起或通过结合成分子聚集在一起形成的,说明原子间存在着相互作用,且这种相互作用使系统的能量最低。当两个或多个原子形成分子或固体时,它们依靠什么样的结合力聚集在一起,便是原子间的键合问题。

为了简化分析问题,在前述关于原子结构基础上分析两个原子之间的相互作用,并将所得的结果推广至多个原子体系。如图 3.4 所示为两个同种原子在空间位置的示意图。因原子是由带正电荷的原子核和带负电荷的核外电子构成的,由此可知,两个原子之间既存在着同种电荷间的排斥力,也存在着异种电荷之间的吸引力。当两个原子在空间位置不断接近时,同种电荷间的排斥力将大于异种电荷间的吸引力,两个原子将互相排斥使其间距增大。反之,当两个原子逐渐远离时,异种电荷之间的吸引力将大于同种电荷间的排斥力,两个原子将相互吸引使间距减小。当吸引力和排斥力相等时,两个原子处于力学平衡状态。

图 3.4　两个同种原子空间位置示意图

如图 3.5 所示为两个同种原子之间的相互作用力及内能与两个原子间距间的关系。由图 3.5 可知,当两个同种原子之间的距离为 r_0 时,原子间的作用力合力为零,即两个原子处于平衡态。此时原子之间的距离 r_0 被称为原子平衡间距。由图 3.5 还可知,当原子间的作用力为零时,原子间的内能大小并不为零而是 E_0,E_0 被称为结合能,也被称为键能。上述同种原子间的相互作用力和内能的分析方法可以推广到异类原子间相互作用。

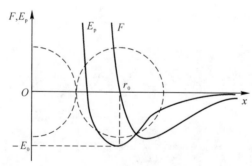

图 3.5　两个同种原子之间作用力（F）和内能（E_p）与原子间距 x 之间的关系示意图

注:$F > 0$ 为排斥力,$F < 0$ 为吸引力

实际上,材料的一些性能与原子间作用力-原子间距离及原子间能量-原子间距离之间的关系有关。例如,我们可根据原子间作用力-原子间距离之间的关系曲线判断材料弹性模量(杨氏模量)的相对大小(见图 3.6)。该图中斜率大的材料与其原子间的键能大有关,由此可知,该材料的熔点也比较高。该材料发生变形比较困难,具有较高的弹性模量。

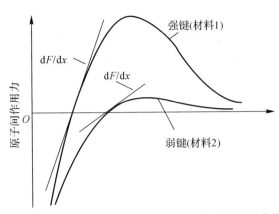

图 3.6　不同种材料原子间作用力与原子间距离之间关系曲线示意图

原子可以通过键合作用（成键）构成分子，原子之间或分子之间也通过键合作用而聚集在一起。原子或分子间的结合键可分为化学键和物理键两大类。化学键即主价键（也称为一次键），它包括金属键、离子键和共价键。物理键即次价键（也称为二次键），工程材料中常见的是以范德华力结合的。此外，还有一种称为氢键的，其性质介于化学键和范德华力之间。

3.2.1　金属键

典型金属原子结构的特点是其最外层电子数很少，且原属于各个原子的价电子极易挣脱原子核的束缚而成为自由电子在整个晶体内运动，即自由电子随机分布在金属正离子组成的晶格之中而形成电子云。这种由金属中的自由电子与金属正离子相互作用所构成键合类型称为金属键，如图 3.7 所示。绝大多数金属主要以金属键方式结合，它的基本特点是电子的共有化。由于自由电子随机分布在金属离子之间，金属键既无饱和性又无方向性，因而每个原子有可能同更多的原子相结合，并趋于形成低能量的密堆结构。当金属受力变形而改变原子之间的相互位置时不至于使金属键破坏，这就使金属具有良好延展性，并且，由于自由电子的存在，金属一般都具有良好的导电和导热性能。

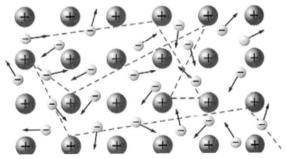

图 3.7　金属键结构示意图

3.2.2　共价键

共价键是由两个或多个电负性相差不大的原子间通过共用电子对形成的化学键。根据共用电子对在两成键原子之间是否偏离或偏近某一个原子，共价键又分成非极性键和极性键两种。

　　氢分子中两个氢原子的结合是最典型的共价键(非极性键)。共价键在亚金属(碳、硅、锡、锗等)、聚合物和无机非金属材料中均占有重要地位。图 3.8 为非极性 Cl_2 共价键示意图。由该图可见,共用电子对电子密度在两个原子之间是平均分布的,没有偏向任何一个 Cl 原子。与此不同,图 3.9 为极性 HCl 分子示意图。由该图可知,共用电子对的电子密度在 H 原子和 Cl 原子之间是不同的。通常极性共价键的共用电子对偏向电负性值低的元素一侧(在图 3.9 中,偏向 Cl 原子一侧)。正因为如此,共价键才有极性。

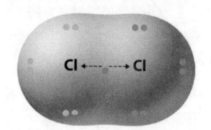

图 3.8　非极性 Cl_2 共价键键结构示意图

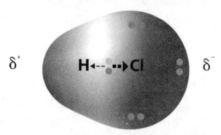

图 3.9　极性 HCl 共价键结构示意图

　　原子结构理论表明除 s 亚层的电子云呈球形对称外,其他亚层如 p,d 等的电子云都有一定的方向性。在形成共价键时,为使电子云达到最大限度的重叠,共价键就有方向性,键的分布严格服从键的方向性。此外,在一个电子和另一个电子配对以后,就不能再同第三个电子配对,成键的共用电子对数目是一定的,这就是共价键的饱和性。

　　另外,共价键晶体中各个键之间都有确定的方位,配位数比较小。共价键的结合极为牢固,故共价晶体具有结构稳定、熔点高、硬而脆等特点。由于束缚在相邻原子间的共用电子对不能自由运动,依靠共价结合形成的材料一般是绝缘体,其导电能力差。

3.2.3　离子键

　　大多数盐类、碱类和金属氧化物主要以离子键的方式结合。这种结合的实质是金属原子将失去最外层的价电子成为带正电的正离子,而非金属原子得到价电子后成为带负电的负离子,这样,正负离子依靠它们之间的静电引力结合在一起。故这种结合的基本特点是以离子而不是以原子为结合单元。离子键要求正负离子作相间排列,并使异号离子之间吸引力达到最大,而同号离子间的斥力为最小。因此,决定离子晶体结构的因素就是正负离子的电荷及几何因素。离子晶体中的离子一般都有较高的配位数。

　　一般离子晶体中正负离子静电引力较强,结合牢固。因此,其熔点和硬度均较高。另外,在离子晶体中很难产生自由运动的电子,因此,它们都是良好电绝缘体。但当处在高温熔融状态时,正负离子在外电场作用下可以自由运动,即呈现离子导电性。图 3.10 为 NaCl 离子键结构示意图。其中，Na 失去最外层电子成为 Na^+，而 Cl 得到电子后成为 Cl^-，二者靠静电力结合在一起。

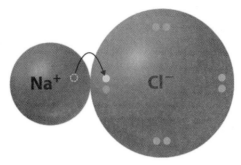

图 3.10　NaCl 离子键结构示意图

3.2.4　范德华力

尽管原先每个原子或分子都是独立的单元，但近邻原子可通过相互作用引起电荷位移而形成偶极子。范德华力是借助这种微弱的、瞬时的电偶极矩的作用将原来具有稳定的原子结构的原子或分子结合为一体的键合。范德华作用包括：由极性原子或分子的永久偶极之间的静电相互作用所引起的静电力，大小与绝对温度和距离的 7 次方成反比；极性分(原)子和非极性分(原)子相互作用时，非极性分子中产生诱导偶极与极性分子的永久偶极间相互作用的诱导力，大小与距离的 7 次方成反比；及某些电子运动导致原子瞬时偶极间的相互作用的色散力，其大小与距离的 7 次方成反比。

范德华力属物理键，没有方向性和饱和性。它比化学键的键能小 1～2 个数量级，远不如化学键结合牢固。如将水加热到沸点可以破坏范德华力而变为水蒸气，但要破坏氢和氧之间的共价键则需要更高温度。图 3.11 是常见的石墨材料的结构示意图。由图可见，石墨具有层状结构，层间为范德华键，这是石墨比较软可用作润滑材料的主要原因。层内的碳原子为正六边形排列，属于共价键。

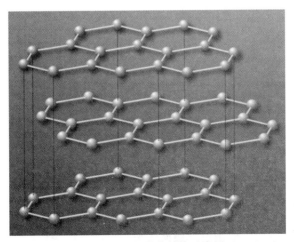

图 3.11　石墨层状结构示意图

3.2.5　氢键

氢键是一种较为特殊的分子间作用力。它是由氢原子同时与两个电负性较大而原子半径较小的原子(N,F,O 等)相结合而产生的物理键。通常,该类型的键能比其他类型的物理键能大。氢键具有饱和性和方向性。氢键既可以存在于分子内也可以存在分子间。如图 3.12 所示为极性水分子间的氢键示意图。水的一些特殊物理性质与氢键有关,如低熔点、低沸点及凝固时体积膨胀等。氢键在高分子材料中特别重要,对材料的结构和性能有显著影响。

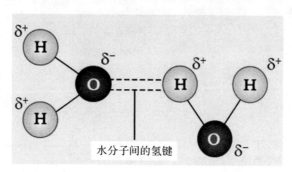

图 3.12　极性水分子之间的氢键示意图

一些元素和化合物的键能及熔点列于表 3.1 中。

表 3.1　一些元素和化合物的键能和熔点

物质	键合类型	键能		熔点/℃
		kJ/mol	eV	
Hg	金属键	68	0.7	−39
Al		324	3.4	660
Fe		406	4.2	1 538
W		849	8.8	3 410
NaCl	离子键	640	3.3	801
MgO		1 000	5.2	2 800
Si	共价键	450	4.7	1 410
C(金刚石)		713	7.4	>3 550
Ar	范德华键	7.7	0.08	−189
Cl_2		31	0.32	−101
NH_3	氢键	35	0.36	−78
H_2O		51	0.52	0

3.2.6　晶体中键的表征

实际晶体中的键合作用可以用键型四面体来表示。方法是将离子键、共价键、金属键以及范德华键这 4 种典型的键分别写在四面体的 4 个顶点上,构成键型四面体,如图 3.13 所示。四面体的顶点代表单一键合作用,边棱上的点代表晶体中的键由两种键共同结合,侧面上的点表示晶体三种键共同结合,四面体内任意一点晶体中的键由四种键共同结合。

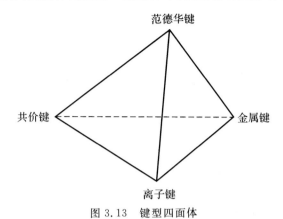

图 3.13　键型四面体

大多数氧化物及硅酸盐晶体中的化学键主要包含离子键和共价键。为了判断晶体的化学键中离子键所占的比例,可以借助于元素的电负性这一参数来实现。表 3.2 列出了由鲍林(Pauling)给出的元素的电负性值。一般情况下,当同种元素结合成晶体时,因其电负性相同,故形成非极性共价键;当两种不同元素结合成晶体时,随两元素电负性差值增大,键的极性逐渐增强。因此,可以用下面的经验公式计算由 A、B 元素组成的晶体的化学键中离子键的百分数:

$$离子键百分数(\%) = 1 - \exp\left[-\frac{1}{4}(X_A - X_B)^2\right] \qquad (3.1)$$

式中,X_A ——A 元素的电负性值;

　　　X_B ——B 元素的电负性值。

由式(3.1)可知,当 A、B 元素的电负性差较大时,离子键的占比较高。当 A、B 元素的电负性差较小时,离子键的占比越低。极限情况为 A、B 元素的电负性差为零,则离子键占比为零。

表 3.2　元素的电负性值

H 2.10																
Li 0.98	Be 1.50											B 2.04	C 2.55	N 3.04	O 3.44	F 3.98
Na 0.93	Mg 1.31											Al 1.61	Si 1.90	P 2.19	S 2.58	Cl 3.16
K 0.82	Ca 1.00	Sc 1.36	Ti 1.54	V 1.63	Cr 1.66	Mn 1.55	Fe 1.83	Co 1.88	Ni 1.91	Cu 1.90	Zn 1.65	Ga 1.81	Ge 2.01	As 2.18	Se 2.55	Br 2.96
Rb 0.82	Sr 0.95	Y 1.22	Zr 1.33	Nb 1.6	Mo 2.16	Tc 1.9	Ru 2.2	Rh 2.28	Pd 2.20	Ag 1.93	Cd 1.69	In 1.78	Sn 1.96	Sb 2.05	Te 2.1	I 2.66
Cs 0.79	Ba 0.89	La 1.10	Hf 1.3	Ta 1.5	W 1.7	Re 1.9	Os 2.2	Ir 2.20	Pt 2.2	Au 2.54	Hg 2.00	Tl 1.84	Pb 1.83	Bi 2.02	Po 2.0	At 2.2

在实际晶体结构中,纯粹的键合类型不多,往往以混合键的形式存在。鲍林曾指出:可用元素电负性的差值 $\Delta X = X_A - X_B$ 来计算化合物中离子键的成分。例如:NaCl,$\Delta X = 2.1$,以离子键为主;SiC,$\Delta X = 0.7$,以共价键为主;SiO$_2$,$\Delta X = 1.7$,即 Si—O 键既有离子性也有共价性。因此,由以上例子可以看出,两个元素电负性的差值越大,结合时离子键的成分越高,反之,以共价键的成分为主。值得注意的是,以电负性差值判断离子键的分数仅有定性的参考价值。

3.2.7　原子半径和离子半径

如前所述,原子是由原子核和核外电子构成的。根据波动力学的观点,在原子或离子中,围绕核运动的电子在空间形成一个电磁场,其作用范围可以看成是球形的。这个球的范围被认为是原子或离子的体积,球的半径即为原子半径或离子半径。不同键合类型的晶体,其半径是不同的。在晶体结构中,采用原子或离子的有效半径。有效半径的概念是指原子或者离子在晶体结构中处于相接触时的半径。在这种状态下,离子或原子间的静电吸引或排斥作用达到平衡。

(1) 离子晶体:在离子晶体中,一对相邻接触的阴、阳离子的中心距,即为该阴、阳离子的离子半径之和。

(2) 共价晶体:在共价化合物晶体中,两个相邻键合原子的中心距,即为这两个原子的共价半径之和。

(3) 金属晶体:在金属晶体中,两个相邻原子中心距的一半,就是金属原子半径。

在晶体结构中,原子或离子半径具有重要的几何意义,它是晶体结构中最基本的参数之一,常作为衡量键性、键强、配位关系以及离子极化率和极化力的重要数据,它不仅决定了离子的相互结合关系,而且对晶体的性质也有很大影响。不过,离子半径这个概念并非十分严格,因为在晶体结构中,总有极化的影响,往往是电子云向正离子方向移动,其结果是正离子的作用范围比所列的正常离子半径值要大些,而负离子作用范围要小些。但即使这样,原子和离子半径仍然为晶体结构中的重要参数之一。

<big>习　　题</big>

1. 名词解释:化合价、电负性、金属键、共价键、离子键、范德华键、氢键。

2. 请简述原子的电子结构。

3. 原子核外电子排布必须遵循哪三大原则?请依据该三大原则写出 Al、Ti、Cr、Sn 核外电子排布。

4. 请列表总结原子键合的特点。

5. 请阐述不同类型化学键电子迁移有何不同。

6. 试用金属键的结合方式,解释金属为何具有良好的导电性、导热性、塑性和金属光泽等基本特性。

7. 图 3.14 为金属、离子晶体和以范德华键结合的材料之能量-距离曲线,试指出它们代表何种材料。

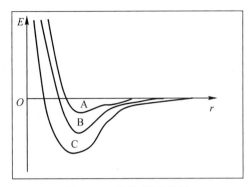

图 3.14　能量-距离曲线

第4章 晶体结构

物质通常有三种聚集状态:气态、液态和固态。而按照原子(或分子)排列的规律性又可将固态物质分为两大类:晶体和非晶体。

晶体中的原子在空间呈有规则的周期性重复排列[见图4.1,Fe元素(110)晶面原子排列]。而非晶体的原子则是无规则排列的。原子排列在决定固体材料的组织和性能中起着极重要的作用。金属、陶瓷和高分子的一系列特性都和其原子的排列密切相关。如:具有面心立方晶体结构的金属如Cu,Al,Ni等通常有优异的延展性能,而密排六方晶体结构的金属如Mg,Zn,Cd等在室温下则较难变形。因此,研究固态物质内部结构,即原子排列和分布规律是了解掌握材料性能的基础,只有这样,才能从根本上找到改善和发展新材料的途径和方法。

图4.1 纯铁(110)晶面原子排列(扫描隧道显微镜)

需要注意的是一种固体材料以晶体还是以非晶体形式出现,还与其所处的外部环境条件和加工制备方法有关。在一定条件下,物质的晶态与非晶态是可以互相转化的。

在晶体中,如果原子或离子的最外层电子构型为惰性气体构型或18电子构型,则其电子云分布呈球形对称,无方向性。从几何角度来说,这样的质点在空间的堆积,可以近似地认为是刚性球体的堆积,其堆积应该服从紧密堆积原理。

晶体中各离子间的相互结合,可以看作是球体的堆积。按照晶体中质点的结合应遵循势能最低的原则(晶体的内能最小),从球体堆积的几何角度来看,球体堆积的密度越大,系统的势能越低,晶体越稳定,这就是球体的紧密堆积原理。该原理是建立在质点的电子云分布呈球形对称以及无方向性的基础上的,故只有金属晶体和典型的离子晶体符合最紧密堆积原理。

根据质点的大小不同,球体最紧密堆积方式分为等径球体和不等径球体两种情况。如果晶体是由同一种质点构成的,如金属铜、金等单质晶体,则为等径球体的最紧密堆积。等径球体有六方和面心立方两种最紧密堆积方式。本章首先从等径球体分析出发,对金属的晶体结构进行讨论。而后在非等径球体的基础上对离子晶体进行分析。

4.1　晶体学基础

晶体结构的基本特征是原子(或分子、离子)在三维空间呈周期性重复排列,即存在长程有序。因此,与非晶体物质在性能上区别主要有两点:①晶体熔化时具有固定的熔点,而非晶体却无固定熔点,存在一个软化温度范围;②晶体具有各向异性,而非晶体却为各向同性。

为了便于了解晶体中原子(离子、分子或原子团等)在空间的排列规律,以能更好地进行晶体结构分析,下面首先介绍有关晶体学的基础知识。

4.1.1　空间点阵和晶胞

实际晶体中的质点(原子、分子、离子或原子团等)在三维空间可以有无限多种排列形式。为了便于分析研究晶体中质点的排列规律性,可先将实际晶体结构看作没有缺陷的等径球体构成的理想晶体,如图 4.2 所示。

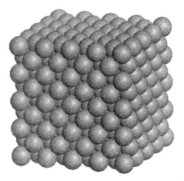

图 4.2　理想晶体原子在三维空间排列示意图

将前述的理想晶体进一步简化处理,将其中每个质点抽象为规则排列于空间的几何点,称之为阵点。这些阵点在空间呈现周期性规则排列并具有完全相同的周围环境,这种由阵点在三维空间规则排列的阵列称为空间点阵,简称点阵。由此可见,空间点阵由无数个空间离散的点构成。为了便于描述空间点阵,可用许多平行的直线将所有阵点连接起来,这样就构成一个三维空间几何格架,称之为空间格子,如图 4.3 所示。为说明点阵排列的规律和特点,可在点阵中取出一个具有代表性的基本单元(最小平行六面体)作为点阵的组成单元,称为晶胞(图 4.3 中粗实线六面体)。将晶胞作三维的重复堆砌就构成了空间点阵。

同一空间点阵可因选取晶胞的方式不同而得到空间形状不同的晶胞。考虑简单的二维情形,图 4.4 所示为一个二维点阵中取出的不同晶胞形状。由此可见,选取晶胞应有统一的标准用以描述晶体的空间结构。为此,在选择晶胞时应满足所选取晶胞最能够反映出该点阵的空间对称性,其选取的原则如下:

图 4.3 理想晶体空间点阵及选取的晶胞

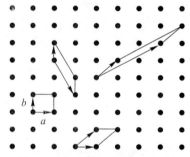

图 4.4 在二维点阵中选取晶胞

(1)选取的平行六面体应反映出点阵的最高对称性;

(2)平行六面体内的棱和角相等的数目应最多;

(3)当平行六面体的棱边夹角存在直角时,直角数目应最多;

(4)在满足上述条件的情况下,晶胞应具有最小的体积。

为了描述晶胞的形状和大小,通常采用平行六面体中交于一点的三条棱边的边长 a,b,c (称为点阵常数)及棱间夹角 α,β,γ 等 6 个点阵参数来表达,如图 4.5 所示。事实上,采用 3 个点阵矢量 a,b,c 来描述晶胞更为方便。这 3 个矢量不仅确定了晶胞的形状和大小,并且完全确定了此空间点阵。根据 6 个点阵参数间的相互关系,可将全部空间点阵归属于 7 种类型,即 7 个晶系(见表 4.1)。

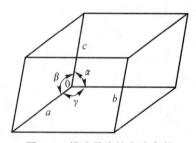

图 4.5 描述晶胞的点阵参数

表 4.1　不同晶系晶格常数、角度之间的关系及晶体实例

晶系	晶格常数及角度间的关系	晶体实例
三斜	$a \neq b \neq c, \alpha \neq \beta \neq \gamma \neq 90°$	K_2CrO_7
单斜	$a \neq b \neq c, \alpha = \gamma = 90° \neq \beta$	$\beta - S, CaSO_4 \cdot 2H_2O$
正交	$a \neq b \neq c, \alpha = \beta = \gamma = 90°$	$\alpha - S, Ga, Fe_3C$
六方	$a_1 = a_2 = a_3 \neq c, \alpha = \beta = 90°, \gamma = 120°$	$Mg, Zn, Cd, \alpha - Ti$
菱方	$a = b = c, \alpha = \beta = \gamma \neq 90°$	Bi, Sb, As
四方	$a = b \neq c, \alpha = \beta = \gamma = 90°$	$\beta - Sn, TiO_2$
立方	$a = b = c, \alpha = \beta = \gamma = 90°$	Ni, Al, Cu, Au, Ag

　　按照"每个阵点的周围环境相同"的要求,布拉菲(A. Bravais)用数学方法推导出能够反映空间点阵全部特征的单位平面六面体只有 14 种,这 14 种空间点阵也称布拉菲点阵(见表4.2)。

表 4.2　不同晶系布拉菲点阵结构

晶系	布拉菲点阵	晶系	布拉菲点阵
三斜	简单三斜	六方	简单六方
单斜	简单单斜	菱方	简单菱方
	底心单斜	四方	简单四方
正交	简单正交		体心四方
	底心正交	立方	简单立方
	体心正交		体心立方
	面心正交		面心立方

14 种布拉菲点阵的晶胞如图 4.6～图 4.12 所示。

图 4.6　三斜点阵晶胞

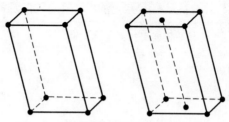

图 4.7　简单单斜和底心单斜点阵晶胞

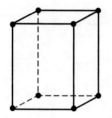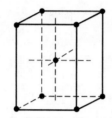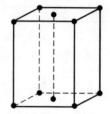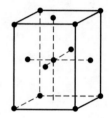

图 4.8　简单正交、体心正交、底心正交和面心正交点阵晶胞

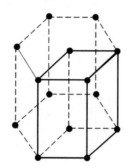

图 4.9　简单六方点阵晶胞

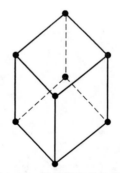

图 4.10　简单菱方点阵晶胞

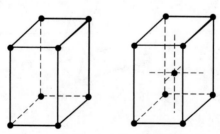

图 4.11　简单四方和体心四方点阵晶胞

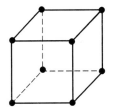 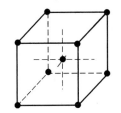 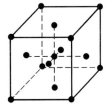

图 4.12　简单立方、体心立方和面心立方点阵晶胞

同一空间点阵可因选取晶胞的方式不同而得出不同的晶胞。体心立方布拉菲点阵晶胞可用简单三斜晶胞(见图 4.13),面心立方点阵晶胞也可用简单菱方来表示(见图 4.14),显然新晶胞不能充分反映立方晶系的对称性,因此不这样取晶胞。

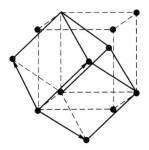

图 4.13　体心立方晶胞的不同取法

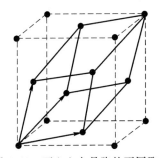

图 4.14　面心立方晶胞的不同取法

必须注意,晶体结构与空间点阵是有区别的。空间点阵是晶体中质点排列的几何学抽象,用以描述和分析晶体结构的周期性和对称性,由于各阵点的周围环境相同,它只可能有 14 种类型。而晶体结构则是指晶体中实际质点(原子、离子或分子)的具体排列情况,它们能组成各种类型的排列,因此,实际存在的晶体结构是无限的。如图 4.15 所示为金属中常见的密排六方晶体结构,它不是一种空间点阵。因为位于晶胞内的原子与晶胞角上的原子具有不同的周围环境。若将晶胞角上的一个原子与相应的晶胞之内的一个原子共同组成一个阵点[(0,0,0)阵点可看作是由(0,0,0)和$\left(\frac{2}{3},\frac{1}{3},\frac{1}{2}\right)$这一对原子所组成的],这样得出的结构属简单六方点阵。

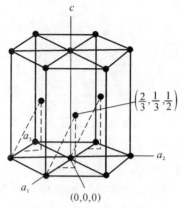

图 4.15　密排六方晶体结构

如图 4.16 所示为 Cu、NaCl 和 CaF$_2$ 三种晶体结构。显然,这三种结构有着很大的差异,属于不同的晶体结构类型,然而它们却属于面心立方点阵。

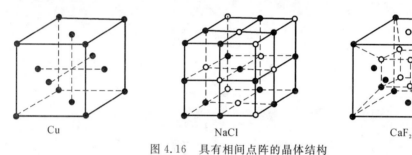

图 4.16　具有相间点阵的晶体结构

又如图 4.17 所示为 Cr 和 CsCl 的晶体结构,它们都是体心立方结构,但 Cr 属体心立方点阵,而 CsCl 则属简单立方点阵。

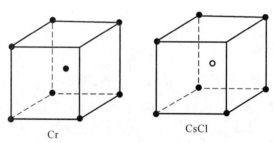

图 4.17　晶体结构相似而点阵不同

4.1.2　晶向指数和晶面指数

在材料科学及工程中讨论有关晶体的生长、变形、相变及性能等问题时,常常涉及晶体中原子的位置、原子列的方向(称为晶向)和原子构成的平面(称为晶面)。为了便于确定和区别晶体中不同方位的晶向和晶面,采用不同的表示方法。密勒(Miller)指数是国际上通用的一种方法,用来统一标定晶向指数与晶面指数。

1.晶向指数

图 4.18 为一空间点阵示意图。从图 4.18 可知,任何阵点 P 的位置可由矢量 $\boldsymbol{r}_{uvw}$ 或该阵

点的坐标 u,v,w 来确定,即晶向

$$\overrightarrow{OP} = u\boldsymbol{a} + v\boldsymbol{b} + w\boldsymbol{c}$$

不同的晶向只是 u,v,w 的数值不同而已。故可用简化的 $[uvw]$ 来表示晶向指数。

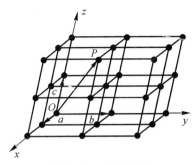

图 4.18 点阵矢量

晶向指数的确定步骤如下:

(1) 以晶胞的某一点为原点,过原点 O 的晶轴为坐标轴 x,y,z,以晶胞点阵矢量的长度作为坐标轴的长度单位。

(2) 过原点 O 作一直线 OP,使其平行于待定晶向。

(3) 在直线 OP 上选取距原点 O 最近的一个阵点 P,确定 P 点的 3 个坐标值。

(4) 将这 3 个坐标值化为最小整数 u, v, w,加以方括号,$[uvw]$ 即为待定晶向的晶向指数。若坐标中某一数值为负,则在相应的指数上加负号,如 $[\overline{1}00]$,$[3\overline{2}\,\overline{1}]$ 等。

图 4.19 中标出了正交晶系的一些重要晶向的晶向指数。

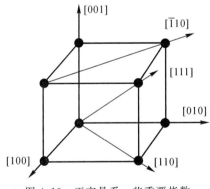

图 4.19 正交晶系一些重要指数

显然,晶向指数表示着所有相互平行、方向一致的晶向。若所指的方向相反,则晶向指数的数字相同,但符号相反。同样,晶体中因对称关系而等同的各组晶向可归并为一个晶向族,用 $\langle uvw \rangle$ 表示。 例如,对立方晶系的体对角线 $[111]$,$[\overline{1}11]$,$[1\,\overline{1}1]$,$[11\,\overline{1}]$ 和 $[\overline{1}\,\overline{1}1]$,$[\overline{1}1\,\overline{1}]$,$[1\,\overline{1}\,\overline{1}]$,$[\overline{1}\,\overline{1}\,\overline{1}]$ 就可用符号 $\langle 111 \rangle$ 表示。

2. 晶面指数

晶面指数标定步骤如下:

(1) 在点阵中设定参考坐标系。设置方法与确定晶向指数时相同,但不能将坐标原点选在

待确定指数的晶面上,以免出现零截距。

(2)求得待定晶面在三个晶轴上的截距。若该晶面与某轴平行,则在此轴上截距为无穷大(∞)。若该晶面与某轴负方向相截,则在此轴上截距为一负值。

(3)取各截距的倒数。

(4)将三个倒数化为互质的整数比,并加上圆括号,即表示该晶面的指数,记为(hkl)。图 4.20 待标定的晶面 $a_1b_1c_1$ 相应的截距为 $\frac{1}{2},\frac{1}{3},\frac{2}{3}$,其倒数为 $2,3,\frac{3}{2}$,化为简单整数为 $4,6,3$,故晶面 $a_1b_1c_1$ 的晶面指数为(463)。如果所求晶面在晶轴上的截距为负数,则在相应的指数上方加一负号,如($1\bar{1}0$),(212)等。图 4.21 为正交点阵中一些晶面的指数。

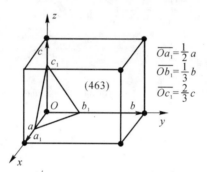

图 4.20 晶面指数的一些表示方法

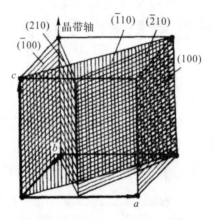

图 4.21 正交晶系一些晶面指数

同晶向指数一样,某一晶面指数所代表的不仅是某一晶面,而是代表着一组相互平行的原子排列相同晶面。在晶体内只要是晶面间距和晶面上原子的分布完全相同,而空间位向不同的晶面都可以归并为同一晶面族,以 $\{hlk\}$ 表示,它表示原子排列方式完全相同的若干组等效晶面的总和。如在立方晶系中有

$$\{111\}=(111)+(\bar{1}11)+(1\bar{1}1)+(11\bar{1})+$$
$$(\bar{1}\bar{1}1)+(1\bar{1}\bar{1})+(\bar{1}1\bar{1})+(\bar{1}\bar{1}\bar{1})$$

这里,$\{111\}$ 晶面族的前四个晶面和后四个晶面间两两平行(上下对应),共同构成一个空间八面体结构。因此,晶面族 $\{111\}$ 又称八面体的面。又如立方晶系中晶面族:

$$\{110\} = (110) + (101) + (011) + (1\overline{1}0) + (\overline{1}01) + (0\overline{1}1) +$$

$$(\overline{1}\overline{1}0) + (\overline{1}0\overline{1}) + (0\overline{1}\overline{1}) + (1\overline{1}0) + (10\overline{1}) + (01\overline{1})$$

这里，$\{110\}$ 晶面族前六个晶面与后六个晶面两两相互平行（上下对应），共同构成一个空间十二面体结构。所以，晶面族 $\{110\}$ 又称为十二面体的面。

此外，在立方晶系中，具有相同指数的晶向和晶面必定是互相垂直的。

3. 六方晶系指数

六方晶系的晶向指数和晶面指数同样可以应用上述立方晶体的方法标定。这时取 a_1，a_2，c 为晶轴，而 a_1 和 a_2 轴的夹角为 $120°$，c 轴与 a_1 和 a_2 轴相垂直，如图 4.22 所示。不过，按照这种方法标定的晶面指数和晶向指数，不能显示六方晶系的对称性，同类型的晶面和晶向，其指数却不相类同，看不出它们之间的等同关系。例如，晶胞的六个柱面是等同的，但其晶面指数却分别为 (100)，(010)，$(\overline{1}10)$，$(\overline{1}00)$，$(0\overline{1}0)$ 和 $(1\overline{1}0)$。为了克服这一缺点，通常采用另一种专用于六方晶系的指数标定方法。

根据六方晶系的对称特点，采用 a_1，a_2，a_3 及 c 四个晶轴，a_1，a_2，a_3 之间的夹角均为 $120°$，这样，其晶面指数就以 $(hkil)$ 四个指数来表示。根据几何学可知，三维空间独立的坐标轴最多不超过三个。前三个指数中只有两个是独立的，它们之间存在以下关系：$i = -(h+k)$。晶面指数的具体标定方法同前面一样，在图 4.23 中列举了六方晶系的一些晶面的指数。采用这种标定方法，等同的晶面可以从指数上反映出来。例如，上述六个柱面的指数分别为 $(10\overline{1}0)$，$(0\overline{1}10)$，$(\overline{1}010)$，$(\overline{1}100)$，$(0\overline{1}10)$ 和 $(1\overline{1}00)$，这六个晶面可归并为 $\{10\overline{1}0\}$ 晶面族。

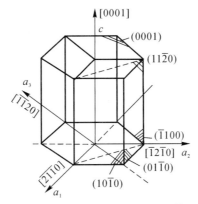

图 4.22　正交晶系一些晶面指数

采用 4 轴坐标时，晶向指数的确定原则仍同前述（见图 4.23），晶向指数可用 $[uvtw]$ 来表示，这里 $t = -(u+v)$。

六方晶系按两种晶轴系所得的晶面指数和晶向指数可相互转换如下：对晶面指数而言，从 $(hkil)$ 转换成 (hkl)，只要去掉 i 即可。反之，则加上 $i = -(h+k)$。对晶向指数而言，则 $[UVW]$ 与 $[uvtw]$ 之间的互换关系为

$$U = u - t, V = v - t, W = w$$

$$u = \frac{1}{3}(2U - V), v = \frac{1}{3}(2V - U), t = -(u+v), w = W$$

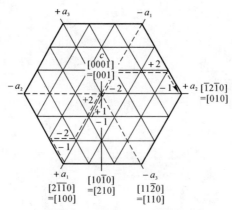

图 4.23　六方晶系晶向指数的表示方法(c 轴与纸面垂直)

4.2　金属的晶体结构

金属在固态下一般都是晶体。决定晶体结构的内在因素是原子或离子、分子间键合的类型及键能的大小。金属晶体的结合键主要是金属键。由于金属键具有无饱和性和无方向性的特点，从而金属内部的原子趋于紧密排列，构成高度对称性的简单晶体结构。而亚金属晶体的主要结合键为共价键，由于共价键具有方向性，从而其具有较复杂的晶体结构。

4.2.1　三种典型的金属晶体结构

元素周期表中的所有元素的晶体结构几乎都已用实验方法测出。最常见的金属晶体结构有面心立方结构 A1 或 fcc、体心立方结构 A2 或 bcc 和密排六方结构 A3 或 hcp 三种。若将金属原子看作刚性球，这三种晶体结构的晶胞和晶体学特点分别如图 4.24～图 4.26 所示和表 4.3 所列。下面就其原子的排列方式，从晶胞内原子数、点阵常数、原子半径、配位数、致密度等几个方面来作进一步分析。

表 4.3　三种典型金属结构的晶体学特点

结构特征			晶体结构类型		
			fcc（A1）	bcc（A2）	hcp（A3）
点阵常数			a	a	a，c（$c/a=1.633$）
原子半径 r			$\dfrac{\sqrt{2}}{4}a$	$\dfrac{\sqrt{3}}{4}a$	$\dfrac{a}{2}$（$\dfrac{1}{2}\sqrt{\dfrac{a^2}{3}+\dfrac{c^2}{4}}$）
晶胞内的原子数			4	2	6
配位数			12	8	12
致密度			0.74	0.68	0.74
间隙	四面体间隙	数量	8	12	12
		大小	0.225r	0.291r	0.225r
	八面体间隙	数量	4	6	6
		大小	0.414r	0.154$r\langle100\rangle$ 0.633$r\langle110\rangle$	0.414r

注：r 为原子半径。

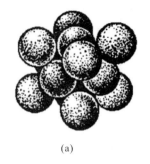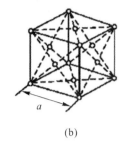

图 4.24　面心立方点阵
(a)模型;(b)晶胞;(c)晶胞原子数

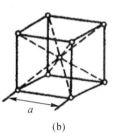

图 4.25　体心立方点阵
(a)模型;(b)晶胞;(c)晶胞原子数

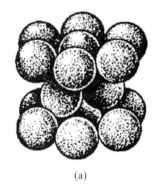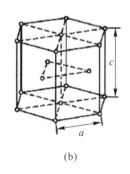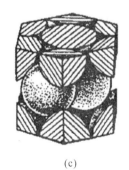

图 4.26　密排六方点阵
(a)模型;(b)晶胞;(c)晶胞原子数

1.晶胞中的原子数

由于晶体具有严格对称性,故晶体可看成由许多晶胞堆砌而成。从图 4.24～图 4.26 可以看出晶胞中顶角处的原子为几个晶胞所共有,而位于晶面上的原子也同时属于两个相邻晶胞,只有在晶胞体积内的原子才单独为一个晶胞所有。

面心立方晶格在晶胞的每个顶点上和晶胞的六个面的中心都有一个原子,晶胞顶点上的原子为相邻的八个晶胞所共有,而每个面中心的原子为两个晶胞共有。所以,面心立方晶胞中原子数为

$$8\times\frac{1}{8}+6\times\frac{1}{2}=4$$

体心立方晶格在晶胞的中心和八个顶点上各有一个原子,晶胞顶点上的原子为相邻的八个晶胞所共有,每个晶胞实际上只占有 1/8 个原子。而中心的原子为该晶胞所独有。故晶胞中实际原子数为

$$8 \times \frac{1}{8} + 1 = 2$$

密排六方晶格的晶胞是一个六方柱体,由六个呈长方形的侧面和两个呈六边形的底面所组成。因此,要用两个晶格常数表示。一个是柱体的高度,另一个是六边形的边长。在晶胞的每个顶点上和上、下底面的中心都排列一个原子,另外在晶胞中间还有三个原子。密排六方晶胞每个顶点上的原子为相邻的六个晶胞所共有,上、下底面中心的原子为两个原子所共有,晶胞中三个原子为该晶胞独有。所以,密排六方晶胞中原子数为

$$12 \times \frac{1}{6} + 2 \times \frac{1}{2} + 3 = 6$$

2. 点阵常数与原子半径

晶胞的大小一般是由晶胞的点阵常数 (a, b, c)（或称晶格常数）衡量,它是晶体结构的一个重要参数。点阵常数主要通过 X 射线衍射分析求得。不同金属可以有相同的点阵类型,但各元素由于电子结构及其所决定的原子间结合情况不同,因而具有各不相同的点阵常数,且随温度不同而变化。

如果把金属原子看作刚球,并设其半径为 r,则根据几何关系不难求出三种典型金属晶体结构的点阵常数与 r 之间的关系。对面心立方晶体结构,取图 4.27 所示晶胞的一个面,可得 $\sqrt{2}a = 4r$。

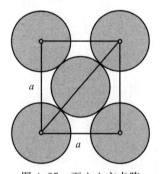

图 4.27　面心立方点阵

对体心立方晶体,取图 4.28 所示的通过晶胞的体对角线的晶面,有 $\sqrt{3}a = 4r$。

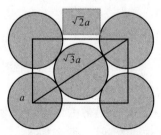

图 4.28　体心立方点阵

密排六方结构的计算较立方晶体结构的复杂一些。密排六方晶体结构点阵常数由 a 和 c 表

示。在理想的情况下，即把原子看作等径的刚球，可算得 $c/a = 1.633$，此时，$a = 2r$。但实际测得的轴比常偏离此值，即 $c/a \neq 1.633$，这时，$\sqrt{a^2/3 + c^2/4} = 2r$。

表 4.4 列出了一些常见金属的点阵常数和原子半径。

表 4.4 一些常见金属的点阵常数和原子半径

金属	点阵类型	点阵常数 nm	原子半径 nm	金属	点阵类型	点阵常数 nm	原子半径 nm	金属	点阵类型	点阵常数 nm	原子半径 nm
Al	A1	0.404 96	0.143 4	Cr	A2	0.288 46	0.124 9	Be	A3	a 0.228 56 c 0.358 32 c/a 1.567 7	0.111 3
Cu	A1	0.361 47	0.127 8	V	A2	0.302 82	0.131 1 (30℃)	Mg	A3	a 0.320 94 c 0.521 05 c/a 1.623 5	0.159 8
Ni	A1	0.352 36	0.124 6	Mo	A2	0.314 68	0.136 3	Zn	A3	a 0.266 49 c 0.494 68 c/a 1.856 3	0.133 2
γ－Fe	A1	0.364 68 (916℃)	0.128 8	α－Fe	A2	0.286 64	0.124 1	Cd	A3	a 0.297 88 c 0.561 67 c/a 1.885 8	0.148 9
β－Co	A1	0.354 4	0.125 3	β－Ti	A2	0.329 98 (900℃)	0.142 9 (900℃)	α－Ti	A3	a 0.295 06 c 0.467 88 c/a 1.585 7	0.144 5
Au	A1	0.407 88	0.144 2	Nb	A2	0.330 07	0.142 9	α－Co	A3	a 0.250 2 c 0.406 1 c/a 1.623	0.125 3
Ag	A1	0.408 57	0.144 4	W	A2	0.316 50	0.137 1	α－Zn	A3	a 0.323 12 c 0.514 77 c/a 1.593 1	0.158 5
Rh	A1	0.380 44	0.1345	β－Zr	A2	0.360 90 (862℃)	0.156 2 (862℃)	Ru	A3	a 0.270 38 c 0.428 16 c/a 1.583 5	0.132 5
Pt	A1	0.392 39	0.138 8	Cs	A2	0.614 (－10℃)	0.266 (－10℃)	Re	A3	a 0.276 09 c 0.445 83 c/a 1.614 8	0.137 0
				Ta	A2	0.330 26	0.143 0	Cs	A3	a 0.273 3 c 0.431 9 c/a 1.580 3	0.133 8

3. 配位数和致密度

晶体中原子排列的紧密程度与晶体结构类型有关,通常以配位数和致密度两个参数来描述晶体中原子排列的紧密程度。

所谓配位数(CN)是指晶体结构中任一原子周围最近邻且等距离的原子数。而致密度是指晶体结构中原子体积占总体积的百分数。如以一个晶胞来计算,则致密度就是晶胞中原子体积与晶胞体积之比值,即

$$K = \frac{nv}{V} \tag{4.1}$$

式中,K —— 致密度;

n —— 晶胞中原子数;

v —— 一个原子的体积,这里将金属原子视为刚性等径球,故 $v = 4\pi r^3/3$;

V —— 晶胞体积。

三种典型金属晶体结构的配位数和致密度见表 4.5。

表 4.5 典型金属晶体结构的配位数和致密度

晶体结构类型	配位数	致密度
A1	12	0.74
A2	8(8+6)	0.68
A3	12(6+6)	0.74

注:(1) 体心立方结构的配位数为8[最近邻原子相距为 $\frac{\sqrt{3}}{2}a$,此外尚有6个相距为 a 次近邻原子,有时也将之列入其内,故有时记为(8+6)]。

(2) 密排六方结构中,只有当 $c/a = 1.633$ 时其配位数为12。如果 $c/a \neq 1.633$,则有6个最近邻原子(同一层的6个原子)和6个次近邻原子(上、下层的各3个原子),故其配位数应记为(6+6)。

4.2.2 晶体的原子堆垛方式和间隙

从图 4.24～图 4.26 可以看出,三种常见金属晶体结构中均有一组原子密排面和原子密排方向,它们分别是面心立方结构的{111}⟨110⟩、体心立方结构的{110}⟨111⟩(实际上,体心立方晶体结构没有密排面只有密排方向)和密排六方结构的{0001}⟨11$\overline{2}$0⟩。这些原子密排面在空间一层一层平行地堆垛起来就分别构成上述三种晶体结构。

面心立方和密排六方晶体结构的致密度均为 0.74,是纯金属中最密集的结构。因为在面心立方和密排六方晶体结构中,密排面上每个原子和最近邻的原子之间都是相切的,而在体心立方晶胞结构中,除位于体心的原子与位于顶角上的8个原子相切外,8个顶角原子之间并不相切,故其致密度没有面心立方和密排六方晶体结构的大。

此外,还可发现面心立方结构中{111}晶面和密排六方结构中{0001}晶面上的原子排列情况完全相同,如图 4.29 所示。若把密排面的原子中心连成六边形的网格,这个六边形的网格又可分为六个等边三角形,而这六个三角形的中心又与原子之间的六个空隙中心相重合。从图 4.30 可看出这六个空隙可分为B,C两组,每组分别构成一个等边三角形。为了获得最紧密的堆垛,第二层密排面的每个原子应坐落在第一层密排面(A层)每三个原子之间的空隙

(低谷)上。不难看出,这些密排面在空间的堆垛方式可以有两种情况。一种是按 ABAB……或 ACAC……的顺序堆垛,这就构成密排六方结构(见图 4.26)。另一种是按 ABCABC……或 ACBACB……的顺序堆垛,这就是面心立方结构(见图 4.24)。堆垛顺序的立体示意图如图 4.31 所示。

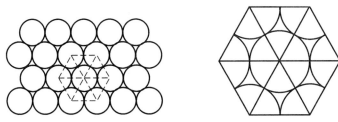

图 4.29 密排六方点阵和面心立方点阵中密排面上的原子排列

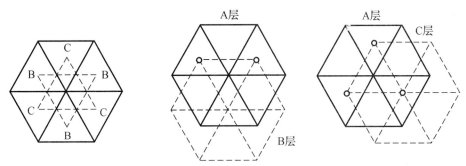

图 4.30 面心立方和密排六方点阵中密排面的分析

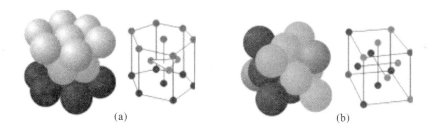

图 4.31 密排六方(a)和面心立方(b)点阵密排面堆垛顺序

从晶体中原子排列的刚性模型和对致密度的分析可以看出,金属晶体存在许多间隙,这种间隙对金属的性能、合金相结构和扩散及相变等都有重要影响。

图 4.32~图 4.34 为三种典型金属晶体结构的间隙位置示意图。其中位于 6 个原子所组成的八面体中间的间隙称为八面体间隙,而位于 4 个原子所组成的四面体中间的间隙称为四面体间隙。图中实心圆圈代表金属原子,令其半径为 r,空心圆圈代表间隙,间隙半径实质上是表示能放入间隙内的小球的最大半径(见图 4.35 和图 4.36)。

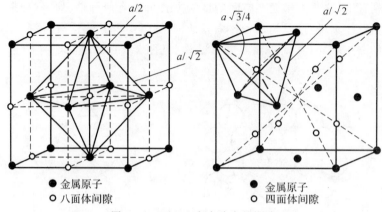

图 4.32　面心立方点阵中的间隙

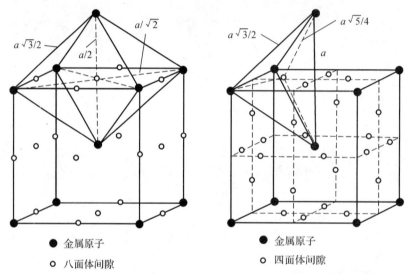

图 4.33　体心立方点阵中的间隙

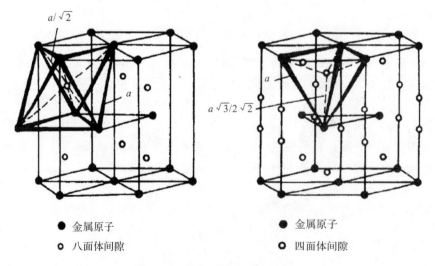

图 4.34　密排六方点阵中的间隙

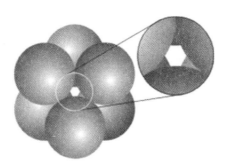

图 4.35　面心立方晶体中八面体间隙的刚球模型

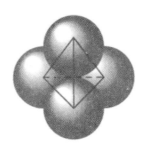

图 4.36　面心立方晶体中四面体间隙的刚球模型

利用几何关系可求出三种晶体结构中四面体和八面体间隙的数目和尺寸大小,计算结果如表 4.6 所列。

表 4.6　三种典型金属晶体结构的间隙数目和大小

晶体结构	间隙类型	间隙数目	间隙大小
面心立方	四面体间隙	8	$0.225r$
	八面体间隙	4	$0.414r$
体心立方	四面体间隙	12	$0.291r$
	八面体间隙	6	$0.154r\langle100\rangle$
			$0.633r\langle110\rangle$
密排六方	四面体间隙	12	$0.225r$
	八面体间隙	6	$0.414r$

　　注:体心立方结构的四面体和八面体间隙都是不对称的,其棱边长度不全相等,这对以后将要讨论到的间隙原子的固溶及其产生的畸变将有明显的影响。

4.2.3　同素异构和多晶型性

　　实际应用石墨和金刚石材料都是由碳原子构成的,但是因为碳原子在空间排列不同(结构不同):石墨原子间构成正六边形的平面结构,呈片状,金刚石原子间是立体的正四面体结构,呈金字塔形结构,从而形成了物理性能差别极大的两种物质——石墨很软,而金刚石则特别坚硬。石墨和金刚石被称为同素异构体。

　　在金属材料中,有些金属晶体在不同的温度和压力下具有不同的晶体结构,即具有多晶型性。多晶型转变的产物也称为同素异构体。例如,铁在 912℃ 以下为体心立方结构,称为 α-

Fe。在 912～1 394℃具有面心立方结构,称为 γ - Fe。当温度超过 1 394℃时又变成体心立方结构,称为 δ - Fe(见图 4.37)。

由于不同晶体结构的致密度不同,当金属由一种晶体结构变为另一种晶体结构时,将伴随体积的跃变即体积的突变。图 4.38 为实验测得的纯铁加热时的膨胀曲线,在 α - Fe 转变为 γ - Fe 及 γ - Fe 转变为 δ - Fe 时,均会因体积突变而使曲线上出现明显的转折点。具有多晶型性的其他金属还有 Mn,Ti,Zr,U 和 Pu 等。

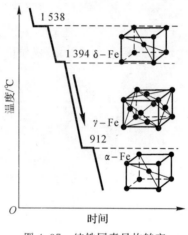

图 4.37　纯铁同素异构转变

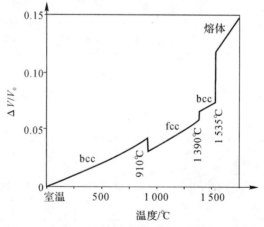

图 4.38　纯铁加热时的膨胀曲线

除了金属中存在多晶型性外,在化合物中同样存在着多晶型性。如当温度发生变化时,固态 Al_2O_3 结构也会发生改变。

同素异构转变对于金属是否能够通过热处理操作来改变它的性能具有重要的意义。

4.3　合金的相结构

虽然纯金属在工业中有着重要的用途,但由于其强度低等原因,工业上广泛使用的金属材料绝大多数是合金。

　　所谓合金是指由两种或两种以上的金属或金属与非金属经熔炼、烧结或其他方法组合而成并具有金属特性的物质。组成合金的基本的独立的物质称为组元。组元可以是金属和非金属元素,也可以是化合物。例如,应用最普遍的碳钢和铸铁就是主要由铁和碳所组成的合金,黄铜则为铜和锌的合金。

　　改变和提高金属材料的性能,合金化是最主要的途径。欲知合金元素加入后是如何起到改变和提高金属性能作用的,首先必须知道合金元素加入后的存在状态,即可能形成的合金相及其组成的各种不同组织形态。相是合金中具有同一聚集状态、同一晶体结构和性质并以界面相互隔开的均匀组成部分。由一种相组成的合金称为单相合金,而由几种不同的相组成的合金称为多相合金。尽管合金中的组成相多种多样,但根据合金组成元素及其原子相互作用的不同,固态下所形成的合金相基本上可分为固溶体和中间相两大类。

　　固溶体是以某一组元为溶剂,在其晶体点阵中溶入其他组元原子(溶质原子)所形成的均匀混合的固态溶体,它保持着溶剂的晶体结构类型。如果组成合金相的异类原子有固定的比例,所形成的固相的晶体结构与所有组元均不同,则称这种合金相为金属化合物。这种相的成分多数处在 A 在 B 中溶解限度和 B 在 A 中的溶解限度之间,因此也叫做中间相。

　　合金组元之间的相互作用及其所形成的合金相的性质主要是由它们各自的电化学因素、原子尺寸因素和电子浓度三个因素控制的。

4.3.1　固溶体

　　固溶体晶体结构的最大特点是保持着原溶剂的晶体结构。

　　根据溶质原子在溶剂点阵中所处的位置可将固溶体分为置换固溶体和间隙固溶体两类,下面分别进行讨论。

　　1. 置换固溶体

　　当溶质原子溶入溶剂中形成固溶体时,溶质原子占据溶剂点阵的阵点,或者说溶质原子置换了溶剂点阵的部分溶剂原子,这种固溶体就称为置换固溶体。

　　金属元素彼此之间一般都能形成置换固溶体,但溶解度视不同元素而异,有些能无限溶解,有的只能有限溶解。影响溶解度的因素很多,主要有以下几种:

　　(1)晶体结构。晶体结构相同是组元间形成无限固溶体的必要条件。只有当组元 A 和 B 的结构类型相同时,B 原子才有可能连续不断地置换 A 原子,如图 4.39 所示。如果两组元的晶体结构类型不同,组元间的溶解度只能是有限的。形成有限固溶体时,溶质元素与溶剂元素的结构类型相间,则溶解度通常也较不同结构时为大。表 4.7 列出一些合金元素在铁中的溶解度,就足以说明这点。

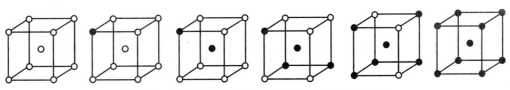

图 4.39　无限置换固溶体中两组元素原子置换示意图

表 4.7 合金元素在铁中的溶解度

元素	结构类型	在 γ-Fe 中最大溶解度/(%)	在 α-Fe 中最大溶解度/(%)	室温下在 α-Fe 中最大溶解度/(%)
C	六方金刚石型	2.11	0.021 8	0.008(600℃)
N	简单立方	2.8	0.1	0.001(100℃)
B	正交	0.018~0.026	≤0.008	≤0.001
H	六方	0.000 8	0.003	≤0.000 1
P	正交	0.3	2.55	≤1.2
Al	面心立方	0.625	≤36	35
Ti	β-Ti 体心立方(>882℃) α-Ti 密排六方(<882℃)	0.63	7~9	≤2.5 (600℃)
Zr	β-Zr 体心立方(>862℃) α-Zr 密排六方(<862℃)	0.7	≤0.3	0.3 (385℃)
V	体心立方	1.4	100	100
Nb	体心立方	2.0	α-Fe 1.8 (385℃) δ-Fe4.5 (1 360℃)	0.1~0.2
Mo	体心立方	≤3	37.5	1.4
W	体心立方	≤3.2	35.5	4.5 (700℃)
Cr	体心立方	12.8	100	100
Mn	δ-Mn 体心立方(>1 133℃) γ-Mn 面心立方(1 095~1 033℃) α,β-Mn 复杂立方(<1 095℃)	100	≤3	≤3
Co	β-Co 面心立方(>450℃) α-Co 复杂立方(<450℃)	100	76	76
Ni	面心立方	100	≤10	≤10
Cu	面心立方	≤8	2.13	0.2
Si	金刚石型	2.15	18.5	15

(2)原子尺寸因素。大量实验表明,在其他条件相近的情况下,原子半径差 Δr($\Delta r = \dfrac{r_A - r_B}{r_B} \times 100\%$,$r_A$ 为溶剂原子半径,r_B 为溶质原子半径)<15% 时,有利于形成溶解度极大的固溶体。而当 $\Delta r \geqslant 15\%$ 时,Δr 越大,则溶解度越小。

原子尺寸因素的影响主要与溶质原子的溶入所引起的点阵畸变及其结构状态有关。Δr

愈大,溶入后点阵畸变程度愈大,畸变能愈高,结构的稳定性愈低,溶解度则愈小。

(3)化学亲和力(电负性因素)。溶质与溶剂元素之间的化学亲和力愈强,即合金组元间电负性差愈大,倾向于生成化合物而不利于形成固溶体。生成的化合物愈稳定,则固溶体的溶解度就愈小。只有电负性相近的元素才可能具有大的溶解度。各元素的电负性如图 4.40 所示。该图揭示了电负性与原子序数的关系。从图 4.40 中可以看出,它是有一定的周期性的,在同一周期内,电负性自左向右(即随原子序数的增大)而增大。而在同一族中,电负性由上到下逐渐减少。

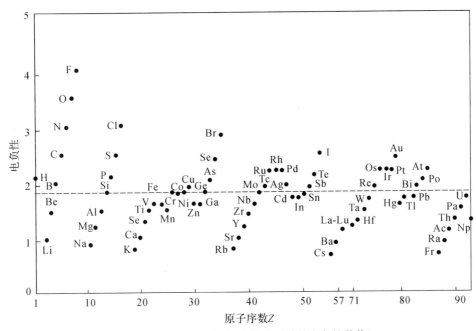

图 4.40 元素的电负性(虚线表示铁的电负性数值)

(4)原子价因素。实验研究结果表明,当原子尺寸因素较为有利时,在某些以一价金属(如 Cu,Ag,Au)为基的固溶体中,溶质的原子价愈高,其溶解度愈小。如 Zn,Ga,Ge 和 As 在 Cu 中的最大溶解度分别为 38%,20%,12% 和 7%(见图 4.41)。而 Cd,In,Sn 和 Sb 在 Ag 中的最大溶解度则分别为 42%,20%,12% 和 7%(见图 4.42)。溶质原子价的影响实质上是"电子浓度"所决定的。所谓电子浓度就是合金中价电子数目与原子数目的比值,即 e/a。合金中的电子浓度可按下式计算

$$\frac{e}{a} = \frac{A(100-x) + Bx}{100} \qquad (4.2)$$

式中,A,B —— 溶剂和溶质的原子价;

x —— 溶质的原子数分数(%)。

如果分别算出上述合金在最大溶解度时的电子浓度,可发现它们的数值都接近于 1.4。这就是所谓的极限电子浓度。越过此值时,固溶体就不稳定而要形成另外的相。

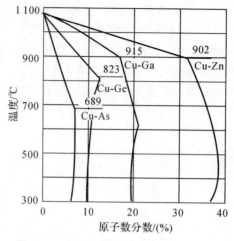

图 4.41 铜合金的固相线和固溶度曲线

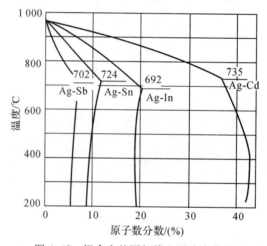

图 4.42 银合金的固相线和固溶度曲线

还应指出,除了上述影响固溶度的因素外,固溶度还与温度有关,在大多数情况下,温度升高,固溶度升高。而对少数含有中间相的复杂合金,情况则相反。

2. 间隙固溶体

溶质原子分布于溶剂晶格间隙而形成的固溶体称为间隙固溶体。

由前述内容可知,当溶质与溶剂的原子半径差大于 30% 时,不易形成置换固溶体。而且当溶质原子半径很小,致使 $\Delta r > 41\%$ 时,溶质原子就可能进入溶剂晶格间隙中而形成间隙固溶体。形成间隙固溶体的溶质原子通常是原子半径小于 0.1 nm 的一些非金属元素,如 H,B,C,N,O 等(它们的原子半径分别为 0.046 nm,0.097 nm,0.077 nm,0.071 nm,0.060 nm)。

在间隙固溶体中,由于溶质原子一般都比晶格间隙的尺寸大,所以当它们溶入后,都会引起溶剂点阵畸变,点阵常数变大,畸变能升高。因此,间隙固溶体都是有限固溶体,而且溶解度很小。

间隙固溶体的溶解度不仅与溶质原子的大小有关,还与溶剂晶体结构中间隙的形状和大小等因素有关。例如,C 在 γ-Fe 中最大溶解度为 2.11%,而在 α-Fe 中的最大溶解度仅为

0.021 8%。这是因为固溶于 $\gamma-Fe$ 和 $\alpha-Fe$ 中的碳原子均处于八面体间隙中,而 $\gamma-Fe$ 的八面体间隙尺寸比 $\alpha-Fe$ 的大。另外,$\alpha-Fe$ 为体心立方晶格,而在体心立方晶格中四面体和八面体间隙均是不对称的,尽管在 $\langle100\rangle$ 方向上八面体间隙比四面体间隙的尺寸小,仅为 $0.154r$,但它在 $\langle110\rangle$ 方向上却为 $0.633r$,比四面体间隙 $0.291r$ 大得多。因此,当 C 原子挤入时只要推开间距小的两个铁原子即可,这比挤入四面体间隙要同时推开四个铁原子较为容易。虽然如此,其实际溶解度仍很小。

3. 固溶体的微观不均匀性

图 4.43 为固溶体中溶质原子的分布示意图。

事实上,完全无序的固溶体是不存在的。可以认为,在热力学上处于平衡状态的无序固溶体中,溶质原子的分布在宏观上是均匀的,但在微观上并不均匀。在一定条件下,它们甚至会呈有规则分布,形成有序固溶体。这时溶质原子存在于溶质点阵中的固定位置上,而且每个晶胞中的溶质和溶剂原子之比也是一定的。有序固溶体的点阵结构有时也称超结构。固溶体中溶质原子取何种分布方式主要取决于同类原子间的结合能 E_{AA}、E_{BB} 和异类原子间的结合能 E_{AB} 的相对大小。如果 $E_{AA} \approx E_{BB} \approx E_{AB}$,则溶质原子倾向于无序分布。如果 $(E_{AA}+E_{BB})/2 < E_{AB}$,则溶质原子虽偏聚状态。如果 $E_{AB} < (E_{AA}+E_{BB})/2$,则溶质原子呈部分有序或完全有序排列。

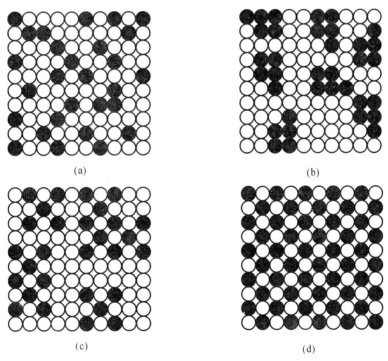

图 4.43　固溶体中溶质原子分布示意图

(a)完全无序;(b)偏聚;(c)部分有序;(d)完全有序

为了了解固溶体的微观不均匀性,可引用短程序参数 α_i。假定在一系列以溶质 B 原子为中心的各同心球面上分布着 A,B 组元原子。如在 i 层球面上共有 C_i 个原子,其中 A 原子的平均数目为 n_i 个,若已知该合金成分中 A 的原子数分数为 m_A,则此层上 A 原子数目应为 $m_A C_i$。短程

序参数 α_i 定义为

$$\alpha_i = 1 - \frac{n_i}{m_A C_i} \qquad (4.3)$$

根据式(4.3)可知,当固溶体为完全无序分布时,n_i 应等于 $m_A C_i$,即 $\alpha_i = 0$。当 $n_i > m_A C_i$ 时,α_i 为负值,表明B原子与异类原子相邻的概率高于无序分布,即处于短程有序状态。若 $n_i < m_A C_i$ 时,α_i 为正值,则固溶体处于同类原子相邻概率较高的偏聚状态。

4. 固溶体的性质

和纯金属相比,由于溶质原子的溶入导致固溶体的点阵常数发生改变,从而使得材料的力学性能、物理和化学性能产生不同程度的变化。

(1)点阵常数的改变。形成固溶体时,虽然仍保持着溶剂的晶体结构,但由于溶质与溶剂的原子大小不同,总会引起点阵畸变并导致点阵常数发生变化。对置换固溶体而言,当原子半径 $r_B > r_A$ 时,溶质原子周围点阵膨胀,平均点阵常数增大。当 $r_B < r_A$ 时,溶质原子周围点阵收缩,平均点阵常数减小。对间隙固溶体而言,点阵常数随溶质原子的溶入总是增大的,这种影响往往比置换固溶体大得多。

(2)产生固溶强化。和纯金属相比,固溶体的一个最明显的变化是由于溶质原子的溶入,固溶体的强度和硬度升高。这种现象称为固溶强化。

(3)物理和化学性能的变化。固溶体合金随着固溶度的增加,点阵畸变增大,一般固溶体的电阻率 ρ 升高,电阻温度系数 α 降低。又如 Si 溶入 α-Fe 中可以提高磁导率,因此质量分数为 $2\%\sim4\%$ 的硅钢片是一种应用广泛的软磁材料。又如 Cr 固溶于 α-Fe 中,当 Cr 的原子数分数达到 12.5% 时,Fe 的电极电位由 -0.60 V 突然上升到 $+0.2$ V,从而有效地抵抗空气、稀硝酸等的腐蚀。因此,不锈钢中至少含有 13% 以上的 Cr 原子。

有序化时因原子间结合力增加,点阵畸变和反相畴存在等因素都会引起固溶体性能突变,除了硬度和屈服强度升高,电阻率降低外,甚至有些非铁磁性合金有序化后会具有明显的铁磁性。例如,Ni_3Mn 和 Cu_2MnAl 合金,无序状态时呈顺磁性,但有序化形成超点阵后则成为铁磁性物质。

4.3.2 中间相

两组元 A 和 B 组成合金时,除了可形成以 A 为基或以 B 为基的固溶体(端际固溶体)外,还可能形成晶体结构与 A,B 两组元均不相同的新相。由于它们在二元相图上的位置总是位于中间,因此通常把这些相称为中间相。

中间相可以是化合物,也可以是以化合物为基的固溶体(第二类固溶体或称二次固溶体)。中间相通常可用化合物的化学分子式表示。大多数中间相中原子间的结合方式属于金属键与其他典型键(如离子键、共价键)相混合的一种结合方式。因此,它们都具有金属性。正是由于中间相中各组元间的结合含有金属键的结合方式,所以表示它们组成的化学分子式并不一定符合化合价规律,如 CuZn,Fe_3C 等。

和固溶体一样,电负性、电子浓度和原子尺寸对中间相的形成及晶体结构都有影响。据此,可将中间相分为正常价化合物、电子化合物、原子尺寸因素有关的化合物和超结构(有序固溶体)等几大类,下面分别进行讨论。

1. 正常价化合物

在元素周期表中,一些金属与电负性较强的ⅣA,ⅤA,ⅥA族的一些元素按照化学上的原子价规律所形成的化合物称为正常价化合物。它们的成分可用分子式来表达,一般为AB,A_2B(或AB_2),A_3B_2型。如二价的Mg与四价的Pb,Sn,Ge,Si形成Mg_2Pb,Mg_2Sn,Mg_2Ge,Mg_2Si。

正常价化合物的晶体结构通常对应于同类分子式的离子化合物结构,如NaCl型、ZnS型、CaF_2型等。正常价化合物的稳定性与组元间电负性差有关。电负性差愈小,化合物愈不稳定,愈趋于金属键结合。电负性差愈大,化合物愈稳定,愈趋于离子键结合。如上例中由Pb到Si电负性逐渐增大,故上述四种正常价化合物中Mg_2Si最稳定,熔点为1 102℃,而且系典型的离子化合物。而Mg_2Pb的熔点为550℃,显示出典型的金属性质,其电阻值随温度升高而增大。

2. 电子化合物

电子化合物是休姆-罗瑟里(Hume-Rothery)在研究ⅠB族的贵金属(Ag,Au,Cu)与ⅡB,ⅢA,ⅣA族元素(如Zn,Ga,Ge)所形成的合金时首先发现的,后来又在Fe-Al,Ni-Al,Co-Zn等其他合金中发现,故又称休姆-罗塞里相。

这类化合物的特点是电子浓度是决定晶体结构的主要因素。凡具有相同的电子浓度,则相的晶体结构类型相同。电子浓度用化合物中每个原子平均所占有的价电子数(e/a)来表示。计算过渡族元素时,其价电子数视为零。电子浓度为$\frac{21}{12}$的电子化合物称为ε相,具有密排六方晶体结构。电子浓度为$\frac{21}{13}$的为γ相,具有复杂立方结构。电子浓度为$\frac{21}{14}$的为β相,一般具有体心立方结构。但有时还可能呈复杂立方的β-Mn结构或密排六方结构。这是由于除主要受电子浓度影响外,其晶体结构也同时受尺寸因素及电化学因素的影响。表4.8列出了一些典型的电子化合物。

表 4.8　常见的电子化合物及其结构类型

电子浓度=$\frac{21}{14}$			电子浓度=$\frac{21}{13}$	电子浓度=$\frac{21}{12}$
体心立方结构	复杂立方β-Mn结构	密排六方结构	γ黄铜结构	密排六方结构
CuZn	Cu_5Si	Cu_3Ga	Cu_5Zn_8	$CuZn_3$
CuBe	Ag_3Al	Cu_5Ge	Cu_5Cd_8	$CuCd_3$
Cu_3Al	Au_3Al	AgZn	Cu_5Hg_8	Cu_3Sn
Cu_3Ga^*	$CoZn_3$	AgCd	Cu_9Al_4	Cu_3Si
Cu_3In		Ag_3Al	Cu_9Ga_4	$AgZn_3$
Cu_5Si^*		Ag_3Ga	Cu_9In_4	$AgCd_3$
Cu_5Sn		Ag_3In	$Cu_{31}Si_8$	Ag_3Sn
$AgMg^*$		Ag_5Sn	$Cu_{31}Sn_8$	Ag_5Al_3

续表

电子浓度 $=\dfrac{21}{14}$			电子浓度 $=\dfrac{21}{13}$	电子浓度 $=\dfrac{21}{12}$
体心立方结构	复杂立方 $\beta\text{-Mn}$ 结构	密排六方结构	γ 黄铜结构	密排六方结构
AgZn*		Ag_7Sb	Ag_5Zn_8	$AuZn_3$
AgCd*		Au_3In	Ag_5Cr_8	$AuCd_3$
Ag_3Al*		Au_5Sn	Ag_5Hg_8	Au_3Sn
Ag_3In*			Ag_9In_4	Au_5Al_3
AuMg			Au_5In_8	
AuZn			Au_5Cd_8	
AuCd			Au_9In_4	
FeAl			Fe_5Zn_{21}	
CoAl			Co_5Zn_{21}	
NiAl			Ni_5Be_{21}	
PdIn			$Na_{31}Pb_8$	

注：* 代表不同浓度出现不同结构。

电子化合物虽然可用化学分子式表示,但不符合化合价规律,而且实际上其成分是在一定范围内变化,可视其为以化合物为基的固溶体(第二类固溶体),其电子浓度也在一定范围内变化。

电子化合物中原子间的结合方式系以金属键为主,故具有明显的金属特性。

3. 原子尺寸因素有关的化合物

一些化合物类型与组成元素的原子尺寸差别有关,当两种原子半径差很大的元素形成化合物时,倾向于形成间隙相和间隙化合物,而中等程度差别时倾向形成拓扑密堆相,现分别进行讨论。

(1)间隙相和间隙化合物。原子半径较小的非金属元素如 C,H,N,B 等可与金属元素(主要是过渡族金属)形成间隙相或间隙化合物。这主要取决于非金属(X)和金属(M)原子半径的比值 r_X/r_M。当时 $r_X/r_M < 0.59$ 时,形成具有简单晶体结构的相,称为间隙相。当 $r_X/r_M > 0.59$ 时,形成具有复杂晶体结构的相,通常称为间隙化合物。

由于 H 和 N 的原子半径仅为 0.046 nm 和 0.071 nm,数值甚小,故它们与所有的过渡族金属都满足 $r_X/r_M < 0.59$ 的条件,因此,过渡族金属的氢化物和氮化物都为间隙相。而 B 的原子半径 0.091 nm,数值较大,则过渡族金属的硼化物均为间隙化合物。至于 C 则处于中间状态,某些碳化物如 TiC,VC,NbC,WC 等系结构简单的间隙相。而 Fe_3C、Cr_7C_3,$Cr_{23}C_6$,Fe_3W_3C 等则是结构复杂的间隙化合物。

1)间隙相。间隙相具有比较简单的晶体结构,如面心立方(fcc)、密排六方(hcp),少数为体心立方(bcc)或简单六方结构,与组元的结构均不相同。在晶体中,金属原子占据正常的位置,而非金属原子则规则地分布于晶格间隙中,这就构成一种新的晶体结构。非金属原子在间隙相中占据什么间隙位置,也主要取决于原子尺寸因素。当 $r_X/r_M < 0.414$ 时,通常可进入四面体间隙。若 $r_X/r_M > 0.414$ 时,则进入八面体间隙。

间隙相的分子式一般为 M_4X,M_2X,MX 和 MX_2 四种。常见的间隙相及其晶体结构见表 4.9。

表 4.9　间隙相举例

分子式	间隙相举例	金属原子排列类型
M_4X	Fe_4N,Mn_4N	面心立方
M_2X	Ti_2H,Zr_2H,Fe_2N,Cr_2N V_2N,W_2C,Mo_2C,V_2C	密排六方
MX	TaC,TiC,ZrC,VC,ZrN VN,TiN,CrN,ZrH,TiH	面心立方
	TaH,NbH	体心立方
	WC,MoN	简单六方
MX_2	TiH_2,ThH_2,ZrH_2	面心立方

在密排结构(fcc 和 hcp)中,八面体和四面体间隙数与金属原子数的比值分别为 1 和 2。当非金属原子填满八面体间隙时,间隙相的成分恰好为 MX,结构为 NaCl 型(MX 化合物也可呈闪锌矿结构,非金属原子占据了四面体间隙的半数)。当非金属原子填满四面体间隙时(仅在氧化物中出现),则形成 MX_2 间隙相如 TiH_2(在 MX_2 结构中,H 原子也可成对地填入八面体间隙中如 ZrH_2)。在 M_4X 中,金属原子组成面心立方结构,而非金属原子在每个晶胞中占据一个八面体间隙。在 M_2X 中,金属原子通常按密排六方结构排列(个别也有 fcc,如 W_2N,MoN 等),非金属原子占据其中一半的八面体间隙位置,或四分之一的四面体间隙位置。M_4X 和 M_2X 可认为是非金属原子未填满间隙的结构。

尽管间隙相可以用化学分子式表示,但其成分也是在一定范围内变化,也可视为以化合物为基的固溶体(第二类固溶体或缺位固溶体)。特别是间隙相不仅可以溶解其组成元素,而且间隙相之间还可以相互溶解。如果两种间隙相具有相同的晶体结构,且这两种间隙相中的金属原子半径差小于 15%,它们还可以形成无限固溶体,例如 TiC-ZrC,TiC-VC,ZrC-NbC,VC-NbC 等。

间隙相中原子间结合键为共价键和金属键,即使是间隙相中非金属组元的原子数分数大于 50% 时,仍具有明显的金属特性,而且间隙相几乎全部具有高熔点和高硬度的特点,是合金工具钢和硬质合金中的重要组成相。

2) 间隙化合物。当非金属原子半径与过渡族金属原子半径之比 $r_X/r_M > 0.59$ 时所形成的相往往具有复杂的晶体结构,这就是间隙化合物。通常过渡族金属 Cr,Mn,Fe,Co,Ni 与碳元素所形成的碳化物都是间隙化合物。常见的间隙化合物有 M_3C 型(如 Fe_3C,Mn_3C),M_7C_3 型(如 Cr_7C_3),$M_{23}C_6$ 型(如 $Cr_{23}C_6$),及 M_6C 型(如 Fe_3W_3C,Fe_4W_2C)等。间隙化合物中的金属元素常常被其他金属元素所置换而形成化合物为基的固溶体,例如 $(Fe,Mn)_3C$,$(Cr,Fe)_7C_3$,$(Fe,Ni)_3(W,Mo)_3C$ 等。

间隙化合物的晶体结构都很复杂。钢是实际上应用最多的结构材料。Fe_3C 是钢中的一个基本相,也是一个重要的强化相,称为渗碳体。C 与 Fe 原子半径之比为 0.63,其晶体结构如图 4.44 所示,为正交晶系,三个点阵常数不相等。渗碳体晶胞中共有 16 个原子,其中 12 个 Fe 原子(图中大的空心点),4 个 C 原子(图中实心点),符合铁、碳原子数量比为 3:1 的关系。Fe_3C 中的 Fe 原子可以被 Mn,Cr,Mo,W,V 等金属原子所置换形成合金渗碳体。而 Fe_3C 中的 C 可被 B 置换,但不能被 N 置换。

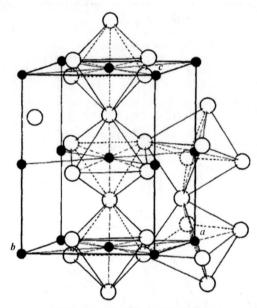

图 4.44　渗碳体的晶体结构

间隙化合物中原子间结合键为共价键和金属键。其熔点和硬度均较高(但不如间隙相),是钢中的主要强化相。还应指出,在钢中只有周期表中位于 Fe 左方的过渡族金属元素才能形成碳化物(包括间隙相和间隙化合物),它们的 d 层电子越少,与碳的亲和力就越强,则形成的碳化物越稳定。

(2)拓扑密堆相。拓扑密堆是由两种大小不同的金属原子所构成的一类中间相,其中大小原子通过适当配合构成空间利用率和配位数都很高的复杂结构。由于这类结构具有拓扑特征,故称这些相为拓扑密堆相,简称 TCP 相,以区别于通常的具有 fcc 或 hcp 晶体结构的几何密堆相。

TCP 拓扑密堆相结构的特点是:

1)由配位数为 12,14,15,16 的配位多面体堆垛而成。所谓配位多面体是以某一原子为中心,将其周围紧密相邻的各原子中心用一些直线连接起来所构成的多面体,每个面都是三角形。图 4.45 为拓扑密堆相的配位多面体形状。

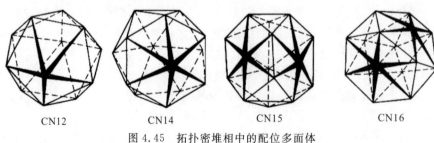

CN12　　　　CN14　　　　CN15　　　　CN16

图 4.45　拓扑密堆相中的配位多面体

2)呈层状结构。在 TCP 拓扑密堆相中原子半径小的原子构成密排层,其中嵌镶有原子半径大的原子,由这些密排层按照一定顺序堆垛而成,从而构成空间利用率很高,只有四面体间隙的密排结构。

原子密层由三角形、正方形或六边形组合起来的平面网格结构。这种平面网格结构通常可用一定的符号加以表示。可在平满网格中的任取一原子,依次写出回绕着该点的多边形类型。图 4.46 为几种常见类型的原子密排层的网格结构。

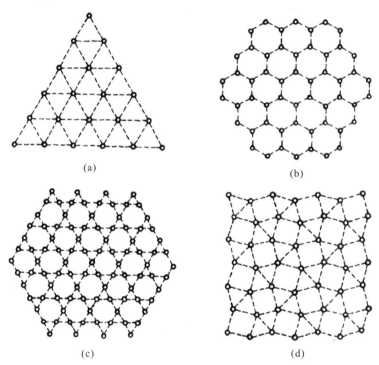

(a)

(b)

(c)

(d)

图 4.46　拓扑密堆相中原子密排层的网格结构

(a) 3^6 型;(b) 6^3 型;(c) $3 \cdot 6 \cdot 3 \cdot 6$ 型;(d) $3^2 \cdot 4 \cdot 3 \cdot 4$ 型

已发现的 TCP 拓扑密堆相的种类很多,常见的有拉弗斯相(Lavis phase)(如 $MgCu_2$,$MgNi_2$,$MgZn_2$、$TiFe_2$ 等),σ 相(如 FeCr,FeV,FeMo,CrCo,WCo 等),μ 相(如 Fe_7W_6,Co_7Mo_6 等),Cr_3Si 型相(如 Cr_3Si,Nb_3Sn,Nb_3Sb 等),R 相(如 $Cr_{18}Mo_{31}Co_{51}$ 等)以及 P 相(如 $Cr_{18}Ni_{40}Mo_{42}$ 等)。常见的拉弗斯相和 σ 相的晶体结构如下:

1)拉弗斯相。许多金属之间形成金属间化合物属于拉弗斯相。二元合金拉弗斯相的典型分子式为 AB_2,其形成条件为

(a) 原子尺寸因素:A 原子半径略大于 B 原子,其理论比值应为 $r_A/r_B = 1.255$,而实际比值约在 $1.05 \sim 1.68$ 范围内。

(b)电子浓度:一定的结构类型对应着一定的电子浓度。

拉弗斯相的晶体结构有三种类型。它们的典型代表为 $MgCu_2$,$MgZn_2$ 和 $MgNi_2$。它们相对应的电子浓度范围见表 4.10。

表 4.10　三种典型拉弗斯相的结构类型和电子浓度范围

典型合金	结构类型	电子浓度范围	属于同类的拉弗斯相举例
$MgCu_2$	复杂立方	1.33～1.75	AgB_2，$NaAu_2$，$ZrFe_2$，$CuMnZr$，$AlCu_3Mn_2$
$MgZn_2$	复杂立方	1.80～2.00	$CaMg_2$，$MoFe_2$，$TiFe_2$，$TaFe_2$，$AlNbNi$，$FeMoSi$
$MgNi_2$	复杂立方	1.80～1.90	$NbZn_2$，$HfCr_2$，$MgNi_2$，$SeFe_2$

　　以 $MgCu_2$ 拉弗斯相为例,其晶胞结构如图 4.47 所示。该晶胞中共有 24 个原子,其中,Mg 原子 8 个,Cu 原子 16 个。在理想情况下,$r_A/r_B=1.255$。晶胞中原子半径较小的 Cu 位于小四面体的顶点,一正一反排成长链。从[111]方向看,是 3·6·3·6 型密排层,如图 4.47 所示。而较大的 Mg 原子位于各小四面体之间的空隙中,本身又组成一种金刚石型结构的四面体网络。两者穿插构成整个晶体结构。Mg 原子周围有 12 个 Cu 原子和 4 个 Mg 原子,故配位多面体的配位数(CN)为 16。而 Cu 原子周围是 6 个 Mg 原子和 6 个 Cu 原子,即 CN 为 12。因此,该拉弗斯相结构可看作由 CN16 与 CN12 两种配位多面体相互配合而成的。图 4.48所示为镁表面涂覆含 Cu 涂层时析出的 $MgCu_2$ 拉弗斯相的组织形态。

　　在镁合金中拉弗斯相是重要强化相。在高合金不锈钢和铁基、镍基高温合金中,有时也会析出针状的拉弗斯相分布在固溶体基体上,但是需要控制其含量。当拉弗斯相数量较多时,合金性能会降低。

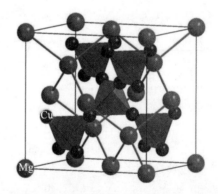

图 4.47　$MgCu_2$ 拉弗斯相立方晶胞中 Mg,Cu 原子的分布

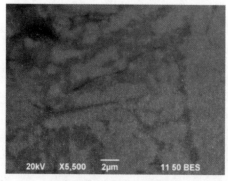

图 4.48　Mg 表面涂层中析出的 $MgCu_2$ 拉弗斯相

2)σ相。σ相通常存在于过渡族金属元素组成的合金中,其分子式可写作 AB 或 A$_x$B$_y$,如 FeCr,FeV,FeMo,MoCrNi,WCrNi,(Cr,Wo,W)$_x$(Fe,Co,Ni)$_y$ 等。尽管 σ 相可用化学式表示,但其成分是在一定范围内变化,即也是以化合物为基的固溶体,即为二次固溶体。

σ相具有复杂的正方结构,其轴比 $c/a \approx 0.52$,每个晶胞中有 30 个原子,如图 4.49 所示。

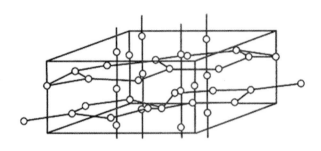

图 4.49　σ相的晶体结构

σ相在常温下硬而脆,它的存在通常对合金性能有害。在不锈钢中出现 σ 相会引起晶间腐蚀和脆性。在 Ni 基高温合金和耐热钢中,如果成分或热处理控制不当,会发生片状的硬而脆 σ 相沉淀,而使材料变脆,故应避免。图 4.50 所示为高温合金中析出的 σ 相。在该图中还可见 P 相,这样的组织对高温合金是有害的。

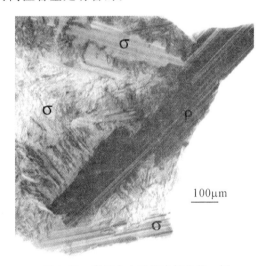

100μm

图 4.50　高温合金组织中析出的 σ相

4. 超结构(有序固溶体)

对某些成分接近于一定的原子比(如 AB 或 AB$_3$)的无序固溶体中,当它从高温缓冷到某一临界温度以下时,溶质原子会从统计随机分布状态过渡到占有一定位置的规则排列状态,即发生有序化过程,形成有序固溶体。长程有序的固溶体在其 X 射线衍射谱上会产生外加的衍射线条,称为超结构线,所以有序固溶体通常称为超结构或超点阵。

超结构的主要类型:超结构的类型较多,主要的几种如表 4.11 所列和图 4.51～4.56 所示。

表 4.11 典型的超结构

结构类型	典型合金	晶胞图形	合金例子
以面心立方结构为基的超结构	Cu₃Au I 型 CuAu I 型 CuAu II 型	图 4.51 图 4.52 图 4.53	$Fe_3Pt, FeNi_3, Au_3Cu, Ag_3Mg$ $NiPt, FePt, AuCu$ $CuAu\ II$
以体心立方为基的超结构	CuZn(β)黄铜型 Fe₃Al 型	图 4.54 图 4.55	$\beta'-CuZn, \beta-AlNi, \beta-NiZn, AgZn, FeCo,$ $FeV, AgCd$ $Fe_3Al, \alpha'-Fe_3Si, \beta-Cu_3Sb, Cu_2MnAl$
以密排六方为基的超结构	MgCd₃型	图 4.56	Mg_3Cd, Ag_3In, Ti_3Al

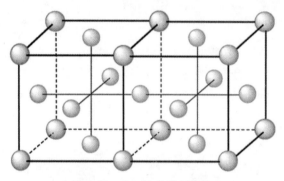

图 4.51 Cu₃Au I 型超结构

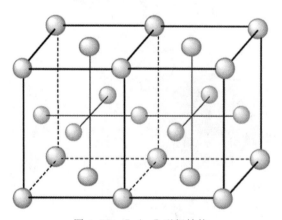

图 4.52 CuAu I 型超结构

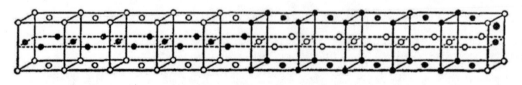

● =Au   ○ =Cu

图 4.53 CuAu II 型超结构

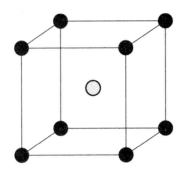

图 4.54　CuZn 型超结构

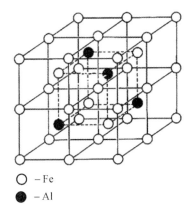

○ —Fe

● —Al

图 4.55　Fe₃Al 型超结构

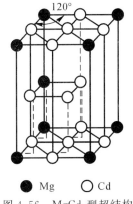

● Mg　　○ Cd

图 4.56　MgCd₃ 型超结构

　　有序化和影响有序化的因素:有序化的基本条件是异类原子之间的相互吸引大于同类原子间的吸引作用,从而使有序固溶体的自由能低于无序态。

　　通常可用"长程有序度参数"S 来定量地表示有序化程度:

$$S = \frac{P - x_A}{1 - x_A} \tag{4.4}$$

式中,P——A 原子的正确位置上(即在完全有序时此位置应为 A 原子所占据)出现 A 原子的概率;

x_A——A 原子在合金中的原子数分数。

根据式(4.4)可知,当结构完全有序时,$P=1$,此时 $S=1$;完全无序时,$P=x_A$,此时 $S=0$。

从无序到有序的转变过程是依赖于原子迁移实现的,即存在形核和长大过程。电镜观察表明,最初核心是短程有序的微小区域。当合金缓慢冷却经过某一临界温度时,各个核心慢慢独自长大,直至相互接触。通常将这种小块有序区域称为有序畴。当两个有序畴同时长大相遇时,如果其边界恰好是同类原子相遇而构成一个明显的分界面,称为反相畴界。反相畴界两边的有序畴称为反相畴,如图 4.57 所示。

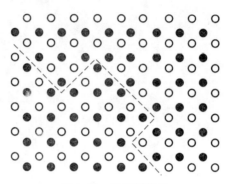

图 4.57 反相畴结构

影响有序化的因素有温度、冷却速度和合金成分等。温度升高,冷速加快,或者合金成分偏离理想成分(如 AB 或 AB_3)时,均不利于得到完全的有序结构。

5. 中间相的性质和应用

金属间化合物由于原子间键合和晶体结构的多样性,使得这种化合物具有许多特殊的物理、化学性质,已日益受到人们的重视。不少金属间化合物特别是超结构已作为新的功能材料和耐热材料正在被开发应用。现列举如下:

具有超导性质的金属间化合物,如 Nb_3Ge,Nb_3Al,Nb_3Sn,V_3Si,NbN 等。

具有特殊电学性质的金属间化合物,如 InTe - PbSe,GaAs - ZnSe 等在半导体材料的应用。

具有强磁性的金属间化合物,如稀土元素(Ce,La,Sm,Pr,Y 等)和 Co 的化合物,具有特别优异的永磁性能。

具有吸氢和释氢特性的金属间化合物(常称为贮氢材料),如 $LaNi_5$,FeTi,R_2Mg_{17} 和 $R_2Ni_2Mg_{15}$ 等(R 代表稀土 La,Ce,Pr,Nd 或混合稀土)是一种很有前途的储能和换能材料。

具有耐热特性的金属间化合物,如 Ni_3Al,NiAl,TiAl,Ti_3Al,FeAl,Fe_3Al,$MoSi_2$,$NbBe_{12}$,$ZrHe_{12}$ 等不仅具有很好的高温强度,并且,在高温下具有比较好的塑性。

耐蚀的金属间化合物,如某些金属的碳化物、硼化物、氮化物和氧化物等在侵蚀介质中仍很耐蚀,若通过表面涂覆方法,可大大提高被涂覆件的耐蚀性能。

具有形状记忆效应、超弹性和消震性的金属间化合物,如 TiNi,CuZn,CuSi,MnCu,Cu_3Al等已在工业上得到应用。

此外,LaB_4等稀土金属硼化物所具有的热电子发射性,Zr_3Al 的优良中子吸收性等在新型功能材料的应用中显示了广阔的前景。

4.4　离子晶体结构

分析离子晶体的结构属于不等大球体的堆积问题。

对于尺寸相差不很大的带异性电荷的离子来说,如图 4.58(a)所示,如果离子的堆积仍遵循等径球体的紧密堆积原理,会导致同号离子之间的排斥力增大,造成结构不稳定,在这种情况下异号离子往往排成如图 4.58(b)所示的形式,虽然其排列的紧密程度不如图 4.58(a)所示的形式,但实际上更稳定。

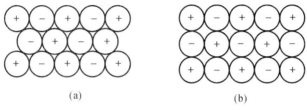

(a)　　　　　　　　　　　　　　(b)

图 4.58　不等大球体的紧密堆积

在实际的离子晶体中,正负离子的半径往往相差很大,在这种情况下,半径较大的负离子仍按六方或立方紧密堆积方式排列,半径较小的正离子则按其本身的大小,填充在四面体或八面体空隙中,形成不等大球体的紧密堆积。这种填隙方式可能使负离子之间的距离均匀地撑开一些,但不会使负离子的密堆结构产生畸变,空间利用率可以提高,而异号离子相间排列的要求也能满足。这种结构特点在氧化物多晶材料中十分普遍。也就是说,通过分析,我们可以把离子晶体的结构处理成正离子被负离子多面体包围的结构。

4.4.1　配位数与配位多面体

配位数(CN):一个离子的配位数是指在晶体结构中,该离子的周围,与它直接相邻结合的所有异号离子的个数。如在 NaCl 晶体结构中,Cl^- 离子按面心立方最紧密堆积方式排列,而 Na^+ 离子则填充在 Cl^- 离子所形成的八面体空隙中,每个 Na^+ 离子周围有 6 个 Cl^- 离子,Na^+ 离子的配位数为 6。

在离子晶体结构中,阳离子一般处于阴离子紧密堆积的空隙中,配位数一般为 4 或 6(即 CN＝4 或 6),若阴离子不做紧密堆积,阳离子还可能出现其他配位数。

配位多面体是指在晶体结构中,与一个阳离子(或原子)成配位关系而相邻结合的各个阴离子(或原子),它们的中心连线所构成的多面体。阳离子或中心原子位于配位多面体的中心,各个配位阴离子或原子的中心则位于配位多面体的顶角上。

在晶体结构的研究中,常常用分析配位多面体之间的连接方式来描述该晶体的结构特点。在晶体结构中,常见的几种配位形式有:三角形配位,四面体配位,八面体配位和立方体配位,如图 4.59 所示。这几种配位形式,在离子晶体结构中均会遇到。

三角形配位

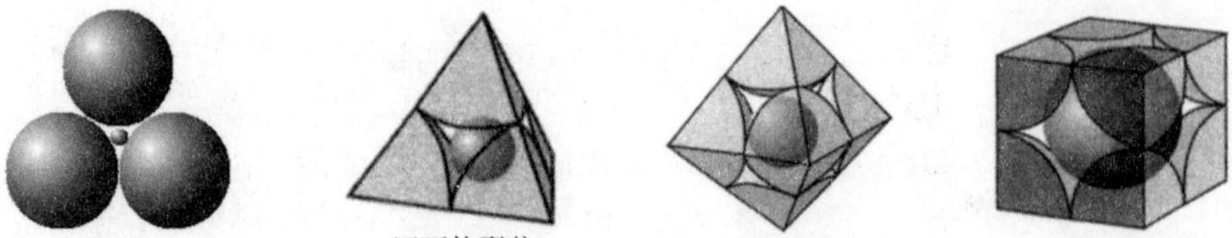

四面体配位

八面体配位

立方体配位

图 4.59　晶体结构中常见的配位多面体形式

4.4.2　离子的极化

离子的极化是指离子在外电场的作用下,改变其形状与大小的现象。

在离子晶体结构中,阴阳离子均受到相邻异号离子电场的作用被极化,同时,它们本身的电场又对邻近异号离子起极化作用。因此,极化过程包括两方面:

(1)被极化:一个离子在其他离子所产生的外电场的作用下发生极化;

(2)主极化:一个离子以其本身的电场作用于周围离子,使其他离子极化。

对于离子被极化程度的大小.可用极化率 α 来表示。表 4.12 列出了一些主要离子的半径和 α 值。

表 4.12　一些主要离子的半径和 α 值

离子	离子半径 nm	极化率 α nm³	离子	离子半径 nm	极化率 α nm³	离子	离子半径 nm	极化率 α nm³
Li^+	0.059	0.031×10^{-3}	B^{3+}	0.011	0.003×10^{-3}	F^-	0.133	1.04×10^{-3}
Na^+	0.099	0.179×10^{-3}	Al^{3+}	0.039	0.052×10^{-3}	Cl^-	0.181	3.66×10^{-3}
K^+	0.137	0.83×10^{-3}	Y^{3+}	0.090	0.55×10^{-3}	Br^-	0.196	4.77×10^{-3}
Ca^{2+}	0.100	0.47×10^{-3}	C^{4+}	0.015	0.0013×10^{-3}	I^-	0.220	7.10×10^{-3}
Sr^{2+}	0.118	0.86×10^{-3}	Si^{4+}	0.026	0.0165×10^{-3}	O^{2-}	0.140	3.88×10^{-3}
Ba^{2+}	0.135	1.55×10^{-3}	Ti^{4+}	0.061	0.185×10^{-3}	S^{2-}	0.184	10.20×10^{-3}

在离子晶体中,一般阴离子半径较大,易于变形而被极化,而主极化能力较低,阳离子半径相对较小。当电价较高时,其主极化作用大,而被极化程度较低。在离子晶体中,由于离子极化,电子云互相穿插,电子云变形失去球形对称,缩小了阴阳离子之间的距离,使离子的配位数、离子键的键性以至晶体的结构类型发生变化。表 4.13 所示为离子极化对卤化银晶体结构的影响。

表 4.13　离子极化对卤化银晶体结构的影响

	AgCl	AgBr	AgI
Ag^+ 和 X^- 的半径之和/nm	0.115+0.181=0.296	0.115+0.196 = 0.311	0.115+0.220 = 0.335
Ag^+ 和 X^- 的实测距离/nm	0.277	0.288	0.299
极化靠近值	0.019	0.023	0.036

续表

	AgCl	AgBr	AgI
r^+/r^- 值	0.635	0.587	0.523
实际配位数	6	6	4
理论结构类型	NaCl	NaCl	NaCl
实际结构类型	NaCl	NaCl	立方 ZnS

4.4.3 鲍林规则

哥尔德希密特(Goldschmidt)在研究晶体结构时,根据离子间的数量、离子的相对大小以及离子间的极化等影响因素,提出了结晶化学定律,其内容为"一个晶体的结构,取决于其组成单位的数目、相对大小以及极化性质"。该规则一般称为哥尔德希密特结晶化学定律,简称结晶化学定律,该定律定性地概括了影响离子晶体结构的三个主要因素:

(1) 无机化合物晶体一般按化学式类型如 AX、AX_2、A_2X_3 等分类,类型不同,表明组成晶体的离子间的数量关系不一样。如 AX 晶体,其阴阳离子在结构中各占 50% 的位置,而 A_2X_3 晶体中,阴阳离子在结构中所占位置的比例为 2:3。如 TiO_2 和 Ti_2O_3,阴阳离子同为钛和氧,但由于离子之间的数量比不同,前者为金红石型结构,后者为刚玉型结构。

(2) 晶体中离子大小不同,反映了离子半径不同,则阴阳离子的配位数和晶体结构也不同。

(3) 晶体中离子的极化性能不同,由此将产生不同的晶体结构。

实际上,组成晶体质点的数量关系、大小关系和极化性能,很大程度上都由晶体的化学组成决定。因此,根据晶体的化学组成,一般能有效确定晶体的结构。

1928—1929 年间,鲍林在哥尔德希密特结晶化学定律的基础上,结合大量的研究工作,对离子晶体的结构总结归纳出 5 条规则,称为鲍林规则。

1. 鲍林第一规则——关于阴离子配位多面体和阳阴离子半径比规则

鲍林第一规则即阴离子配位多面体规则,它指出围绕每一个阳离子,形成一个阴离子的配位多面体,阴阳离子的间距取决于它们的半径之和,阳离子的配位数则取决于阳阴半径之比。

鲍林第一规则表明,阳离子的配位数并非取决于它本身或阴离子的半径,而是取决于它们的比值。如果阴离子作紧密堆积排列,则可以从几何关系上计算出阳离子配位数与阴阳离子半径比值的关系。但是,在实际的晶体结构中,阳离子的半径可能大于或小于阴离子密堆的空隙。如图 4.60 所示为阴离子成最紧密堆积,阳离子处于阴离子空隙的堆积情况。其中,图 4.60 中的左图和中图是稳定的堆积结构,而右图是不稳定的堆积结构。

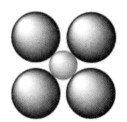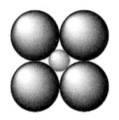

图 4.60　稳定(左、中)和不稳定(右)离子晶体配位结构示意图

（1）阳离子与阴离子相接触，阴离子之间脱离接触（见图 4.60 左图）。这种情况下，阳离子半径大于空隙临界半径值而将空隙撑大，阴离子不是最紧密堆积，导致静电力不平衡，引力大于斥力，但过剩的引力可由更远的离子作用来平衡。故这种状态并不影响结构的稳定性及阳离子的配位数。但在晶体中，每个阳离子的周围总是要尽可能紧密地围满阴离子，每个阴离子的周围也要尽可能紧密地围满阳离子，否则这个系统就不稳定。因此，当阳离子半径达到一定程度后，原来有 6 个阴离子包围的阳离子，要被 8 个阴离子所包围，即配位数由 6 上升到 8。

（2）阴离子与阴离子相接触，阳离子与阴离子也接触（见图 4.60 中图）。在这种情况下，体系处于平衡状态，结构稳定。

（3）阴离子与阴离子相互接触，阳离子与阴离子相脱离（阳离子在阴离子堆积的空隙中可自由移动）（见图 4.60 右图）。在这种情况下，彼此接触的阴离子之间的排斥力，因平衡它的阳离子远离而增大，能量增加，使体系处于非稳定状态。故这样的堆积结构并不能稳定存在，即使在晶体的形成过程中出现了这样一种状态，体系也将根据能量最低原理，改变排列状态，以保证阴阳离子接触而成稳定结构。

表 4.14 列出了阳阴离子半径比与配位数及阴离子堆积结构关系。

表 4.14　阳阴离子半径与配位数及阴离子堆积结构关系

阳阴离子半径比	配位数	堆积结构
<0.155	2	
0.155~0.225	3	
0.225~0.414	4	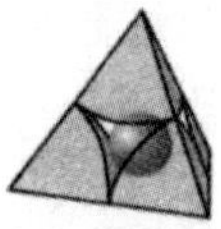
0.414~0.732	6	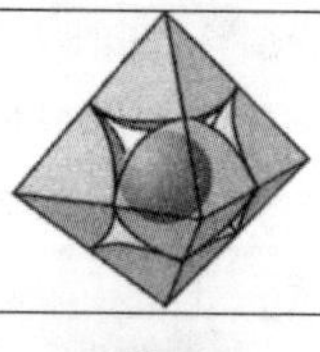
0.732~1.000	8	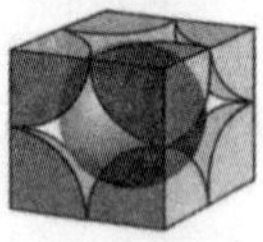
约为 1.000	12	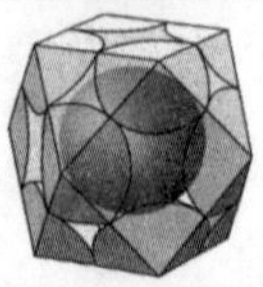

2. 鲍林第二规则——静电价规则

在一个稳定的晶体结构中,从所有相邻接的阳离子到达一个配位阴离子的静电键的总强度,等于阴离子的电荷数。

在一个稳定的离子晶体结构中,每个负离子的电价 Z_- 等于或接近等于与之邻接的各正离子静电键强度 S 的总和,即

$$Z_- = \sum_i S_i = \sum_i \left(\frac{Z_+}{n}\right)_i \tag{4.5}$$

式中,Z_+ —— 正离子的电荷;

n —— 配位数。

利用鲍林第二规则可分析离子晶体结构的稳定性,通过计算每个阴离子所得到的静电键强度的总和可知,如果与其电价相等,则表明电价平衡,结构稳定。静电价规则对于规则多面体配位结构是比较严格的规则,因为它必须满足静电平衡的原理,在许多情况下可以使用静电价规则来推测阴离子多面体之间的连接情况。

由于静电键强度实际是离子键强度,也是晶体结构稳定性的标志。在具有大的等强电位的地方,放置带有大负电荷的负离子,将使晶体的结构趋于稳定。这就是第二规则所反映的物理实质。

3. 鲍林第三规则——阴离子多面体共用顶点、棱和面的规则

在配位结构中,两个阴离子多面体以共棱,特别是以共面方式存在时,离子晶体结构的稳定性便降低,对于电价高而配位数小的阳离子,此效应尤为显著。表 4.15 列出了两个多面体以不同方式相连时中心阳离子间的距离关系。由表 4.15 可见,随着中心阳离子距离的减小,阳离子键的静电排斥力增加,因此晶体结构的稳定性降低。

表 4.15 两个配位多面体以不同方式相连时中心阳离子之间的距离关系

方式	配位三角形	配位四面体	配位八面体	配位立方体
共棱连接	0.50	0.58	0.71	0.82
共面连接	—	0.33	0.58	0.58

当采取共棱和共面连接,正离子的距离缩短,增大了正离子之间的排斥,从而导致不稳定结构。例如两个四面体,当共棱、共面连接时其中心距离分别为共顶连接的 58% 和 33%。如图 4.61 所示为配位多面体共用顶点、棱和面的情况。

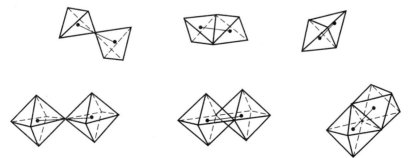

图 4.61 阴离子多面体共用顶点、棱和面示意图

4. 鲍林第四规则——不同种类正离子配位多面体间连接规则

若晶体结构中含有一种以上的正离子,则高电价、低配位的多面体之间有尽可能彼此互不连接的趋势。

鲍林第四规则进一步指出:在一个含有不同阳离子的晶体中,电价高而配位数小的阳离子,不趋向于相互共有配位多面体的要素。这是因为,一对阳离子之间的排斥力是按电价数的平方关系成正比增加的。这条规则实际上是鲍林第三条规则的延伸,所谓共有配位多面体的要素,是指共顶、共棱或共面。如果在一个晶体结构中有多种阳离子存在,则高电价、低配位数阳离子的配位多面体趋向于互不连接,它们之间由其他阳离子的配位多面体隔开,至多也只能以共顶方式相连。在硅酸盐晶体结构中,可以用这一规则进行分析。

5. 鲍林第五规则——节约规则

节约规则即在一个晶体结构中,本质不同的结构组元的种类,趋向于为数最少。本质不同的结构组元,是指在性质上有明显差别的结构方式。

在同一晶体结构中,晶体化学性质相似的不同离子,将尽可能采取相同的配位方式,从而使本质不同的结构组元种类的数目尽可能少。

上述五个规则,是在分析研究大量晶体内部结构的基础上建立的,是离子化合物晶体结构规律性的具体概括,适用于大多数离子晶体,特别是在分析比较复杂的晶体结构时,可以用这些规则进行。但是,鲍林规则并不完全适用于过渡元素化合物的离子晶体,更不适用于非离子品格的晶体,对于这些晶体的结构,还需要用晶体场、配位场等理论来说明。

4.4.4 离子晶体结构类型

离子晶体结构中没有大的复杂的络离子团,了解这类结构时主要是从结晶学角度熟悉晶体所属的晶系、晶体中质点的堆积方式及空间坐标、配位数、配位多面体及其连接方式、晶胞分子数、空隙填充率,以及空间格子构造等。

离子晶体按其化学组成分为二元化合物和多元化合物。此处主要介绍二元化合物中的 AB 型,AB_2 型和 A_2B_3 型化合物,及多元化合物中的 ABO_3 型和 AB_2O_4 型化合物。

1. AB 型化合物结构

(1)NaCl 型结构。氯化钠晶体,化学式为 NaCl,晶体结构为立方晶系,单位晶胞分子数为 4,如图 4.62 所示。

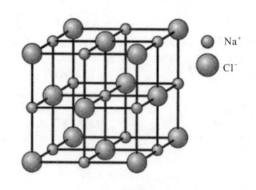

图 4.62　氯化钠晶体

由图 4.62 可见,氯化钠属于面心立方点阵(格子),Na^+ 及 Cl^- 分别位于面心立方点阵的结点位置上,阳阴离子半径比为 0.54 左右,在 0.732～0.414 之间,阳阴离子配位数均为 6。这个结构实际上相当于较大的负离子 Cl^- 作面心立方紧密堆积,而较小的正离子 Na^+ 则占据所有的八面体空隙。

实际上,NaCl 结构可以看成是两个面心立方结构,一个是钠离子的,一个是氯离子的,它们相互在棱边上穿插而成,其中每个钠离子被 6 个氯离子包围,反过来氯离子也被等数的钠离子包围。每个晶胞的离子数为 8,即 4 个 Na^+ 和 4 个 Cl^-。

有多种离子晶体化合物都属于 NaCl 型结构,其中氧化物有 MgO,CaO,SrO,BaO, CdO, MnO,FeO,CoO,NiO 等;氮化物有 TiN,LaN,ScN,CrN,ZrN 等;碳化物有 TiC,VC,ScC 等。此外,几乎所有的碱金属硫化物和卤化物(CsCl,CsBr,CsI 除外)也都具有 NaCl 型结构。

(2)CsCl 型结构。氯化铯晶体的结构为立方晶系,单位晶胞分子数 $Z=1$,$a=0.411$ nm, CsCl 属简单立方点阵(Cs^+、Cl^- 各一套),Cl^- 处于简单立方点阵的 8 个顶角上,Cs^+ 位于立方体中心,如图 4.63 所示。Cs^+ 和 Cl^- 的配位数均为 8。用坐标表示单位晶胞中质点的位置时,只需写出一个 Cl^- 和一个 Cs^+ 的坐标即可。属于 CsCl 型结构的晶体有 $CsBr$、CsI、NH_4Cl、 $ThCl$、$ThBr$ 等。

CsCl 型结构是离子晶体结构中最简单的一种,属六方晶系简单立方点阵,$Pm3m$ 空间群。 Cs^+ 和 Cl^- 半径之比为 0.169。

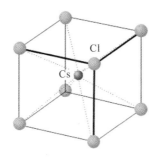

图 4.63 氯化铯晶体

(3)β-ZnS 型(闪锌矿)结构。闪锌矿晶体结构为立方晶系,晶胞参数 $a=0.540$ nm,$Z=4$。ZnS 是面心立方格子,S^{2-} 位于面心立方的结点位置,而 Zn^{2+} 则交错分布在立方体的八分之一小立方体的中心,如图 4.64 所示。Zn^{2+} 的配位数为 4,构成[ZnS_4],S^{2-} 的配位数也是 4, 构成[SZn_4]。若将 S^{2-} 看成立方最紧密堆积,则 Zn^{2+} 填充于二分之一的四面体空隙中。如从空间点阵的角度来看,整个结构由 Zn^{2+} 和 S^{2-} 各一套面心立方格子沿体对角线方向位移 体对角线长度穿插而成。

属于闪锌矿结构的晶体有:β-SiC、GaAs、AlP、InSb 及 Be、Cd、Hg 的硫化物、硒化物和碲化物等。其中 β-SiC 在 2373K 以下属于闪锌矿结构。

(4)α-ZnS 型(纤锌矿)结构。纤锌矿结构为六方晶系,晶胞参数 $a=0.382$ nm,$c=0.625$ nm,$Z=2$。六方柱晶胞中 ZnS 的分子数为 6。如图 4.65 所示为六方 ZnS 晶体结构,Zn^{2+} 的配位数为 4,S^{2-} 的配位数也为 4,分别构成[ZnS_4]和[SZn_4]。在纤锌矿结构中,S^{2-} 按六方紧密堆积排列，Zn^{2+}则填充于二分之一的四面体空隙。整个结构可看成由S^{2-}和Zn^{2+}各一套六方格子穿插而成。

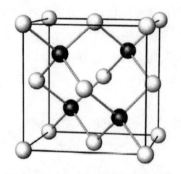

图 4.64　β-ZnS型（闪锌矿）结构

图 4.65　α-ZnS型（纤锌矿）结构

属于纤锌矿结构的晶体有：BeO，ZnO和AlN。BeO的热导率比其他高温氧化物高得多，相当于Al_2O_3的15～20倍，故BeO的耐热冲击性好，并且因其熔点高、密度小，是导弹燃烧室内衬用的重要耐火材料。AlN为六方晶系，纯AlN呈蓝白色，通常为灰色或白色，密度为3.26 g/cm³，热导率高，介电常数低，绝缘性好，抗金属侵蚀性能好，可用作熔铸金属的理想坩埚材料，还可用作热电偶保护套管、大规模集成电路的基片等。

以上讨论了AB型二元化合物的几种晶体结构类型。从CsCl，NaCl和ZnS中阳阴离子的半径比值看，r^+/r^-是逐渐下降的。对于CsCl，NaCl而言，是典型的离子晶体，离子的配位关系是符合鲍林规则的。但是，在ZnS晶体中，已不完全是离子键，而是由离子键向共价键过渡。这是因为Zn^{2+}是铜型离子，最外层有18个电子，而S^{2-}的极化率高，所以在ZnS晶体结构中，离子极化是很明显的。这改变了阴阳离子间的距离和键的性质。因此，晶体结构不仅与几何因素中的离子半径比有关，还与晶体中原子或离子间化学键类型有关。

2. AB₂型化合物结构

(1)CaF_2(萤石)型结构。萤石晶体结构为立方晶系，$a=0.545$ nm，$Z=4$，如图4.66所示。Ca^{2+}位于面心立方的结点及面心位置，F^-则位于立方体内八个小立方体的中心（四面体空隙中）。Ca^{2+}的配位数为8，形成[CaF₈]立方体配位，而F^-的配位数为4，形成[FCa₄]四面体。从空间点阵的角度来看，萤石结构可看成是由一套Ca^{2+}的面心立方格子和两套F^-的面心立方格子相互穿插而成的。

图 4.66 给出了 CaF_2 晶体结构以配位多面体相连的方式。图中立方体是 Ca—F 立方体，Ca^{2+} 位于立方体中心，F^- 位于立方体的顶角，立方体之间是以共棱关系相连。在 CaF_2 晶体结构中，由于以 Ca^{2+} 形成的立方紧密堆积中，全部八面体空隙没有被填充，故在结构中，8 个 F^- 间形成一个"空洞"，这些"空洞"为 F^- 的扩散提供了条件，故在萤石型结构中，往往存在阴离子扩散的机制。

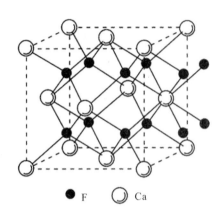

$$\bullet \quad F \qquad \bigcirc \quad Ca$$

图 4.66　CaF_2 型（萤石）结构

CaF_2 与 NaCl 的性质对比：F^- 半径比 Cl^- 半径小，Ca^{2+} 半径比 Na^+ 半径稍大，综合半径和电价两因素，萤石中质点间键力比 NaCl 中的键力强。反映在性质上，萤石的硬度为莫氏 4 级，熔点为 1410℃，密度为 3.18 g/cm³，水中溶解度为 0.002；而 NaCl 熔点为 808℃，密度为 2.16 g/cm³。萤石可作为激光基质材料使用，在玻璃工业上常作为助熔剂和晶核剂，在水泥工业中常用作矿化剂。

与萤石结构相同的物质最常见的是一些 4 价离子 M^{4+} 的氧化物，如 ThO_2，CeO_2，UO_2，ZrO_2（变形较大）及 BaF_2，PbF_2，SnF_2 等。

碱金属元素的氧化物 R_2O，硫化物 R_2Se、碲化物 R_2Te 等 A_2B 型化合物为反萤石型结构，它们的正负离子的位置刚好与萤石结构中的相反，即碱金属离子占据 F^- 的位置，O^{2-} 或其他负离子占据 Ca^{2+} 的位置，这种阳阴离子个数及位置颠倒的结构称为反萤石型结构（或称为反同形体）。

（2）TiO_2（金红石）型结构。金红石结构为四方晶系，晶胞参数 $a=0.459$ nm，$c=0.296$ nm，$Z=2$，金红石为四方体心格子，如图 4.67 所示，Ti^{4+} 位于晶胞顶点及体心位置，O^{2-} 在晶胞上、下底面的面对角线方向各有两个，在晶胞半高的另一个面对角线的方向也有两个。由图 4.67 可见，Ti^{4+} 的配位数为 6，形成 $[TiO_6]$ 八面体配位，O^{2-} 的配位数为 3，形成 $[OTi_3]$ 平面三角单元。如果以 Ti-O 八面体的排列来看，金红石结构由 Ti-O 八面体以共棱的方式排成链状。晶胞中心的链和四角的 Ti-O 八面体链排列方向相差 90°，而链与链之间是由 Ti-O 八面体以共顶相连，如图 4.68 所示。另外，还可以把 O^{2-} 看成近似六方紧密堆积，而 Ti^{4+} 位于二分之一的八面体空隙中。

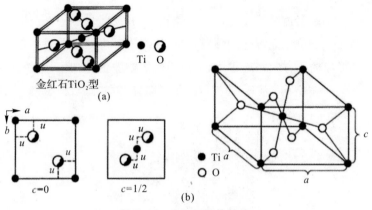

图 4.67　金红石晶体结构

(a)晶胞结构图;(b)(001)面上的投影图

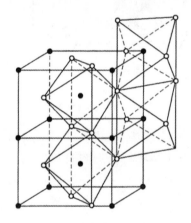

图 4.68　金红石晶体结构中 Ti－O 八面体的排列

金红石晶体在光学性质上具有很高的折射率(2.76),在电学性质上具有很高的介电常数,因此,金红石成为制备光学玻璃的原料,也是电子陶瓷材料中金红石电容器的主晶相。

TiO_2除金红石型结构外,还有板钛矿和锐钛矿两种变体,其结构各不相同。常见金红石结构的氧化物有:GeO_2,SnO_2,PbO_2,VO_2,NbO_2,WO_2,氟化物有:MnF_2,MgF_2 等。

3. A_2B_3 型化合物结构

A_2B_3型化合物晶体结构比较复杂,其中最有代表性的是 α-Al_2O_3(刚玉)型晶体结构。刚玉结构属菱方晶系,晶胞参数 $a=0.514$ nm,$\alpha=55°17'$,$Z=2$,如图 4.69 所示。如果用六方大晶胞来表示,则 $a=0.475$ nm,$c=1.297$ nm,$Z=6$。α-Al_2O_3 的结构可看成 O^{2-} 的按六方紧密堆积排列,即 ABAB……二层重复型,而 Al^{3+} 填充于三分之二的八面体空隙,使化学式成为 Al_2O_3。由于只填充了三分之二的空隙,因此,Al^{3+} 的分布应符合在同一层和层与层之间,Al^{3+} 之间的距离应保持最远,这是符合鲍林规则的,如图 4.69 所示。否则,由于 Al^{3+} 位置分布不当,出现过多的 Al－O 八面体共面的情况,将对结构的稳定性不利。

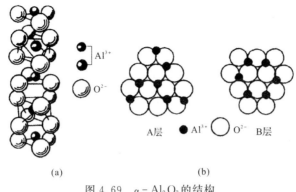

图 4.69 α-Al_2O_3 的结构

(a)晶格结构;(b)密堆积模型

刚玉为天然 α-Al_2O_3 单晶体,其中红色的称红宝石(含铬),蓝色的称蓝宝石(含钛)。其结构属菱方晶石,刚玉性质极硬,莫氏硬度 9,不易破碎,熔点为 2 050℃,这与结构中 Al—O 键的结合强度密切相关。

α-Al_2O_3 是刚玉莫来石瓷及氧化铝瓷中的主晶相,也是高绝缘无线电陶瓷和高温耐火材料中的主要矿物。掺入不同的微量杂质可使 Al_2O_3 着色,如掺铬的氧化铝单晶即红宝石,可作仪器、钟表轴承,也是一种优良的固体激光基质材料。

属于刚玉结构的物质有 α-Al_2O_3、α-Fe_2O_3(赤铁矿),Cr_2O_3,Ti_2O_3,V_2O_3 等。此外,Fe-TiO_3、$MgTiO_3$ 等也具有刚玉结构,只是刚玉结构中的两个铝离子,分别被两个不同的金属离子所代替。

4. ABO_3 型无机化合物的晶体结构

(1)$CaTiO_3$(钙钛矿型)结构。钙钛矿的结构通式为 ABO_3,其中 A 代表二价金属离子,B 代表四价金属离子。它是一种复合氧化物结构,该结构也可以是 A 为一价金属离子,B 为五价金属离子,现以 $CaTiO_3$ 为例讨论其结构。

$CaTiO_3$ 在高温时为立方晶系,晶胞参数 $a=0.385$ nm,$Z=1$ 600℃以下为正交晶系,晶胞参数 $a=0.537$ nm,$b=0.764$ nm,$c=0.544$ nm,$Z=4$。如图 4.70 所示为 $CaTiO_3$ 的晶体结构。由图可见,Ca^{2+} 占有面心立方的顶角位置,O^{2-} 则占有面心立方的面心位置。因此,$CaTiO_3$ 结构可看成是由 O^{2-} 和半径较大的 Ca^{2+} 共同组成立方紧密堆积,Ti^{4+} 则填充于四分之一的八面体空隙之中。图中 Ti^{4+} 位于立方体的中心,Ti^{4+} 的配位数为 6,Ca^{2+} 的配位数为 12,O^{2-} 的配位数为 6。

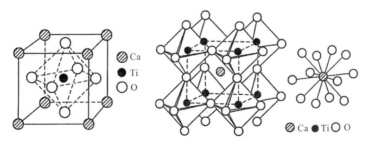

图 4.70 $CaTiO_3$ 晶体结构

在 $CaTiO_3$ 晶体结构中，Ca^{2+} 配位数为 12，形成 $[CaO_2]$，Ti^{4+} 配位数为 6，形成 $[TiO_6]$，O^{2-} 配位数为 6（2 个 Ti^{4+}，4 个 Ca^{2+}），形成 $[OCa_4Ti_2]$ 配位多面体，由静电价规则，在一个 O^{2-} 周围，有 2 个 Ti^{4+}，4 个 Ca^{2+}。

钙钛矿型晶体是一种极其重要的功能材料，实际应用中常通过掺杂取代来改善材料的性能。例如 $BaTiO_3$ 属钙钛矿型结构，是典型的铁电材料，在居里温度以下表现出良好的铁电性能，而且是一种很好的光折变材料，可用于光储存。

属于钙铁矿型结构的还有 $BaTiO_3$，$SrTiO_3$，$PbTiO_3$，$CaZrO_3$，$PbZrO_3$，$SrZrO_3$，$SrSnO_3$ 等。

（2）方解石（$CaCO_3$）型结构。方解石型结构包括二价金属离子的碳酸盐，如方解石 $CaCO_3$、菱镁矿 $MgCO_3$、菱铁矿 $FeCO_3$、菱锌矿 $ZnCO_3$ 及菱锰矿 $MnCO_3$ 等，均为三方（菱形）晶系。方解石的结构，可以看成是在面心立方 NaCl 结构中，Ca^{2+} 离子代替了 Na^+ 离子的位置，而 CO_3^{2-} 离子代替了 Cl^- 的位置，然后再沿 [111] 方向挤压，而使面交角为 101°55′，即得到方解石的菱形晶格，如图 4.71 所示。$CaCO_3$ 除了以方解石结构存在外，还可以文石结构存在，文石属于正交晶系。

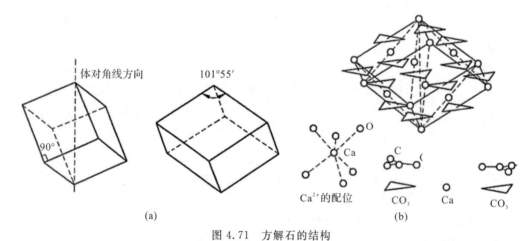

图 4.71　方解石的结构

(a)由 NaCl 晶格演变成方解石晶格示意图；(b)方解石的结构

5. AB_2O_4 型无机化合物的晶体结构

AB_2O_4 型晶体以尖晶石（$MgAl_2O_4$）为代表，式中 A 为 2 价正离子，B 为 3 价正离子，尖晶石结构属于立方晶系，以 $MgAl_2O_4$ 尖晶石为例，其晶胞参数 $a=0.808$ nm，$Z=8$。如图 4.72 所示为尖晶石型晶体结构的晶胞。

由图 4.72 可见，每个晶胞中包含有 8 个分子，共 56 个离子，将尖晶石晶胞分为 8 个小立方体，如图 4.73 所示。在尖晶石结构中，O^{2-} 作立方最紧密堆积，Mg^{2+} 填充在四面体空隙，Al^{3+} 填充在八面体空隙。但是，尖晶石晶胞中 32 个氧离子作立方紧密堆积时有 64 个四面体空隙和 32 个八面体空隙，晶胞中有 8 个 Mg^{2+}，因此，Mg^{2+} 占据八分之一的四面体空隙，同样，晶胞中有 16 个 Al^{3+}，因此，Al^{3+} 占据二分之一的八面体空隙，这种结构的尖晶石，称为正尖晶石。由图 4.73 可见，$[AlO_6]$ 八面体与 $[MgO_4]$ 四面体之间是共顶连接，$[AlO_6]$ 八面体之间则是共棱连接，而 $[MgO_4]$ 四面体之间则彼此不相连，它们之间是由 $[AlO_6]$ 八面体共顶连接的，这种配位多面体的连接方式,是符合鲍林规则的。

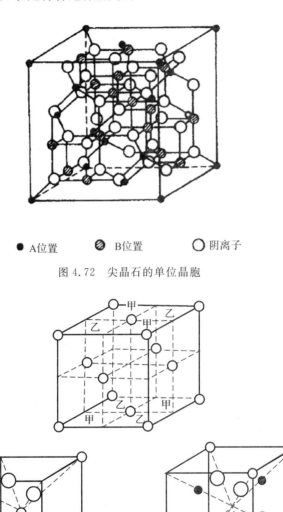

● A位置 ◎ B位置 ○ 阴离子

图 4.72 尖晶石的单位晶胞

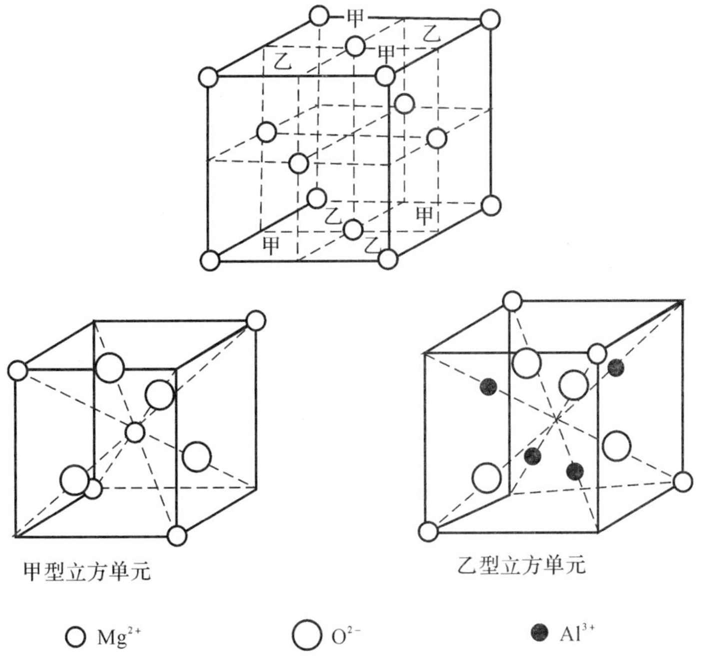

甲型立方单元 乙型立方单元

○ Mg^{2+} ○ O^{2-} ● Al^{3+}

图 4.73 尖晶石结构中的小单元

习 题

1. 名词解释:空间点阵、同素异构、相、固溶体、固溶强化、间隙相、间隙化合物。
2. 请列表对比晶体和非晶体的区别。
3. 请总结晶体结构与空间点阵的异同。
4. 请阐述选择晶胞时必须遵循的原则。

5.请解释七大晶系十四种布拉菲点阵中为何不存在底心单斜和面心单斜。为何不存在底心四方和面心四方?

6.作图表示立方晶体的(123),(012),(421)晶面及[102],[211],[346]晶向。

7.在立方晶系中,请判断晶面和晶向指数相同时的几何关系。

8.请画出常见金属晶体结构面心立方、体心立方、密排六方的晶胞示意图,并分别计算它们的晶胞原子数、原子半径(用晶格常数表示)、配位数和致密度。

9.请阐述影响置换固溶体和间隙固溶体的影响因素。

10.请总结中间相的分类及其各自特点。

第5章 晶体缺陷

晶体学基础的章节中提到,构成物质的粒子(原子、离子或分子等)在三维空间有规则周期性重复排列的固态物质称为理想晶体。实际上,由于原子(或离子、分子等)的热运动,以及晶体的形成条件、冷热加工过程和辐射、杂质等因素的影响,实际晶体中原子的排列不可能那样规则、完整,常存在各种偏离理想结构的情况,这样的区域称为晶体缺陷。

根据晶体缺陷的几何特征,可以将它们分为三类:

(1)点缺陷:其特征是在三维空间的各个方向上尺寸都很小,尺寸范围为一个或几个原子尺度,故称零维缺陷,如空位、间隙原子等;

(2)线缺陷:其特征是在两个方向上尺寸很小,另外一个方向上延伸较长,又称一维缺陷,如各类位错;

(3)面缺陷:其特征是在一个方向上尺寸很小,另外两个方向上扩展很大,也称二维缺陷,如晶界、相界、孪晶界和堆垛层错等。

不论哪种晶体缺陷,其浓度(或晶体缺陷总体积与晶体体积之比)都是很低的,即使如此,晶体缺陷对晶体的性能,特别是对那些结构敏感的性能,有很大影响,如力学性能(屈服强度、断裂强度、塑性等)、物理性能(电阻率、磁导率、扩散系数等)、化学性能(耐蚀性、氧化等)以及冶金性能(固态相变)等。因此,研究晶体缺陷具有重要的理论与实际意义。本章将分别介绍这些晶体缺陷的结构、基本性质、分布和运动。

5.1　点　缺　陷

晶体点缺陷包括空位、间隙原子、杂质或溶质原子,以及由它们组成的复杂点缺陷,如空位对、空位团和空位-溶质原子对等。在此主要讨论空位和间隙原子。

5.1.1　空位和间隙原子

由于原子的热运动,在晶体中,位于点阵结点上的原子并非静止的,而是以其平衡位置为中心做热振动。原子的平均振动能是一定的,但各原子的能量并不一定相等,在某一瞬间,某一原子具有足够大的振动能而使振幅增大到一定限度时,就可能克服周围原子对它的束缚作用,跳离其原来的位置,使点阵中形成空结点,称为空位。

离开平衡位置的原子有三个去处,如图 5.1 所示:

一是迁移到晶体表面或内表面的正常结点位置上,而使晶体内部留下空位,称为肖特基(Schottky)空位;

二是挤入点阵的间隙位置,而在晶体中同时形成数目相等的空位和间隙原子,则称为弗兰克尔(Frenkel)缺陷;

三是跑到其他空位中,使空位消失或使空位移位。另外,在一定条件下,晶体表面上的原子也可能跑到晶体内部的间隙位置形成间隙原子。

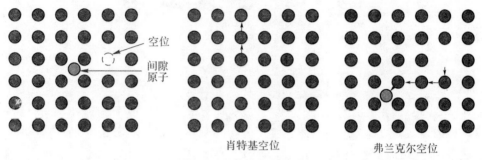

图 5.1　晶体中的点缺陷

间隙原子可以是晶体本身固有的原子,也可能是外来的异类原子(溶质原子或杂质原子)。如果外来的异类原子取代晶体本身的原子而落在晶格节点上,这种外来的异类原子通常被称为置换原子。

5.1.2　点缺陷的平衡浓度

没有任何点缺陷的理想晶体不是热力学最稳定的结构。

实际上,晶体中点缺陷的存在一方面造成点阵畸变,使晶体的内能升高,降低了晶体的热力学稳定性,另一方面由于增大了原子排列的混乱程度,并改变了其周围原子的振动频率,引起组态熵和振动熵的改变,使晶体熵值增大,增加了晶体的热力学稳定性。

这两个相互矛盾的因素使得晶体中的点缺陷在一定的温度下有一定的平衡浓度。根据热力学理论计算可得:

空位在温度 T 时的平衡浓度 c 为

$$c = A\exp(-E_f/kT) = A\exp(-Q_f/RT) \tag{5.1}$$

式中,A —— 由振动熵决定的系数,一般约在 $1 \sim 10$ 之间;

E_f—— 形成空位的激活能;

Q_f—— 形成 1 mol 空位所需的能量($Q_f = N_A E_f$),其中 N_A 为阿伏加德罗常数;

R—— 气体常数($R = N_A k$),其值为 8.31 J/mol·K;

k —— 玻耳兹曼常量。

间隙原子在 T 温度时的平衡浓度 C' 为

$$C' = A'\exp(-E'_f/kT) \tag{5.2}$$

式中,A' —— 也是由振动熵决定的系数,一般约在 $1 \sim 10$ 之间;

E'_f—— 为形成 1 个间隙原子需要的能量。

由上可知,空位和间隙原子的形成与温度密切相关,随着温度的升高,空位或间隙原子的数目也增多。

此外,在一般的晶体中间隙原子的形成能 E'_f 较大(约为空位形成能 E_f 的 $3 \sim 4$ 倍)。因此,在同一温度下,晶体中间隙原子的平衡浓度 c' 要比空位的平衡浓度 c 低得多。例如,铜的空位

形成能为 1.7×10^{-19} J,而间隙原子形成能为 4.8×10^{-19} J,在 1 273 K 时,其空位的平衡浓度约为 10^{-4},而间隙原子的平衡浓度仅约为 10^{-14},两者浓度比接近 10^{10}。因此,在通常情况下,相对于空位,间隙原子可以忽略不计。但是在高能粒子辐照后,产生大量的弗兰克尔缺陷,间隙原子数就不能忽略了。

从上面分析得知,在一定温度下,晶体中达到统计平衡的空位和间隙原子的数目是一定的,而且晶体中的点缺陷并不是固定不动的,而是处于不断的运动过程中。例如,空位周围的原子,由于热激活,某个原子有可能获得足够的能量而跳入空位中,并占据这个平衡位置。这时,在该原子的原来位置上,就形成一个空位。这一过程可以看作空位向邻近阵点位置的迁移。同理,由于热运动,晶体中的间隙原子也可由一个间隙位置迁移到另一个间隙位置。在运动过程中,当间隙原子与一个空位相遇时,它将落入该空位,而使两者都消失,这一过程称为复合。与此同时,由于能量起伏,在其他地方可能又会出现新的空位和间隙原子,以保持在该温度下的平衡浓度不变。

5.1.3　点缺陷对晶体性能的影响

晶体中的原子正是由于空位和间隙原子不断地产生与复合才不停地由一处向另一处做无规则的布朗运动,这就是晶体中原子的自扩散,也是固态相变、表面化学热处理、蠕变、烧结等物理化学过程的基础。

点缺陷的存在,使晶体体积膨胀,密度减小。例如形成一个肖特基缺陷时,如果空位周围原子都不移动,则应使晶体体积增加一个原子体积。但是实际上空位周围原子会向空位发生一定偏移,所以体积膨胀大约为 0.5 个原子体积。而产生 1 个间隙原子时,体积膨胀量约为 1～2 个原子体积。

点缺陷引起电阻的增加,这是由于晶体中的点缺陷对传导电子产生了附加的电子散射,使电阻增大。

此外淬火产生的空位、辐照产生的缺陷,以及冷变形加工导致点缺陷增加,还可以提高金属的屈服强度。

5.2　线缺陷——位错

5.2.1　位错理论发展简述

位错是在研究晶体滑移过程时提出来的。当金属晶体受力发生塑性变形时,一般是通过滑移过程进行的,即晶体中相邻两部分在切应力作用下沿着一定的晶面和晶向相对滑动,滑移的结果是在晶体表面上出现明显的滑移痕迹——滑移线。为了解释此现象,根据刚性相对滑动模型,对晶体的理论剪切强度进行了理论计算,所估算出的使完整晶体产生塑性变形所需的临界切应力 τ_{ci} 为

$$\tau_{ci} = \frac{G}{2\pi} \tag{5.3}$$

式中,G 为切变模量。

根据式(5.3)计算的 τ_{ci} 约等于 $G/30$。但是,由实验测得的实际晶体的屈服强度要比这个理

论值低 3～4 个数量级。为了解释这种差异，1934 年泰勒（Taylor）、欧罗万（Orowan）和波朗依（Polanyi）提出了晶体中位错的概念，他们认为，晶体实际滑移过程并不是滑移面两边的所有原子都同时做整体刚性滑动，而是通过在晶体存在着的称为位错的线缺陷来进行的，位错在较低应力的作用下就能开始移动，使滑移区逐渐扩大，直至整个滑移面上的原子都先后发生相对位移。按照这一模型进行理论计算，其理论屈服强度比较接近于实验值。在此基础上位错理论有了很大发展，直至 20 世纪 50 年代后，随着电子显微分析技术的发展，位错模型才为实验所证实，位错理论有了进一步的发展。目前，位错理论不仅成为研究晶体力学性能的基础理论，而且还广泛地被用来研究固态相变，晶体的光、电、声、磁和热学性能以及催化和表面性质等。

本节将就位错的基本概念，位错的弹性性质，位错的运动、交割、增殖和实际晶体的位错进行分析和讨论。

5.2.2　位错的基本类型

位错实质上是晶体原子排列的一种特殊组态。从位错的几何结构来看，可将它们分为两种基本类型，即刃型位错和螺型位错。

1. 刃型位错——位错线垂直于滑移方向

刃型位错的结构如图 5.2 所示，设有一简单立方晶体，在其晶面 *ABCD* 上半部存在有多余的半排原子面 *EFGH*，这个半原子面中断于 *ABCD* 面上的 *EF* 处，它好像一把刀刃插入晶体中，使 *ABCD* 面上下两部分晶体之间产生了原子错排，故称"刃型位错"，多余的半原子面与滑移面的交线 *EF* 就称作刃型位错线。

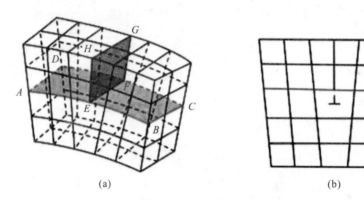

（a）　　　　　　　　　　　　　　　（b）

图 5.2　含有刃型位错的晶体结构
（a）立体模型；（b）平面图

习惯上，把多出的半原子面在滑移面上边的称为正刃型位错，记为"⊥"；反之，称为负刃型位错，记为"⊤"。其实这种正、负之分只有相对意义，如将晶体旋转 180°，同一位错的正负号就要发生改变。

刃型位错线实际上是晶体中已滑移区与未滑移区的边界线。它不一定是直线，也可以是折线或曲线，但它必与滑移方向相垂直，如图 5.3 所示。

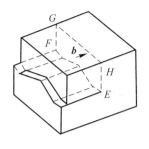 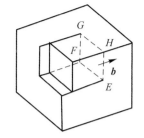 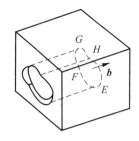

图 5.3 几种形状的刃型位错线

晶体中存在刃型位错之后,位错周围的点阵发生弹性畸变,这种点阵畸变相对于多余半原子面是左右对称的。就正刃型位错而言,滑移面上方点阵受到压应力,原子间距减小,下方点阵受到拉应力,原子间距增大。点阵畸变在位错中心处最大,随着远离位错中心而逐渐减小。

在位错线周围的过渡区(畸变区),每个原子具有较大的平均能量。但该区只有几个原子间距宽,畸变区是狭长的管道,所以刃型位错是线缺陷。

2. 螺型位错——位错线平行于滑移方向

如图 5.4(a)所示是立方晶体局部滑移的示意图。晶体右侧受到切应力 τ 的作用,其右侧上下两部分晶体沿滑移面 ABCD 发生了错动,这时已滑移区和未滑移区的边界线 bb'(位错线)不是竖直,而是平行于滑移方向。图 5.4(b)是其 bb' 附近原子排列的顶视图。图中以圆点"•"表示滑移面 ABCD 下方的原子,用圆圈"○"表示滑移面上方的原子。可以看出,在 aa' 右边晶体的上下层原子相对错动了一个原子间距,而在 bb' 和 aa' 之间出现了一个约有几个原子间距宽的、上下层位置不相吻合的过渡区,这里原子的正常排列遭到破坏。如果以位错线 bb' 为轴线,从 a 开始,按顺时针方向依次连接此过渡区的各原子,则其走向与一个右螺旋线的前进方向一样,如图 5.4(c)所示。这就是说,位错线附近的原子是按螺旋形排列的,所以把这种位错称为螺型位错。

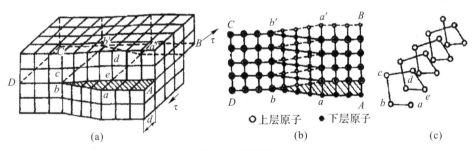

图 5.4 螺型位错

(a)立方晶体局部滑移的示意图;(b)bb'附近原子排列的顶视图;(c)螺型位错原子排列示意图

相较于刃型位错,螺型位错无额外半原子面,原子错排是呈轴对称的。根据位错线附近呈螺旋形排列的原子的旋转方向不同,螺型位错可分为右旋和左旋螺型位错。通常根据右手法则,即以右手拇指代表螺旋的前进方向,其余四指代表螺旋的旋转方向。凡符合右手定则的称为右螺型位错,符合左手法则的则称为左螺旋位错。此外,与刃型位错不同,螺型位错的左、右并非是相对的,这是因为晶体中的螺型位错,不管从哪个方向看,都不会改变其原本的左、右性质。

螺型位错线与滑移矢量平行,因此一定是直线,而且位错线的移动方向与晶体滑移方向互相垂直。纯螺型位错的滑移面不是唯一的。凡是包含螺型位错线的平面都可以作为它的滑移面。但实际上,滑移通常是在那些原子密排面上进行的。

螺型位错线周围的点阵也发生了弹性畸变,但是,只有平行于位错线的切应变而无正应变,即不会引起体积膨胀和收缩,且在垂直于位错线的平面投影上,看不到原子的位移,看不出有缺陷。螺型位错周围的点阵畸变随离位错线距离的增加而急剧减少,故它也是包含几个原子宽度的线缺陷。

3. 混合位错——位错线与滑移方向成任意角度

除了上面介绍的两种基本型位错外,还有一种形式更为普遍的位错,其滑移矢量既不平行也不垂直于位错线,而与位错线相交成任意角度,这种位错称为混合位错。图 5.5(a)为形成混合位错时晶体局部滑移的情况。这里,混合位错线是一条曲线。在 A 处,位错线与滑移矢量平行,因此是螺型位错;而在 C 处,位错线与滑移矢量垂直,因此是刃型位错。在 A 与 C 之间,位错线既不垂直也不平行于滑移矢量,每一小段位错线都可分解为刃型和螺型两个分量。混合位错附近的原子组态如图 5.5(b)所示。

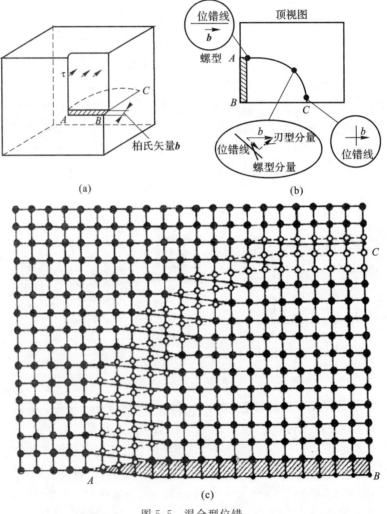

(a)　　　　(b)

(c)

图 5.5　混合型位错

　　注意,由于位错线是已滑移区与未滑移区的边界线。因此,位错具有一个重要的性质,即一根位错线不能终止于晶体内部,而只能露头于晶体表面(包括晶界)。若它终止于晶体内部,则必与其他位错线相连接,或在晶体内部形成封闭线。形成封闭线的位错称为位错环,如图5.6所示。 显然,位错环各处的位错结构类型也可按各处的位错线方向与滑移矢量的关系加以分析,如 A、B 两处是刃型位错,C、D 两处是螺型位错,其他各处均为混合位错。

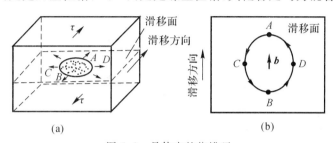

图 5.6　晶体中的位错环

(a)晶体的局部滑移形成位错环;(b) 位错环各部分的结构

5.2.3　柏氏矢量

　　为了便于描述晶体中的位错,以及更为确切地表征不同类型位错的特征,1939 年柏格斯(Burgers)提出了采用柏氏回路来定义位错,借助一个规定的表征位错性质、描述位错行为的平移矢量即柏氏矢量来揭示位错的本质。

　　1. 柏氏矢量的确定

　　柏氏矢量可以通过柏氏回路来确定。图 5.7(a)(b)分别为含有一个刃型位错的实际晶体和用作参考的不含位错的完整晶体。

　　(1)在实际晶体中,从任一原子出发,围绕位错(避开位错线附近的严重畸变区)以一定的步数作一右旋闭合回路 $MNOPQ$(称为柏氏回路),如图 5.7(a)所示。

　　(2)在完整晶体中按同样的方向和步数作相同的回路,该回路并不封闭,由终点 Q 向起点 M 引一矢量 b,使该回路闭合,如图 5.7(b)所示。这个矢量 b 就是实际晶体中位错的柏氏矢量。

　　在确定柏氏矢量时,位错线的正向和柏氏回路的方向是人为规定的。为统一起见,一般情况下,常规定出纸面的方向为位错线的正方向,且以右手螺旋法则来确定回路的方向。需要指出的是,位错线的正向和柏氏矢量的正向并无特殊的意义,故而可以任意选定。但是为了表示位错的性质(正、负刃型或左、右螺型),就要符合以上两条规定。

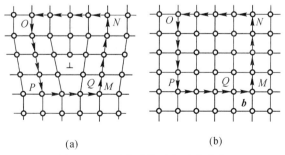

图 5.7　刃型位错柏氏矢量的确定

(a)实际晶体的柏氏回路;(b)完整晶体的相应回路

由图 5.7 可见,刃型位错的柏氏矢量与位错线垂直,这是刃型位错的一个重要特征。刃型位错的正、负,可借右手法则来确定,即用右手的拇指、食指和中指构成直角坐标,以食指指向位错线的方向,中指指向柏氏矢量的方向,则拇指的指向代表多余半原子面的位向,且规定拇指向上者为正刃型位错,反之为负刃型位错。

螺型位错的柏氏矢量也可按同样的方法加以确定(见图 5.8),螺型位错的柏氏矢量与位错线平行,且规定 $\boldsymbol{b}$ 与位错线方向(ζ)正向平行者为右螺旋位错,$\boldsymbol{b}$ 与 ζ 反向平行者为左螺旋位错。

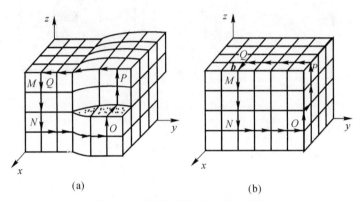

(a)　　　　　　　　(b)

图 5.8　螺型位错柏氏矢量的确定

(a)实际晶体的柏氏回路;(b)完整晶体的相应回路

至于混合位错的柏氏矢量,既不垂直也不平行于位错线,而与它相交成 φ 角可将其分解成垂直和平行于位错线的刃型分量($\boldsymbol{b}_\mathrm{e} = \boldsymbol{b}\sin\varphi$)和螺型分量($\boldsymbol{b}_\mathrm{s} = \boldsymbol{b}\cos\varphi$)。

用矢量图解法可形象地概括三种类型位错的主要特征。位错类型与柏氏矢量及与规定的正方向关系如图 5.9 所示。

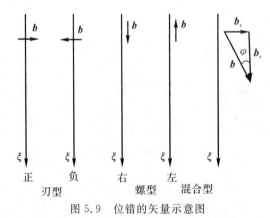

正　　　负　　　右　　　左　　　混合型

刃型　　　　　螺型

图 5.9　位错的矢量示意图

2. 柏氏矢量的特性

如上所述,柏氏矢量是完整晶体中对应回路的不封闭段,这是有缺陷的晶体发生了局部滑移或局部位移的结果,由此可知柏氏矢量 $\boldsymbol{b}$ 有如下特性:

(1)位错周围的原子都不同程度地偏离其平衡位置,离位错中心越远的原子,偏离量越小。通过柏氏回路将这些畸变叠加起来,畸变量的大小和方向便可由柏氏矢量表示出来。

$\boldsymbol{b}$ 同时也是位错的滑移矢量(对可滑位错)或位移矢量(对刃型位错),$\boldsymbol{b}$ 的模 $|\boldsymbol{b}|$ 代表滑移

量的大小或多余半原子面引起的畸变程度大小,称为位错的强度。因此,位错的很多性质,如位错的能量、应力场、所受的力等都与柏氏矢量有关。

柏氏矢量的方向可用晶向指数来表示,为了表明柏氏矢量的模,可在括号外加上适当的数字。例如:体心立方晶体中位错的柏氏矢量一般为 $\dfrac{a}{2}<111>$,它的模应为 $\dfrac{\sqrt{3}}{2}a$。

(2)在确定柏氏矢量时,只规定了柏氏回路必须在无缺陷的区域内选取,而对其形状、大小和位置并没有作任何限制。这就意味着柏氏矢量与柏氏回路起点及其具体途径无关。如果事先规定了位错线的正向,并按右螺旋法则确定回路方向,那么一根位错线的柏氏矢量就是恒定不变的。换句话说,只要不和其他位错线相遇,不论回路怎样扩大、缩小或任意移动,由此回路确定的柏氏矢量是唯一的,这就是柏氏矢量的守恒性。

(3)一根不分岔的位错钱,不论其形状如何变化(直线、曲折钱或闭合的环状),也不管位错线上各处的位错类型是否相间,其各部位的柏氏矢量都相同。而且当位错在晶体中运动或者改变方向时,其柏氏矢量不变,即一根位错线具有唯一的柏氏矢量。

(4)若一个柏氏矢量为 $\boldsymbol{b}$ 的位错一端分枝形成柏氏矢量分别为 $\boldsymbol{b}_1,\boldsymbol{b}_2,\cdots,\boldsymbol{b}_n$ 的 n 个位错,则分解后各位错柏氏矢量之和等于原位错的柏氏矢量,即 $\boldsymbol{b}=\sum\limits_{i=1}^{n}\boldsymbol{b}_i$。如图 5.10(a) 所示,$\boldsymbol{b}_1$ 位错分解为 $\boldsymbol{b}_2$ 和 $\boldsymbol{b}_3$ 两个位错,则 $\boldsymbol{b}_1=\boldsymbol{b}_2+\boldsymbol{b}_3$。显然,若有数根位错线相交于一点(称为位错结点),则指向结点的各位错线的柏氏矢量之和应等于离开结点的各位错线的柏氏矢量之和。作为特例,如果各位错线的方向都是朝向结点或都是离开结点的,则柏氏矢量之和恒为零,如图 5.10(b) 所示。

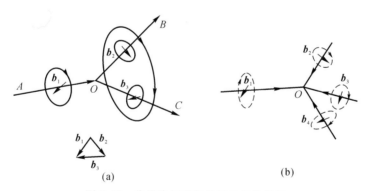

图 5.10　位错线相交与柏氏矢量的关系
(a)位错结点 $\boldsymbol{b}_2+\boldsymbol{b}_3=\boldsymbol{b}_1$;(b)柏氏矢量的总和为零的情况

(5)位错在晶体中存在的形态可形成一个闭合的位错环,或连接于其他位错(交于位错结点),或终止在晶界,或露头于晶体表面,但不能中断于晶体内部。这种性质称为位错的连续性。

5.2.4　位错的运动

位错的最重要性质之一是它可以在晶体中运动,而晶体宏观的塑性变形是通过位错运动来实现的。晶体的力学性能如强度、塑性和断裂等均与位错的运动有关。因此,了解位错的运动的有关规律,对于改善和控制晶体力学性能是有益的。

1. 刃型位错的运动

刃型位错有两种运动方式:滑移和攀移。

(1)滑移。位错的滑移是在外加切应力的作用下,通过位错中心附近的原子沿柏氏矢量方向在滑移面上不断地作少量的位移(小于一个原子间距)而逐步实现的。

图 5.11 是正刃型位错滑移时周围原子的位移。在外切应力 τ 的作用下,位错中心附近的原子由"·"位置移动小于一个原子间距的距离到达"○"位置,使位错在滑移面上向左移动了一个原子间距。如果切应力继续作用,位错将继续向左逐步移动。当位错线沿滑移面滑移通过整个晶体时,就会在晶体表面沿柏氏矢量方向产生宽度为一个柏氏矢量大小的台阶,即造成了晶体的塑性变形,如图 5.12 所示。从图中可知,随着位错的移动,位错线所扫过的区域 ABCD(已滑移区)逐渐扩大,未滑移区则逐渐缩小,两个区域始终以位错线为分界线。另外,值得注意的是在滑移时,刃型位错的运动方向始终垂直位错线而平行柏氏矢量。刃型位错的滑移面就是由位错线与柏氏矢量所构成的平面,因此,刃型位错的滑移限于单一的滑移面上。

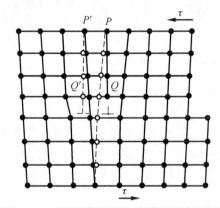

图 5.11 正刃型位错滑移时周围原子的位移

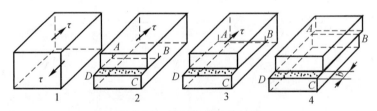

图 5.12 刃型位错滑移过程

(2)攀移。高温下,刃型位错除了可以在滑移面上滑移外,还可以在垂直于滑移面的方向上运动,即发生攀移。刃型位错的攀移,实质上就是构成刃型位错的多余半原子面的扩大或缩小,因此,它可通过物质迁移即原子或空位的扩散来实现。通常把多余半原子面向上运动称为正攀移,向下运动称为负攀移,如图 5.13 所示。如果有空位迁移到半原子面下端或者半原子面下端的原子扩散到别处时,半原子面将缩小,即位错向上运动,则发生正攀移[见图 5.13(b)];反之,若有原子扩散到半原子面下端,半原子面将扩大,位错向下运动,发生负攀移[见图 5.13(c)]。

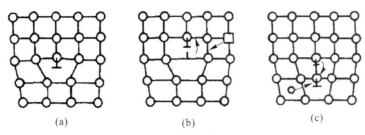

图 5.13　刃型位错的攀移运动模型

(a)未攀移的位错；(b) 空位运动引起的正攀移；(c) 间隙原子引起的负攀移

由于攀移伴随着位错线附近原子增加或减少，即有物质迁移，需要通过扩散才能进行。故把位错攀移称为"非守恒运动"，而把相对应的位错滑移称为"守恒运动"。位错攀移需要热激活，较之滑移所需的能量更大。对大多数材料，在室温下很难进行位错的攀移，而在较高温度下，攀移较易实现。

经高温淬火、冷变形加工和高能粒子辐照后晶体中将产生大量的空位和间隙原子，晶体中过饱和点缺陷的存在有利于攀移运动的进行。除此之外，外加应力也有影响。显然，作用在半原子平面上的拉应力有利于半原子面的扩大而阻碍半原子面的缩小，压应力则反，于是可以简单地说，拉应力引起"负攀移"，压应力引起"正攀移"。

2. 螺型位错的运动

螺型位错只能滑移，不能攀移，因为它没有附加的半原子面，不存在半原子面扩大或缩小的问题。当然这也不是说螺型位错上的原子不向晶体中其他缺陷区扩散，也不是说晶体中的原子不向螺型位错扩散。问题在于，扩散的结果并不能改变螺型位错的位置。

图 5.14(a)表示螺型位错运动时，位错线周围原子的移动情况(图中" ○ "表示滑移面以下的原子，" • "表示滑移面以上的原子，虚线表示点阵的原始状态，实线表示位错滑移一个原子间距后的状态)。由图可见，如同刃型位错一样，滑移时位错线附近原子的移动量很小，所以使螺型位错运动所需的力也是很小的[见图 5.14(b)]。当位错线沿滑移面滑过整个晶体时，同样会在晶体表面沿柏氏矢量方向产生宽度为一个柏氏矢量 b 的台阶(见图 5.15)。应当注意，在滑移时，螺型位错的移动方向与位错线垂直，也与柏氏矢量垂直。由于位错线与柏氏矢量平行，故它的滑移，不像刃型位错那样具有确定的滑移面，而可在通过位错线的任何原子平面上滑移。

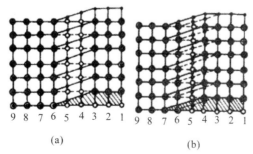

9 8 7 6 5 4 3 2 1　　　　9 8 7 6 5 4 3 2 1

(a)　　　　　　　　　(b)

图 5.14　螺型位错的滑移

(a)原始位置；(b)位错向左移动了一个原子间距

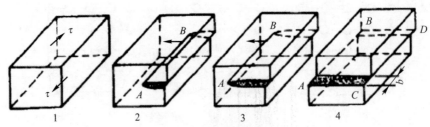

图 5.15　螺型位错的滑移过程

　　必须指出,对于螺型位错,由于所有包含位错线的晶面都可成为其滑移面,因此,当某一螺型位错在原滑移面上运动受阻时,有可能从原滑移面转移到与之相交的另一滑移面上去继续滑移,这一过程称为交滑移(见图 5.16)。如果交滑移后的位错再转回和原滑移面平行的滑移面上继续运动,则称为双交滑移。如图 5.17 所示为面心立方晶体螺型位错双交滑移的示意图。由图可见,面心立方螺型位错的滑移面为{111}。

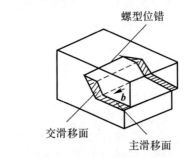

图 5.16　螺型位错的交滑移

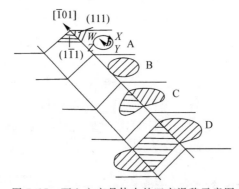

图 5.17　面心立方晶体中的双交滑移示意图

3. 混合位错的运动

　　前已指出,一混合位错均可分解为刃型分量和螺型分量两部分,故根据以上两种基本类型位错的分析,不难确定其混合情况下的滑移运动。根据确定位错线运动方向的右手法则,即以拇指代表沿着柏氏矢量 b 移动的那部分晶体,食指代表位错线方向,则中指就表示位错线移动方向,该混合位错在外切应力 τ 作用下将沿其各点的法线方向在滑移面上向外扩展,最终使上下两块晶体沿柏氏矢量方向移动一个 b 大小的距离(见图 5.18)。

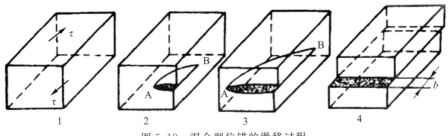

图 5.18　混合型位错的滑移过程

5.3　位错与晶体缺陷的相互作用及位错生成和增殖

在实际晶体中,一般同时含有多种晶体缺陷(例如除位错外还有空位、间隙原子、溶质原子等),它们之间不可避免地要发生相互作用,甚至相互转化。了解位错与其他晶体缺陷间的相互作用,是理解晶体塑性变形的物理本质的必要基础。

5.3.1　位错与点缺陷的相互作用

晶体中的点缺陷(如空位、间隙原子、溶质原子等),会引起点阵畸变,形成应力场,这就势必会与周围位错的应力场发生弹性相互作用,以减少畸变、降低晶体的应变能。这种能量的变化称为位错和点缺陷的相互作用能。为了达到最低的能量状态,晶体中的点缺陷就可能形成特定的分布,这种特定的分布对晶体的性质尤其力学性质会有显著的影响。

例如,由于溶质原子与位错有相互作用,若温度和时间允许,它们将向位错附近聚集,形成溶质原子气团,即所谓的柯策尔气团,使位错运动受到限制。此时若要推动位错运动,或者需要更大的力挣脱气团的束缚,或者拖着气团一起前进,无论如何都将做更多的功,降低了位错的移动性,从而强化了材料。

5.3.2　位错与位错的相互作用

1. 位错的塞积

晶体塑性变形时往往发生这样的状况,即在一个滑移面上有许多位错被迫堆积在某种障碍物前,形成位错塞积。这些位错由于来自同一位错源,所以具有相同的柏氏矢量。晶粒的界面是很容易想到的障碍物,有时候障碍物也可以由塑性变形过程中位错的相互作用产生。

位错塞积的一个重要效应就是在它的前端引起应力集中。当晶粒边界前位错塞积引起的应力集中效应能使相邻晶粒屈服,也可能在晶界处引起裂纹(见图 5.19)。

2. 位错的交割

当一位错在某一滑移面上运动时,会与穿过滑移面的其他位错(通常将穿过此滑移面的其他位错称为林位错)交割。林位错会阻碍位错的运动,但是若应力足够大,滑动的位错将切过林位错继续前进。位错交割时会发生相互作用,这对材料的强化、点缺陷的产生有重要意义。

在位错的滑移运动过程中,其位错线往往很难同时实现全长度整体的运动。因而一个运动的位错线,特别是在受到阻碍的情况下,有可能通过其中一部分线段(n 个原子间距)首先进行滑移。若由此形成的曲折线段就在位错的滑移面上时,称为扭折;若该曲折线段垂直于位错的滑移面时,称为割阶。扭折和割阶也可由位错之间交割而形成。

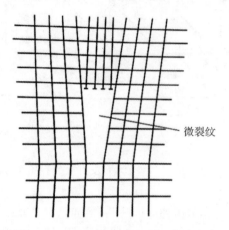

图 5.19　刃型位错塞积造成的微裂纹

　　另外,从前面得知,刃型位错的攀移是通过空位或原子的扩散来实现的,而原子(或空位)并不是在一瞬间就能一起扩散到整条位错线上,而是逐步迁移到位错线上的。这样,在位错的已攀移段与未攀移段之间就会产生一个台阶,于是也在位错线上形成了割阶。有时位错的攀移可理解为割阶沿位错线逐步推移,而使位错线上升或下降,因而攀移过程与割阶的形成能和移动速度有关。

　　图 5.20 为刃型和螺型位错中的割阶与扭折示意图。应当指出,刃型位错的割阶部分仍为刃型位错,而扭折部分则为螺型位错;螺型位错中的扭折和割阶线段,由于均与柏氏矢量相垂直,故均属于刃型位错。

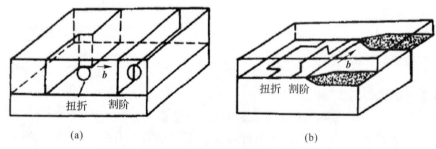

图 5.20　位错运动中出现的割阶与扭折示意图
(a)刃型位错;(b)螺型位错

不同类型位错间的交割:

　　(1)两个柏氏矢量互相垂直的刃型位错交割。如图 5.21(a)所示,柏氏矢量为 b_1 的刃型位错 XY 和柏氏矢量为 b_2 的刃型位错 AB 分别位于两垂直的平面 P_{XY},P_{AB} 上。若 XY 向下运动与 AB 交割,由于 XY 扫过的区域,其滑移面 P_{XY} 两侧的晶体将发生 b_1 距离的相对位移,因此,交割后,在位错线 AB 上产生 PP' 小台阶。显然,PP' 的大小和方向取决于 b_1。由于位错柏氏矢量的守恒性,PP' 的柏氏矢量仍为 b_2,b_2 垂直于 PP',因而 PP' 是刃型位错,且它不在原位错线的滑移面上,故是割阶。至于位错 XY,由于它平行 b_2,因此,交割后不会在 XY 上形成割阶。

　　(2)两个柏氏矢量互相平行的刃型位错交割。如图 5.21(b)所示,交割后,在 AB 和 XY

位错线上分别出现平行于 b_1，b_2 的 PP'，QQ' 台阶，但它们的滑移面和原位错的滑移面一致，故为扭折，属螺型位错。在运动过程中，这种扭折在线张力的作用下可能被拉直而消失。

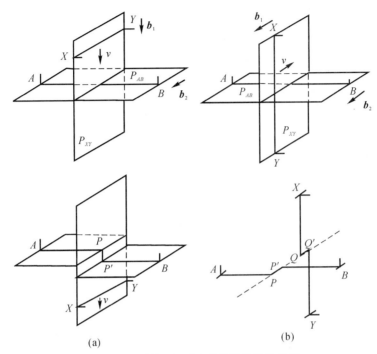

图 5.21　两根互相垂直的刃型位错的交割

(a)柏氏矢量互相垂直；(b)柏氏矢量互相平行

　　(3)两个柏氏矢量垂直的刃型位错和螺型位错的交割。如图 5.22 所示，交割后在刃位错 AA' 上形成大小等于 $|b_2|$ 且方向平行 b_2 的割阶 MM'，其柏氏矢量为 b_1。由于该割阶的滑移面[图 5.22(b)中的阴影区]与原刃型位错 AA' 的滑移面不同，因而当带有这种割阶的位错继续运动时，将受到一定的阻力。同样，交割后在螺型位错 BB 上也形成长度等于 $|b_1|$ 的一段折线 NN'，由于它垂直于 b_2，故属刃型位错；又由于它位于螺型位错 BB' 的滑移面上，因此 NN' 是扭折。

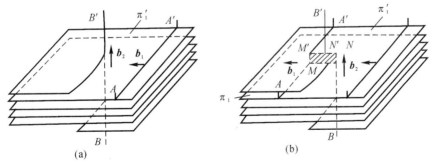

图 5.22　刃型位错和螺型位错的交割

(a)交割前；(b)交割后

　　(4)两个柏氏矢量相互垂直的两螺型位错交割。如图 5.23 所示，交割后在 AA' 上形成大小等于 $|b_2|$，方向平行于 b_2 的割阶 MM'。它的柏氏矢量为 b_1 其滑移面不在 AA' 的滑移面上，

是刃型割阶。同样,在位错线 BB' 上也形成一刃型割阶 NN',这种刃型割阶都阻碍螺位错的移动。

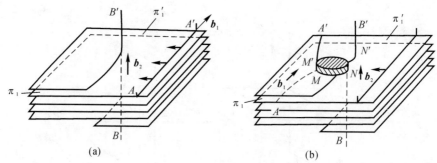

图 5.23 两个螺型位错的交割

(a)交割前;(b)交割后

综上所述,运动位错交割后,每根位错线上都可能产生一扭折或割阶,其大小和方向取决于另一位错的柏氏矢量,但具有原位错线的柏氏矢量。所有的割阶都是刃型位错,而扭折可以是刃型也可是螺型的。另外,扭折与原位错线在同一滑移面上,可随主位错线一道运动,几乎不产生阻力,而且扭折在线张力作用下易于消失。但割阶则与原位错线不在同一滑移面上,故除非割阶产生攀移,否则割阶就不能跟随主位错线一道运动,成为位错运动的障碍,通常称此为割阶硬化。

带割阶位错的运动,按割阶高度的不同,又可分为三种情况:

第一种割阶的高度只有 1~2 个原子间距,在外力足够大的条件下,螺型位错可以把割阶拖着走,在割阶后面留下一排点缺陷[见图 5.24(a)];

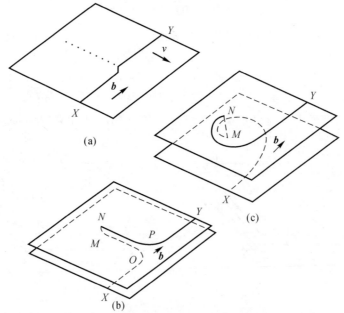

图 5.24 螺位错中不同高度的割阶的行为

(a)小割阶:被拖着一起走,后面留下一串点缺陷;(b)中等割阶:位错 NP 和 MO 形成位错偶;
(c)非常大的割阶:位错 NY 和 XM 各自独立运动

第二种割阶的高度很大,约在 20 nm 以上,此时割阶两端的位错相隔太远,它们之间的相互作用较小,它们可以各自独立地在各自的滑移面上滑移,并以割阶为轴,在滑移面上旋转[见图 5.24(c)],这实际也是在晶体中产生位错的一种方式。

第三种割阶的高度是在上述两种情况之间,位错不可能拖着割阶运动。在外应力作用下,割阶之间的位错线弯曲,位错前进就会在其身后留下一对拉长了的异号刃位错线段(常称位错偶)[见图 5.24(b)]。为降低应变能,这种位错偶常会断开而留下一个长的位错环,而位错线仍回复原来带割阶的状态,而长的位错环又常会再进一步分裂成小的位错环,这是形成位错环的机理之一。

而对于刃型位错而言,其割阶段与柏氏矢量所组成的面,一般都与原位错线的滑移方向一致,能与原位错一起滑移。但此时割阶的滑移面并不一定是晶体的最密排面,故运动时割阶段所受到的晶格阻力较大,相对于螺位错的割阶的阻力则小得多。

5.3.3　位错的生成和增殖

1. 位错的密度

除了精心制作的细小晶须外,在通常的晶体中都存在大量的位错。晶体中位错的量常用位错密度表示。

位错密度定义为单位体积晶体中所含的位错线的总长度,其数学表达式为

$$\rho = L/V \tag{5.4}$$

式中,L ——为位错线的总长度;

　　　V ——是晶体的体积。

但是,在实际上,要测定晶体中位错线的总长度是不可能的。为了简便起见,常把位错线当作直线,并且假定晶体的位错是平行地从晶体的一端延伸到另一端,这样,位错密度就等于穿过单位面积的位错线数目,即

$$\rho = nl/lA = n/A \tag{5.5}$$

式中,l ——每根位错线的长度;

　　　n —— 在面积 A 中所见到的位错数目。

显然,并不是所有位错线都与观察面相交,故按此求得的位错密度将小于实际值。

实验结果表明,一般经充分退火的多晶体金属中,位错密度约 $10^6 \sim 10^8$ cm^{-2}。但经精心制备和处理的超纯金属单晶体,位错密度可低于 10^3 cm^{-2}。而经过剧烈冷变形的金属,位错密度可高达 $10^{10} \sim 10^{12}$ cm^{-2}。

实际晶体中,晶体的位错密度越高,晶体的强度越高。

2. 位错的生成

上面曾述及大多数晶体的位错密度都很大,即使经精心制备的纯金属单晶中也存在着许多位错。晶体中的位错来源主要可有以下几种。

(1)晶体生长过程中产生位错,其主要来源有:

1)由于熔体中杂质原子在凝固过程中不均匀分布使晶体的先后凝固部分成分不同,从而点阵常数也有差异,可能形成位错作为过渡;

2)由于温度梯度、浓度梯度、机械振动等的影响,生长着的晶体偏转或弯曲引起相邻晶块

之间有位相差,它们之间就会形成位错;

　　3)晶体生长过程中由于相邻晶粒发生碰撞或因液流冲击,以及冷却时体积变化的热应力等原因会使晶体表面产生台阶或受力变形而形成位错。

　　(2)由于自高温较快凝固及冷却时晶体内存在大量过饱和空位,空位的聚集能形成位错。

　　(3)晶体内部的某些界面(如第二相质点、孪晶、晶界等)和微裂纹的附近,由于热应力和组织应力的作用,往往出现应力集中现象,当此应力高至足以使该局部区域发生滑移时,就在该区域产生位错。

　　3．位错的增殖

　　虽然在晶体中一开始已存在一定数量的位错,因而晶体在受力时,这些位错会发生运动,最终移至晶体表面而产生宏观变形,但按照这种观点,变形后晶体中的位错数目应越来越少。然而,事实恰恰相反,经剧烈塑性变形后的金属晶体,其位错密度可增加4～5个数量级。这个现象充分说明晶体在变形过程中位错必然是在不断地增殖。

　　位错的增殖机制可有多种,其中一种主要方式是弗兰克-里德(Frank-Read)位错源(简称为 F-R 源)。

　　图 5.25 表示弗兰克-里德源的位错增殖机制。若某滑移面上有一段刃位错 AB,它的两端被位错网节点钉住,不能运动。现沿位错的 b 方向加切应力,使位错沿滑移面向前滑移运动。但由 AB 两端固定,所以只能使位错线发生弯曲[见图 5.25(b)]。单位长度位错线所受的滑移力 $F_d = \tau b$,它总是与位错线本身垂直,所以弯曲后的位错每一小段继续受到 F_d 的作用,沿它的法线方向向外扩展,其两端则分别绕节点 A、B 发生回转[见图 5.5(c)]。当两端弯出来的线段相互靠近时[见图 5.25(d)],由于该两线段平行 b,但位错线方向相反,分别属于左螺旋和右螺旋位错,它们互相抵消,形成一闭合的位错环和位错环内的一小段弯曲位错线。只要外加应力继续作用,位错环便继续向外扩张,同时环内的弯曲位错在线张力作用下又被拉直,恢复到原始状态,并重复以前的运动,络绎不绝地产生新的位错环,从而造成位错的增殖,并使晶体产生可观的滑移量。为使 F-R 源动作,外应力需克服位错线弯曲时线张力所引起的阻力。

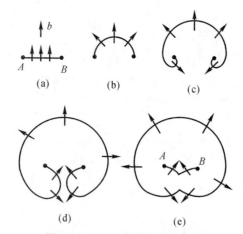

图 5.25　F-R 源位错增殖过程

　　位错的增殖机制还很多,例如双交滑移增殖、攀移增殖等。

5.3.4　实际晶体中的位错

1. 实际晶体中位错的柏氏矢量

简单立方晶体中位错的柏氏矢量 b 总是等于点阵矢量。但实际晶体中,位错的柏氏矢量除了等于点阵矢量外,还可能小于或大于点阵矢量。通常把柏氏矢量等于单位点阵矢量的位错称为"单位位错";把柏氏矢量等于点阵矢量或其整数倍的位错称为"全位错",故全位错滑移后晶体原子排列不变;把柏氏矢量不等于点阵矢量整数倍的位错称为"不全位错",而把柏氏矢量小于点阵矢量的称为"部分位错",不全位错滑移后原子排列规律发生变化。

实际晶体结构中,位错的柏氏矢量不能是任意的,它要符合晶体的结构条件和能量条件。晶体结构条件是指柏氏矢量必须连接一个原子平衡位置到另一平衡位置。从能量条件看,由于位错能量正比于 b,b 越小越稳定,即单位位错应该是最稳定的位错。

表 5.1 给出了典型晶体结构中,单位位错的柏氏矢量及其大小和数量。

表 5.1　典型晶体结构中单位位错的柏氏矢量

结构类型	柏氏矢量	方向	$\lvert b \rvert$	数量
简单立方	$a\langle 100\rangle$	$\langle 100\rangle$	a	3
面心立方	$\dfrac{a}{2}\langle 110\rangle$	$\langle 110\rangle$	$\dfrac{\sqrt{2}}{2}a$	6
体心立方	$\dfrac{a}{2}\langle 111\rangle$	$\langle 111\rangle$	$\dfrac{\sqrt{3}}{2}a$	4
密排六方	$\dfrac{a}{3}\langle 11\bar{2}0\rangle$	$\langle 11\bar{2}0\rangle$	a	3

2. 堆垛层错

实际晶体中所出现的不全位错通常与其原子堆垛结构的变化有关。实际晶体结构中,密排面的正常堆垛顺序有可能遭到破坏和错排,称为堆垛层错,简称层错。

5.4　面　缺　陷

实际晶体中的面缺陷主要包括晶界、亚晶界和相界等。

多数晶体物质是由许多晶粒所组成的,属于同一固相,但位向不同的晶粒之间的界面称为晶界,它是一种内界面;而每个晶粒有时又由若干个位向稍有差异的亚晶粒所组成,相邻亚晶粒间的界面称为亚晶界。晶粒的平均直径通常在 $0.015\sim0.25$ mm 范围内,而亚晶粒的平均直径则通常为 0.001 mm 数量级。

5.4.1　晶界

根据相邻晶粒之间位向差 θ 角的大小不同可将晶界分为两类。

1. 小角度晶界

相邻晶粒的位向差小于 $10°$ 晶界。亚晶界均属小角度晶界,位向差一般小于 $2°$。如图 5.26 所示,相邻两晶粒的位向差 θ 角很小,其晶界可看成是由一列平行的刃型位错所构成。

2. 大角度晶界

相邻晶粒的位向差大于 $10°$ 晶界,多晶体中的晶界大都属于此类。多晶体材料中各晶粒之间的晶界通常为大角度晶界。大角度晶界的结构较复杂,其中原子排列较不规则,不能用位错模型来描述。对于大角度晶界的结构了解远不如小角度晶界清楚,有人认为大角度晶界的结构接近于如图 5.27 所示的模型。

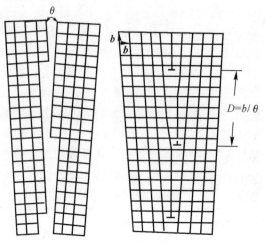

$$D=b/\theta$$

图 5.26　小角度晶界

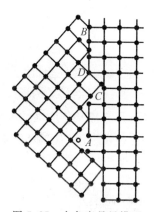

图 5.27　大角度晶界模型

5.4.2　晶界的特性

(1) 晶界处点阵畸变大,存在着晶界能。因此,晶粒的长大和晶界的平直化都能减少晶界面积,从而降低晶界的总能量,这是一个自发过程。然而晶粒的长大和晶界的平直化均需通过原子的扩散来实现,因此,温度升高和保温时间的增长,均有利于这两过程的进行。

(2) 晶界处原子排列不规则,因此在常温下晶界的存在会对位错的运动起阻碍作用,致使塑性变形抗力提高,宏观表现为晶界较晶内具有较高的强度和硬度。晶粒愈细,材料的强度愈高,这就是细晶强化;而高温下则相反,因高温下晶界存在一定的黏滞性,相邻晶粒易产生相对滑动。

(3) 晶界处原子偏离平衡位置,具有较高的动能,并且晶界处存在较多的缺陷如空位、杂质原子和位错等,故晶界处原子的扩散速度比在晶内快得多。

(4) 在固态相变过程中,由于晶界能量较高且原子活动能力较大,所以新相易于在晶界处优先形核。显然,原始晶粒愈细,晶界愈多,则新相形核率也相应愈高。

（5）由于成分偏析和内吸附现象,特别是晶界富集杂质原子情况下,往往晶界熔点较低,故在加热过程中,温度过高将引起晶界熔化和氧化,导致"过热"现象产生。

（6）由于晶界能量较高、原子处于不稳定状态,以及晶界富集杂质原子,与晶内相比,晶界的腐蚀速度一般较快。这就是用腐蚀剂显示金相样品组织的依据,也是某些金属材料在使用中发生晶间腐蚀破坏的原因。

5.4.3　孪晶界

孪晶是指两个晶体(或一个晶体的两部分)沿一个公共晶面构成镜面对称的位向关系,这两个晶体就称为"孪晶",此公共晶面就称孪晶面。

孪晶界可分为两类,即共格孪晶界和非共格孪晶界,如图 5.28 所示。

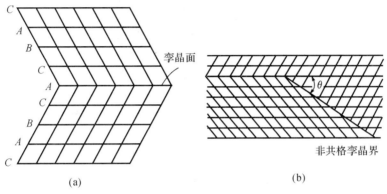

图 5.28　孪晶界的分类
(a)共格孪晶界;(b)非共格孪晶界

共格孪晶界就是孪晶面[见图 5.28(a)]。在孪晶面上的原子同时位于两个晶体点阵的结点上,为两个晶体所共有,属于自然地完全匹配,是无畸变的完全共格晶面。因此,它的界面能很低(约为普通晶界界面能的 1/10),很稳定,在显微镜下呈直线。这种孪晶界较为常见。

如果孪晶界相对于孪晶面旋转一角度,即可得到另一种孪晶界-非共格孪晶界[见图 5.28(b)]。此时,孪晶界上只有部分原子为两部分晶体所共有,因而原子错排较严重,这种孪晶界的能量相对较高,约为普通晶界的 1/2。

5.4.4　相界

具有不同结构的两相之间的分界面称为"相界"。按结构特点,相界面可分为共格相界、半共格相界和非共格相界三种类型。

1. 共格相界

所谓"共格"是指界面上的原子同时位于两相晶格的结点上,即两相的晶格是彼此衔接的,界面上的原子为两者共有。如图 5.29(a)所示是一种无畸变的具有完全共格的相界,其界面能很低。但是理想的完全共格界面,只有在孪晶界,且孪晶界即为孪晶面时才可能存在。对相界而言,其两侧为两个不同的相,即使两个相的晶体结构相同,其点阵常数也不可能相等。因此在形成共格界面时,必然在相界附近产生一定的弹性畸变,晶面间距较小者发生伸长,较大者产生压缩[见图5.29(b)]，以互相协调，使界面上原子达到匹配。显然，这种共格相界的能量相对于具有完善的共格关系的界面（如孪晶界）的能量要高。

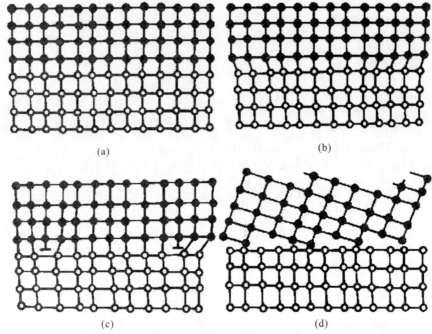

图5.29　各种形式的相界
(a)具有完全的共格关系的相界；(b)具有弹性畸变的共格相界；
(c)半共格相界；(d)非共格相界

2. 半共格相界

若两相邻晶体在相界面处的晶面间距相差较大，则在相界面上不可能做到完全的一一对应，于是在界面上将产生一些位错[见图5.29(c)]，以降低界面的弹性应变能，这时界面上两相原子部分地保持匹配，这样的界面称为半共格相界或部分共格相界。

3. 非共格相界

当两相在相界面处的原子排列相差很大时，即错配度很大时，只能形成非共格相界[见图5.29(d)]。这种相界与大角度晶界相似，可看成是由原子不规则排列的很薄的过渡层构成。

5.5 离子晶体结构的点缺陷

离子晶体的缺陷仍然包括点缺陷、线缺陷和面缺陷。其中点缺陷与前述金属材料的点缺陷明显不同，因此本节中主要介绍离子晶体结构中的点缺陷相关内容。

5.5.1 点缺陷

1.弗兰克尔缺陷

弗兰克尔缺陷可以看作：正常格点离子＋未被占据的间隙位置＝间隙离子＋空位。式中等号左边表示的是离子都在正常的位置上，是没有缺陷的。例如在AgBr离子晶体中，弗兰克

尔缺陷的生成可写成

$$\mathrm{Ag_{Ag}} + \mathrm{V_i} \longrightarrow \mathrm{Ag_i^{\cdot}} + \mathrm{V'_{Ag}}。$$

其中,$\mathrm{Ag_{Ag}}$ 表示 Ag 在 Ag 位置,$\mathrm{V_i}$ 表示未被占据的间隙,$\mathrm{Ag_i^{\cdot}}$ 表示 Ag 在间隙位置,并带一价正电荷,$\mathrm{V'_{Ag}}$ 表示空位。

2. 肖特基缺陷

肖特基缺陷和弗兰克尔缺陷的一个重要的差别在于,肖特基缺陷的生成需要一个像晶界、位错、表面之类的晶格上混乱区域。例如在 MgO 晶体中,镁离子和氧离子必须离开各自的位置,迁移到表面或晶界上,反应如下:

$$\mathrm{Mg_{Mg}} + \mathrm{O_O} \longrightarrow \mathrm{V'_{Mg}} + \mathrm{V_O^{\cdot\cdot}} + \mathrm{Mg_S} + \mathrm{O_S}$$

其中,$\mathrm{Mg_S}$ 和 $\mathrm{O_S}$ 表示它们位于表面或界面上。此外,式中左边表示离子都在正常位置上,是没有缺陷的。反应后,变成表面离子或内部空位。在缺陷反应规则中,表面位置在反应式内可以不加表示,以上反应可写成

$$0 \longrightarrow \mathrm{V'_{Mg}} + \mathrm{V_O^{\cdot\cdot}}$$

其中,0 表示无缺陷状态。

3. 固溶体

离子晶体中凡在固态条件下,一种组分(溶剂)内"溶解"了其他组分(溶质)而形成的单一、均匀的晶态固体称为固溶体。在固溶体中不同组分的结构基元之间是以原子尺度相互混合的,这种混合并不破坏原有晶体结构,因此固溶体也是一种点缺陷范围内的晶体结构缺陷。如以 $\mathrm{Al_2O_3}$ 晶体中溶入 $\mathrm{Cr_2O_3}$ 为例,$\mathrm{Al_2O_3}$ 为溶剂,$\mathrm{Cr^{3+}}$ 溶解在 $\mathrm{Al_2O_3}$ 中以后,并不破坏 $\mathrm{Al_2O_3}$ 原有晶格构造,但少量 $\mathrm{Cr^{3+}}$(质量分数为约 $0.5\% \sim 2\%$)溶入,$\mathrm{Cr^{3+}}$ 能产生受激辐射,使原来没有激光性能的白宝石($\alpha\text{-}\mathrm{Al_2O_3}$)变为有激光性能的红宝石。

如果固溶体是由 A 物质溶解在 B 物质中形成的,一般将原组分 B 或含量较高的组分称为溶剂(或称为主晶相、基质),把掺杂原子或杂质称为溶质。

离子晶体固溶体可以在晶体生长过程中生成,也可以从溶液或熔体中析晶时形成。还可以通过烧结过程由原子扩散而形成。固溶体、机械混合物、化合物三者之间的区别见表 5.2。

表 5.2　固溶体、机械混合物、化合物三者之间的区别

	固溶体	机械混合物	化合物
形成原因	以原子尺寸"溶解"生成	粉末混合	原子间相互反应生成
物系相数	均匀单相系统	多相系统	均匀单相系统
化学计量	不遵循定比定律	—	遵循定比定律
结构	与原始组分中主晶体(溶剂)相同	—	与原始组分不相同

固溶体由于杂质原子占据正常的结点位置的,破坏了基质晶体中质点排列的有序性,引起晶体内周期性势场的畸变,这也是一种点缺陷范围内的晶体结构缺陷。

固溶体在无机固体材料中所占比重很大,人们常常采用固溶原理来制造各种新型的无机材料。例如 $\mathrm{PbTiO_3}$ 和 $\mathrm{PbZrO_3}$ 生成的锆钛酸铅压电陶瓷 $\mathrm{Pb(Zr_xTi_{1-x})O_3}$ 材料广泛应用于电

子、无损检测、医疗等技术领域。又如 Si_3N_4 与 Al_2O_3 之间形成 Sialon 固溶体应用于高温结构材料等。

离子晶体固溶体可以按照以下方式进行分类：

(1)按溶质原子在溶剂晶格中的位置划分，可以分为如下两种：

1)置换(取代)型固溶体。溶质原子进入晶格后可以进入原来晶格中正常结点位置生成取代型固溶体，如图 5.30 所示。在无机固体材料中所形成的固溶体大多属于这一类型。在金属氧化物中，主要发生在金属位置上的置换。MgO-CoO，MgO-CaO 和 PbZrO₃-PbTiO₃ 等都属此类。

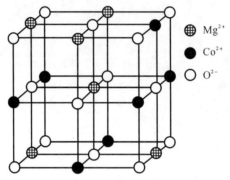

图 5.30　MgO-CoO 系固溶体结构

2)填隙型固溶体。杂质原子如果进入溶剂晶格中的间隙位置就会形成填隙型固溶体。在无机材料中，填隙固溶体一般发生在阴离子或阴离子团所形成的间隙中，如一些硫化物晶体就是这样。

(2)按溶质原子在溶剂晶格中的溶解度划分，可以分为以下两种：

1)连续固溶体(无限固溶体，完全互溶固溶体)。溶质和溶剂可以以任意比例相互固溶。溶剂与溶质是相对的，如图 5.31 所示。

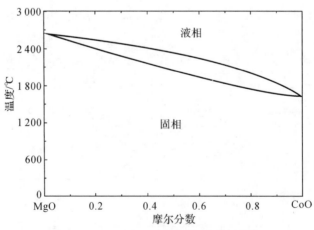

图 5.31　CoO-MgO 系统相图(连续固溶体)

在天然矿物方镁石(MgO)中常常含有相当数量的 NiO 或 FeO，Ni^{2+} 和 Fe^{2+} 置换晶体中 Mg^{2+} 离子，生成连续固溶体。固溶体组成可写为 $Mg_{1-x}Ni_xO$，$x\approx0\sim1$。能生成连续固溶体的实例还有：Al_2O_3-Cr_2O_3，ThO_2-UO_2，$PbZrO_3$-$PbTiO_3$ 等。

2)有限固溶体(不连续固溶体,部分互溶固溶体)。溶质只能以一定的限量溶入溶剂,超过这一限量就出现第二相。由图 5.32 可以看出,溶质的溶解度和温度有关,温度升高,溶解度增加。

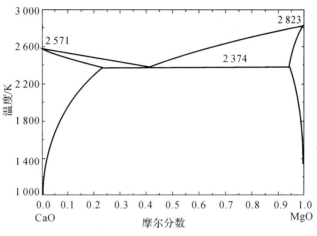

图 5.32　CaO-MgO 系统相图(有限固溶体)

置换型离子固溶体有连续置换和有限置换之分,从热力学观点分析,杂质进入晶格,会使系统的熵值增大,并且有可能使自由焓下降。因此,在任何晶体中,外来杂质原子都可能有一些溶解度。在 20 世纪 30 年代,休谟-罗瑟里(Hume-Rothery)分析影响置换型的溶解度因素,总结了若干经验规律,认为生成连续置换型固溶体需符合以下条件。

(1)离子尺寸因素。在置换型固溶体中,离子的大小对形成连续或有限置换型固溶体有直接的影响。从晶体稳定的观点看,相互替代的离子尺寸愈相近,则固溶体愈稳定。若以 Δr 为离子的半径的差值,一般有如下规律:

如 $\Delta r < 15\%$,则此系统有可能形成连续固溶体。例如:在 MgO-NiO 系统中,$r_{Mg^{2+}} = 0.072$ nm,$r_{Ni^{2+}} = 0.070$ nm,计算离子半径差为 2.8%,因而它们可以形成连续固溶体。

如 $15\% < \Delta r < 30\%$,则它们之间只可能形成有限置换型固溶体。例如:在 MgO-CaO 系统中,$r_{Mg^{2+}} = 0.072$ nm,$r_{Ca^{2+}} = 0.10$ nm,计算此值为 28%,因此,在 MgO-CaO 系统只能形成有限置换型固溶体(仅在高温下有少量固溶)。

如 $\Delta r > 30\%$,则该系统不可能或很难形成固溶体。

在硅酸盐材料多数离子晶体是金属氧化物,形成固溶体主要是阳离子之间的取代,因此,阳离子半径的大小直接影响了离子晶体中正负离子的结合能,从而,对固溶的程度和固溶体的稳定性产生影响。

(2)离子晶体的结构类型。能否形成连续固溶体,晶体结构类型十分重要。在形成连续固溶体的二元系统中,两个组分必须具有相同的结构类型。在下列二元系统中,MgO-NiO、Al_2O_3 - Cr_2O_3、ThO_2 - UO_2、Mg_2SiO_4 - Fe_2SiO_4 等,都能形成连续固溶体,其主要原因之一是这些二元系统中两个组分具有相同的晶体结构类型。

又如 $PbZrO_3$ - $PbTiO_3$ 系统中,Zr^{4+} 与 Ti^{4+} 半径分别为 0.072 nm 和 0.061 nm,$\Delta r = 15.28\% > 15\%$,但由于在相变温度以上,任何锆钛比下,立方晶系的结构是稳定的。虽然半径之差略大于 15%,但它们之间仍然能形成连续置换型固溶体。又如 Fe_2O_3 和 Al_2O_3 两者的半径差计算为 18.4%，显然它们都有刚玉型结构，但它们也只能形成有限置换型固溶体。但是在复杂构造的石榴子石 $Ca_3Al_2(SiO_4)_3$ 和 $Ca_3Fe_2(SiO_4)_3$ 中，它们的晶胞比刚玉晶胞大八倍，对离子半径差的限制性就会降低，因而在石榴子石中 Fe^{3+} 和 Al^{3+} 能连续置换。由以上分析可见，晶体结构相同是生成连续置换型固溶体的必要条件，结构不同最多只能生成有限固溶体。

(3) 离子电价。只有离子价相同或离子价总和相等时才能形成连续置换型固溶体。如 MgO-NiO，Al_2O_3-Cr_2O_3 等系统都是单一离子电价相等相互取代以后形成连续固溶体；如果取代离子价不同，则要求用两种以上不同离子组合起来满足电中性取代的条件也能形成连续固溶体。如天然矿物钙长石 $Ca[Al_2Si_2O_8]$ 和钠长石 $Na[AlSi_3O_8]$ 所形成的固溶体，其中一个 Al^{3+} 代替一个 Si^{4+}，同时一个 Ca^{2+} 取代一个 Na^+，即 $Ca^{2+}+Al^{3+}=Si^{4+}+Na^+$，使结构内总的电中性得到满足。又如 $PbZrO_3$ 和 $PbTiO_3$ 是 ABO_3 型钙钛矿结构，可以用众多离子价相等而半径相差不大的离子去取代晶体结构中 A 位上的 Pb 或 B 位上的 Zr、Ti，从而制备一系列具有不同性能的复合钙钛矿型压电陶瓷材料。

(4) 电负性。离子电负性对固溶体及化合物的生成有一定影响。电负性相近，有利于固溶体的生成，电负性差别大，倾向于生成化合物。达肯(Darkon)等曾将电负性和离子半径分别作为坐标轴，取溶质与溶剂半径之差为 ±15% 作为椭圆的一个横轴，又取电负性之差 ±0.4 为椭圆的另一个轴，画一个椭圆。发现在这个椭圆内的系统，65% 是具有很大的固溶度，而椭圆外的 85% 系统固溶度小于 5% 因此，电负性之差在 ±0.4 之内是衡量固溶度大小的边界，即电负性差值大于 0.4，生成固溶体的可能性小。

4. 固溶体组分缺陷

置换型固溶体可以有等价置换和不等价置换之分，在不等价置换的固溶体中，为了保持晶体的电中性，必然会在晶体结构中产生组分缺陷。即在原来结构的结点位置产生空位，也可能在原来没有结点的位置嵌入新的结点。组分缺陷仅发生在不等价置换固溶体中，其缺陷浓度取决于掺杂量和固溶度。

不等价置换固溶体中，可能出现的两种组分缺陷分别为

(1) 高价置换低价，阴离子进入间隙或阳离子出现空位：

$$Al_2O_3 \xrightarrow{MgO} 2Al_{Mg} + V''_{Mg} + 3\,O_O$$

$$Al_2O_3 \xrightarrow{MgO} 2Al_{Mg} + V''_i + 3O_O$$

(2) 低价置换高价，阴离子出现空位或阳离子进入间隙，例如：

$$2CaO \xrightarrow{ZrO_2} Ca''_{Zr} + Ca_i + 2O_O$$

不等价置换产生组分缺陷其目的是为了制造不同材料，由于产生空位或间隙使晶格显著畸变，使晶格活化，材料制造工艺上常用来降低难熔氧化物的烧结温度。如在烧制 Al_2O_3 陶瓷时，外加(1%~2%)TiO_2 使烧结温度降低近 300℃；又如 ZrO_2 材料中加入少量 CaO 作为晶型转变稳定剂，使 ZrO_2 晶型转化时体积效应减少，提高了 ZrO_2 材料的热稳定性。在半导体材料的制造中，则普遍利用不等价掺杂产生补偿电子缺陷，形成 n 型半导体或 p 型半导体。

5.5.2 填隙型固溶体

半径较小的外来杂质原子进入晶格的间隙位置内，这样形成的固溶体称为填隙型固溶体，

其固溶度有限。这种类型的固溶体,在金属系统中比较普遍。

1. 形成填隙型固溶体的条件

填隙型固溶体的固溶度仍然取决于离子尺寸、离子价、电负性、结构等因素。

(1) 溶质原子的半径小和溶剂晶格结构空隙大容易形成填隙型固溶体。例如立方面心结构 MgO,只有四面体空隙可以利用,而在 TiO_2 晶格中还有八面体空隙可以利用;在 CaF_2 型结构中则有配位数为 8 的较大空隙存在;再如骨架状硅酸盐沸石结构中的空隙就更大。因此在以上这几类晶体中形成填隙型固溶体的次序由易到难是:沸石 $>CaF_2>TiO_2>MgO$。

(2) 形成填隙型固溶体也必须保持结构中的电中性。一般可以通过形成空位或补偿电子缺陷及复合阳离子置换来达到。例如硅酸盐结构中嵌入 Be^{2+},Li^+ 等离子时,正电荷的增加往往被结构中 Al^{3+} 替代 Si^{4+} 所平衡:$Be^{2+}+2Al^{3+}=2Si^{4+}$。

形成填隙式固溶体,一般都使晶格常数增大,增加到一定的程度后,将使固溶体变成不稳定而离解,因此填隙型固溶体不可能是连续固溶体,而只能是有限固溶体。晶体中间隙是有限的,容纳杂质质点的能力不大于 10%。

2. 填隙型固溶体实例

(1) 原子填隙:金属晶体中,原子半径较小的 H,C,B 元素易进入晶格间隙中形成填隙型固溶体。钢就是碳在铁中的填隙型固溶体。

(2) 阳离子填隙:当 CaO 加入 ZrO_2 中,当 CaO 加入量小于 0.15(质量分数)时,在 1 800 ℃高温下发生下列反应:

$$2CaO \xrightarrow{ZrO_2} Ca''_{Zr}+Ca_i+2\,O_O$$

(3) 阴离子填隙:将 YF_3 加入到 CaF_2 中,形成 $(Ca_{1-x}Y_x)F_{2+x}$ 固溶体,其缺陷反应式为

$$YF_3 \xrightarrow{CaF_2} Y_{Ca}+F_i{}'+2F$$

在矿物学中,置换型固溶体常被看作是类质同象(类质同晶)的同义词,其定义为物质结晶时,其晶体结构中原有离子或原子的配位位置被介质中部分性质相似的它种离子或原子所占有,共同结晶成均匀的呈单一相的混合晶体,但不引起键性和晶体结构发生质变的现象。显然,与类质同象概念相同的只是固溶体中的置换型,而并不包括填隙式固溶体。

5.5.3 形成固溶体后对晶体性质的影响

固溶体可以看作是含有杂质原子或离子的晶体,这些杂质原子的进入使基质晶体的性质(晶格常数、密度、电性能、光学性能、机械性能)发生很大的变化,这为研究新型材料提供了一个广阔的天地。

1. 稳定晶格,防止晶型转变的发生

(1) 形成固溶体往往能阻止某些晶型转变发生,所以有稳定晶格的作用。$PbTiO_3$ 和 $PbZrO_3$ 都不是性能优良的压电陶瓷。$PbTiO_3$ 是一种铁电体,但纯的 $PbTiO_3$ 烧结性很差,在烧结过程中晶粒长得大,晶粒之间结合力很差,居里点为 490 ℃。发生相变时,一般在常温下发生开裂,所以没有纯的 $PbTiO_3$ 陶瓷。$PbZrO_3$ 是一种反铁电体,居里点为 230 ℃。利用它们结构相同,Zr^{4+}、Ti^{4+} 离子尺寸相差不多的特性,能生成连续型固溶体——$Pb(ZrTi_{1-x})O_3$,$x=1\sim3$。随着组成的不同,在常温下有不同晶体结构的固溶体,而在斜方铁电体和四方铁电

体的边界组成 $Pb(Zr_{0.54}Ti_{0.46})O_3$ 处,压电性能、介电常数都达到极大值,得到了优于纯粹 Pb-TiO_3 和 $PbZrO_3$ 的陶瓷材料,其烧结性能也很好,这种陶瓷被命名为 PZT 陶瓷。

(2)ZrO_2 是一种高温耐火材料,熔点 2 680℃,但单斜 $\xleftrightarrow{1\,200℃}$ 四方时,伴随很大的体积收缩,这对高温结构材料是致命的。若加入 CaO,则它和 ZrO_2 形成固溶体,无晶型转变,使体积效应减小,使 ZrO_2 成为一种很好的高温结构材料。

2.活化晶格

形成固溶体后,能起到活化晶格的作用,因为在形成固溶体时,促进扩散、固相反应、烧结等过程的进行。晶格结构有一定畸变,处于高能量的活化状态,有利于进行化学反应。例如,Al_2O_3 熔点高(2 050℃),不利于烧结,若加入 TiO_2,可使烧结温度下降到 1 600℃,这是因为 Al_2O_3 与 TiO_2 形成固溶体,Ti^{4+} 置换 Al^{3+} 后带正电,为平衡电价,产生正离子空位,加快扩散,有利于烧结进行。

3.固溶强化

固溶体的强度与硬度往往高于各组元,而塑性则较低,这种现象称为固溶强化。强化的程度和效果不仅取决于它的成分,还取决于固溶体的类型、结构特点、固溶度、组元原子半径差等一系列因素。

一般而言,间隙型溶质原子的强化效果一般要比置换型溶质原子更显著。这是因为间隙型原子往往择优分布在位错线上,形成间隙原子"气团",将位错牢牢地钉扎住,从而造成强化。相反,置换型溶质原子往往均匀分布在点阵内,虽然由于溶质和溶剂原子尺寸不同,造成点阵畸变,从而增加位错运动的阻力,但这种阻力比间隙原子气团的钉扎力小得多,因而强化作用也小得多。显然,溶质和溶剂原子尺寸相差越大或固溶度越小,固溶强化越显著。

4. 固溶体对材料物理性质的影响

固溶体的电学、气学、磁学等物理性质也随成分而连续变化,但一般都不是线性关系。

习　　题

1.名词解释:点缺陷、线缺陷、面缺陷、交割、割阶、扭折。

2.实际金属晶体中存在哪些晶体缺陷?它们对金属性能有何影响?

3.在 Fe 中形成 1 mol 空位的能量为 104.675 kJ,试计算从 20℃升温至 850℃时空位数目增加多少倍。

4.请总结不同类型位错的柏氏矢量和位错线方向、切应力方向、位错线运动方向及晶体滑移方向间的位置关系。

5.什么是柏氏矢量?其特点是什么?

6.位错的运动形式包括哪几种?其特点是什么?

7.请阐述位错与晶体缺陷的相互作用形式。

8.请阐述晶界的特点。

第6章 固体中的扩散

在气态和液态物质中原子的迁移一般是通过对流和扩散两种方式进行的。其中,物质通过对流进行迁移比扩散要快得多。然而,在固态物质中不能发生对流,扩散是原子迁移的唯一方式。物质中的原子随时进行热振动,温度越高,振动频率越快。当某些原子具有足够高的能量时,便会离开原来的平衡位置,跳向邻近的位置,这种由物质中原子(或者其他微观粒子)的微观热运动所引起的宏观迁移现象称为扩散。

固态物质中原子的扩散与温度有非常密切的关系。一般而言,温度越高,原子扩散越快。实验证实,物质在高温下的许多物理及化学过程均与扩散过程有关,因此研究物质中的扩散无论是在理论上还是在实际应用上都有非常重要的意义。

固体材料涉及金属、陶瓷和高分子化合物三大类。金属中的原子结合以金属键方式为主。陶瓷中的原子结合以离子键或共价键结合方式为主。高分子化合物中的原子结合方式是共价键或氢键结合,并形成长链结构,这就导致了三种类型固体中原子或分子扩散的方式不同。

在固体中扩散是唯一的物质迁移方式,其原子或分子由于热运动不断地从一个位置迁移到另一个位置。扩散是固体材料中的一个重要现象,诸如金属铸件的凝固及均匀化退火,冷变形金属的回复和再结晶,陶瓷及粉末冶金的烧结过程,材料的固态相变,高温蠕变,以及各种表面热处理等等,都与扩散过程密切相关。要深入地了解和控制这样的过程,就必须先掌握有关扩散的基本规律。研究扩散一般有两种方法:①表象的方法——根据所测量的参数描述物质传输的速度和数量等;②原子运动分析的方法——主要分析扩散过程中原子是如何迁移的。在实际应用当中,两种分析方法都能遇到,但遇到表象方法更多一些。本章主要以表象分析方法来讨论固体材料中扩散的一般规律、扩散的影响因素和扩散机制等内容。

物质中的原子在不同的情况下可以按不同的方式扩散,扩散的速度可能存在着明显差异。根据扩散的不同特点,扩散过程可以分为以下几种类型:

化学扩散和自扩散:扩散系统中存在浓度梯度的扩散称为化学扩散,没有浓度梯度的扩散称为自扩散,后者指的是纯物质的扩散行为。

上坡扩散和下坡扩散:扩散系统中原子由浓度高处向浓度低处的扩散称为下坡扩散;反之,称为上坡扩散。

体扩散和短路扩散:原子在晶格内部的扩散称为体扩散或者晶内扩散;沿着晶体中缺陷进行的扩散称为短路扩散。后者主要包括表面扩散、晶界扩散、位错扩散等。短路扩散比体扩散快得多。

相变扩散:原子在扩散过程中由于固溶体过饱和而生成新相的扩散称为相变扩散或者称为反应扩散。

6.1 扩散在材料中的应用

在材料制备和加工过程中,控制原子、离子或其他粒子的扩散过程是非常重要的。加速或抑制扩散过程的技术种类繁多。以下是几个常用的实例。

(1)钢表面渗碳硬化:渗碳过程是在一定温度下、在合适的气氛中使碳原子渗入低碳钢表面层的过程。它可使低碳钢的工件具有高碳钢的表面层,再经过淬火和低温回火,使工件的表面层具有高硬度和耐磨性,而工件的中心部分仍然保持着低碳钢的韧性和塑性。渗碳过程根据碳原子的来源有气体渗碳、液态渗碳和固体渗碳。不论是哪种方法,其共同点为只有在高温条件下产生的活性碳原子才能有效对工件进行渗碳处理。如图 6.1 所示为大型传动齿轮结束气体渗碳工艺后从井式渗碳炉中取出的过程。

图 6.1 渗碳后的大型传动齿轮从井式渗碳炉中取出的过程

除渗碳工艺外,通过高温条件下的原子扩散过程还可以对工件进行渗氮、碳氮共渗(也可以称为渗氰)以及其他一些元素。

(2)半导体器件的掺杂扩散:如果对扩散过程没有充分的理解,那么今天就完全不可能存在半导体工业。如图 6.2 所示为硅晶片掺杂的示意图。掺杂需要控制元素的扩散过程。考虑掺杂元素一维扩散的情况,如果需要在硅晶片的局部区域进行掺杂,可以在非掺杂区域采用 SiO_2 进行保护。如图 6.2(a)所示为掺杂元素原子在理想状况下的一维扩散情况。而实际上掺杂元素原子的扩散情况如图 6.2(b)所示。很显然,掺杂元素可以扩散到非掺杂区域。要解决此类问题,必须要掌握和运用扩散过程相关的基本知识。

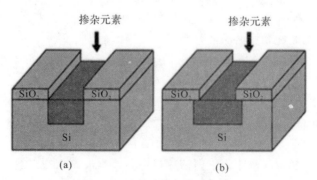

图 6.2 硅晶片掺杂的示意图

（3）导电陶瓷：离子、电子以及空位的扩散在很多导电陶瓷中起着非常重要的作用，如部分或完全稳定的氧化锆陶瓷或氧化铟锡陶瓷。钴酸锂（$LiCoO_2$）是锂离子电池用离子导电材料。这些离子导电材料可用作汽车中的氧传感器、触屏显示屏和燃料电池等。如图 6.3 所示为完全稳定的氧化锆（8mol％氧化钇稳定氧化锆）陶瓷。该陶瓷在高温下具有优异的导电能力和良好的机械性能。

图 6.3 完全稳定的氧化锆（8mol％氧化钇稳定氧化锆）陶瓷

（4）吹制碳酸饮料塑料瓶：扩散并不都是有利的。在某些应用中应抑制某些物质的扩散过程。例如，在盛有碳酸饮料的塑料瓶中，应抑制碳酸饮料中的 CO_2 向周围环境中的扩散以保证经过较长的存放时间后碳酸饮料仍具有发泡性，这是使用聚对苯二甲酸乙二醇酯（PET）作为碳酸饮料瓶（见图 6.4）的最为主要的原因。

图 6.4 聚对苯二甲酸乙二醇酯（PET）碳酸饮料瓶

通过上述几个实例可以看出，在实际过程中，有时我们希望加速扩散过程，有时又希望减慢扩散过程。

晶体中的原子或离子在其平衡位置不是处于静止状态，因为其具有热能，在不停地做热振动。因此，可以说它们是不稳定的。实际上，只要原子或离子的能量足够高，它们就可以离开其平衡位置。例如，原子可以离开其在晶体中的平衡位置而占据临近的空位。原子也可以由原来的间隙位置运动到另外一个间隙位置。原子和离子也可以越过晶界引起晶界的迁移。

6.2 菲克扩散第一定律

当固体中存在着成分差异时，一般情况下，原子将从高浓度区域向低浓度区域扩散。如何定量描述原子的迁移速率？阿道夫·非克（Adolf Fick）对此进行了研究，并于 1855 年得出：扩散中原子的通量与质量浓度梯度成正比，即

$$J = -D \frac{\partial \rho}{\partial x} \qquad (6.1)$$

式中, J——扩散通量,表示单位时间内通过垂直于扩散方向 x 的单位面积的扩散物质质量, $kg/(m^2 \cdot s)$;

$\quad D$——扩散系数, m^2/s;

$\quad \rho$——扩散物质的质量浓度, kg/m^3。

式(6.1)中的负号表示物质的扩散方向与质量浓度梯度方向相反,即物质从高质量浓度区向低质量浓度区方向迁移。式(6.1)被称为菲克第一定律或扩散第一定律,其与时间无关,表明菲克第一定律描述的是一维稳态扩散过程,即质量浓度不随时间而改变。

史密斯(R. P. Smith)在 20 世纪 50 年代运用菲克扩散第一定律测定碳在 γ-Fe 中的扩散系数。他将一个半径为 r、长度为 l 的纯铁空心圆筒置于 1 000 ℃高温中渗碳,即筒内和筒外分别为渗碳和脱碳气氛。经过一定时间后,筒壁内各点的浓度不再随时间而变化,满足稳态扩散条件,此时,单位时间内通过管壁的碳量 q/t(q 为通过截面的碳量,t 为时间)为常数。根据扩散通量的定义,可得

径向通量为

$$J = \frac{q}{2\pi r l t} = -D \frac{\mathrm{d}\rho}{\mathrm{d}r}$$

由菲克扩散第一定律有

$$\frac{q}{2\pi r l t} = -D \frac{\mathrm{d}\rho}{\mathrm{d}\ln r} = 常数$$

式中,q,l,t 可在实验中测出。故只要测出碳含量沿筒壁径向分布,扩散系数 D 可由碳的质量浓度 ρ 对 $\ln r$ 作图求出。若 D 不随成分而变,则作图应得到一条直线。但 Smith 实际测得的 ρ-$\ln r$ 关系为曲线(见图 6.5),而不是直钱,这表明扩散系数 D 是碳浓度的函数。此外,图 6.5 还表明,低浓度区域扩散系数大于高浓度区域的扩散系数。

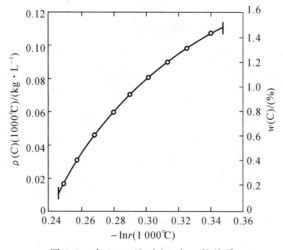

图 6.5　在 1 000 ℃时 $\ln r$ 与 ρ 的关系

应用菲克扩散第一定律可以分析一些工程实际问题,但应用该定律时需要注意两个问题:①一般假设扩散系数与浓度无关;②菲克扩散第一定律是以质量浓度来描述体系的稳态扩散过程,在实际应用中可以通过换算用于其他浓度单位表示的体系稳态扩散问题。

6.3　菲克扩散第二定律

实际稳态扩散过程非常少见,大多数扩散过程是非稳态扩散过程,某一点的浓度是随时间变化的,这类过程可以由菲克第一定律结合质量守恒条件推导出的菲克扩散第二定律来处理。菲克扩散第二定律一维非稳态扩散过程由下式确定:

$$\frac{\partial \rho}{\partial t} = D \frac{\partial^2 \rho}{\partial x^2} \tag{6.2}$$

式中,t 为时间。

一方面,菲克扩散第一和第二定律表明,扩散过程是由于浓度梯度所引起的,这样的扩散称为化学扩散。另一方面,我们可将不依赖于浓度梯度,而仅由热振动而引起的扩散过程称为自扩散,其由 D_S 表示。自扩散系数的定义可由式(6.1)得出,即

$$D_S = \lim_{\frac{\partial \rho}{\partial x} \to 0} - \left[\frac{J}{\frac{\partial \rho}{\partial x}} \right] \tag{6.3}$$

式(6.3)表示合金中某一组元的自扩散系数是它的质量浓度梯度趋于零时的扩散系数。

6.3.1　菲克扩散第二定律的解

对于非稳态扩散,则需要对菲克第二定律按所研究问题的初始条件和边界条件进行求解。很显然,不同的初始条件和边界条件将使得方程解的形式不同。下面介绍两种简单而在工程中比较实用的方程解的形式。

1. 两端成分不受扩散影响的扩散偶

将质量浓度为 c_B^1 的 A 棒和质量浓度为 c_B^2 的 B 棒焊接在一起,焊接面垂直于 x 轴,然后加热保温不同的时间,焊接面($x = 0$)附近的质量浓度将发生不同程度的变化,如图 6.6 所示。

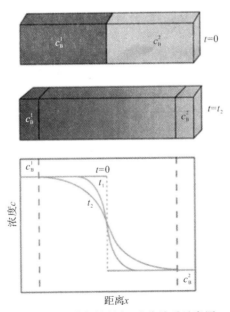

图 6.6　扩散偶的距离-成分关系示意图

根据图示的初始条件和边界条件可以得到质量浓度随距离 x 和时间 t 的变化关系,其可由下式确定

$$\rho(x,t) = \frac{c_B^1 + c_B^2}{2} + \frac{c_B^1 - c_B^2}{2}\mathrm{erf}\left(\frac{x}{2\sqrt{Dt}}\right) \qquad (6.4)$$

式中,erf 为误差函数,其值可以查表 6.1 获得。

表 6.1 β 与 $\mathrm{erf}(\beta)$ 的对应值(β 由 $0 \sim 2.7$)

β	0	1	2	3	4	5	6	7	8	9
0.0	0.000 0	0.011 3	0.022 6	0.033 8	0.045 1	0.056 4	0.067 6	0.078 9	0.090 1	0.101 3
0.1	0.112 5	0.123 6	0.134 8	0.145 9	0.156 9	0.168 0	0.179 0	0.190 0	0.200 9	0.211 8
0.2	0.222 7	0.233 5	0.244 3	0.255 0	0.265 7	0.276 3	0.286 9	0.297 4	0.307 9	0.318 3
0.3	0.328 6	0.338 9	0.349 1	0.359 3	0.369 4	0.379 4	0.389 3	0.399 2	0.409 0	0.418 7
0.4	0.428 4	0.438 0	0.447 5	0.456 9	0.466 2	0.475 5	0.484 7	0.493 7	0.502 7	0.511 7
0.5	0.520 5	0.529 2	0.537 9	0.546 4	0.554 9	0.563 3	0.571 6	0.579 8	0.589 7	0.595 9
0.6	0.603 9	0.611 7	0.619 4	0.627 0	0.634 6	0.642 0	0.649 4	0.656 6	0.663 8	0.670 8
0.7	0.677 8	0.684 7	0.691 4	0.698 1	0.704 7	0.711 2	0.717 5	0.723 8	0.730 0	0.736 1
0.8	0.742 1	0.748 0	0.753 8	0.759 5	0.765 1	0.770 7	0.776 1	0.781 4	0.786 7	0.791 8
0.9	0.796 9	0.801 9	0.806 8	0.811 6	0.816 3	0.820 9	0.825 4	0.829 9	0.834 2	0.838 5
1.0	0.842 7	0.846 8	0.850 8	0.854 8	0.858 6	0.862 4	0.866 1	0.869 8	0.873 3	0.876 8
1.1	0.880 2	0.883 5	0.886 8	0.890 0	0.893 1	0.896 1	0.899 1	0.902 0	0.904 8	0.907 6
1.2	0.910 3	0.913 0	0.915 5	0.918 1	0.920 5	0.922 9	0.925 2	0.927 5	0.929 7	0.931 9
1.3	0.934 0	0.936 1	0.938 1	0.940 0	0.941 9	0.943 8	0.945 6	0.947 3	0.949 0	0.950 7
1.4	0.952 3	0.953 9	0.955 4	0.956 9	0.958 3	0.959 7	0.961 1	0.962 4	0.963 7	0.964 9
1.5	0.966 1	0.967 3	0.968 7	0.969 5	0.970 6	0.971 6	0.972 6	0.973 6	0.974 5	0.973 5
β	1.55	1.6	1.65	1.7	1.75	1.8	1.9	2.0	2.2	2.7
$\mathrm{erf}(\beta)$	0.971 6	0.976 3	0.980 4	0.980 4	0.986 7	0.989 1	0.992 8	0.995 3	0.998 1	0.999 0

在界面处($x=0$),则 $\mathrm{erf}(0)=0$,所以有

$$\rho = \frac{c_B^1 + c_B^2}{2} \qquad (6.5)$$

即界面上质量浓度始终保持不变。这是假定扩散系数与浓度无关所致,因而界面左侧的浓度衰减与右侧的浓度增加是对称的。

2. 一端成分不受扩散影响的扩散体

在工程中常用到渗碳、渗氮、碳氮共渗等工艺对零件表面进行强化处理。如低碳钢高温奥氏体渗碳就是为了提高钢表面性能和降低生产成本的重要生产工艺。以低碳钢表面渗碳工艺为例,工件原始碳质量浓度为 c_0 的渗碳零件可被视为半无限长的扩散体,即远离渗碳源的一

端的碳质量浓度在整个渗碳过程中不受扩散的影响,始终保持碳质量浓度为 c_0(见如图 6.7)。假设渗碳的气氛碳浓度为 c_B,则求解菲克扩散第二定律可以得到

$$\rho(x,t) = c_B - (c_B - c_0)\operatorname{erf}\left(\frac{x}{2\sqrt{Dt}}\right) \tag{6.6}$$

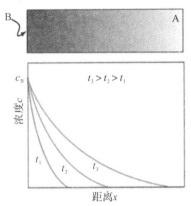

图 6.7　单侧受扩散影响的距离-成分关系示意图

由式(6.6)可知,当误差函数值为常数时,有

$$\frac{x}{2\sqrt{Dt}} = 常数 \tag{6.7}$$

在工程实际应用中,式(6.7)可以用于低碳钢的渗碳过程中估算满足一定渗碳层厚度所需要的时间。图 6.8 为低碳钢表层碳浓度随时间的变化关系图。

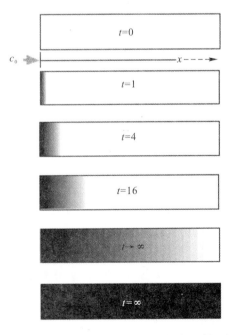

图 6.8　低碳钢渗碳工件表层碳浓度随渗碳时间的变化关系

6.3.2　置换固溶体中的扩散(柯肯达尔效应)

前述的渗碳过程中,碳在铁中的扩散是间隙型溶质原子的扩散,在这种情况下可以不考虑溶剂铁原子的扩散,因为铁原子扩散通量与原子直径较小、较易迁移的碳原子的扩散通量比较而言是可以忽略的。然而对于置换型溶质原子的扩散,由于溶剂与溶质原子的半径相差不是很大,原子扩散时必须考虑与相邻原子间作置换,两者的扩散通量大致属于同一数量级,因此,必须考虑溶质和溶剂原子的不同扩散速率,这首先被柯肯达尔(Kirkendall)等人所证实。他们在 1947 年设计了一个实验,其安排如图 6.9 所示。他们在质量分数 $w(Zn) = 30\%$ 的黄铜块上镀一层铜,并在铜和黄铜界面上预先放两排钼丝(钼不溶于铜或黄铜)。将该样品经 785℃扩散退火 56 天后,发现上下两排钼丝的距离减小了 0.25 mm,并且在黄铜上留有一些小洞。

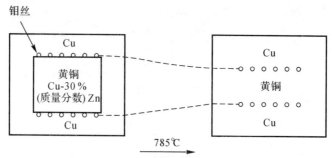

图 6.9　柯肯达尔实验

假如 Cu 和 Zn 的扩散系数相等,那么,以原钼丝平面为分界面,两侧进行的是等量的 Cu 与 Zn 原子互换,考虑到 Zn 原子尺寸大于 Cu 原子,Zn 的外移会导致钼丝(标记面)向黄铜一侧移动,但移动量经计算仅为观察值的 1/10 左右。由此可见,两种原子尺寸的差异不是钼丝移动的主要原因,这只能是由于:在退火时,因 Cu,Zn 两种原子的扩散速率不同,导致了 Zn 由黄铜中扩散出去的通量大于铜原子扩散进入的通量。这种不等量扩散导致钼丝移动的现象称为柯肯达尔效应。以后,又发现了多种置换型扩散偶中都有柯肯达尔效应,例如 Ag‐Au,Ag‐Cu,Au‐Ni,Cu‐Al,Cu‐Sn 及 Ti‐Mo 等。

达肯(Darken)在 1948 年首先对柯肯达尔效应进行了唯象的解释。达肯引入了互扩散系数

$$\widetilde{D} = D_1 x_2 + D_2 x_1 \tag{6.8}$$

式中,D_1,D_2 ——组元 1 和 2 的扩散系数,二者也被称为本征扩散系数。

x_1,x_2 ——组元 1 和组元 2 的摩尔分数。

由式(4.19)可知,当 $x_2 \to 0$,即 $x_1 \to 1$ 时,则 $\widetilde{D} \to D_2$;同理,当 $x_1 \to 0$,即 $x_2 \to 1$ 时,则 $\widetilde{D} \to D_1$。这表明,只有在很稀薄的置换型固溶体中,互扩散系数接近于原子的本征扩散系数 D 或 D_2。

近年来,航空技术发展越来越快。为了提高航空发动机的工作温度,在压气机叶片和涡轮机叶片需制备热胀涂层来提高其工作温度,在此条件下需要格外关注柯肯达尔效应。

6.4　扩散的热力学分析

菲克扩散定律描述了物质从高浓度向低浓度扩散的现象,扩散的结果导致浓度梯度的减小,使成分趋于均匀。但实际上并非所有的扩散过程都是如此,物质也可能从低浓度区向高浓度区扩散,扩散的结果提高了浓度梯度。例如铝铜合金时效早期形成的富铜偏聚区,以及某些合金固溶体的调幅分解形成的溶质原子富集区等,这种扩散称"上坡扩散"或"逆向扩散"。从热力学分析可知,扩散的驱动力并不是浓度梯度 $\dfrac{\partial \rho}{\partial x}$,而应是化学势梯度 $\dfrac{\partial \mu}{\partial x}$,由此不仅能解释通常的扩散现象,也能解释"上坡扩散"等反常现象。

在合金中,以 n_i 表示第 i 组元的物质的量,第 i 组元的热力学中化学势 μ_i 表示在温度 T、压强 P 及其他组元的物质的量 n_j 不变的条件下,每增加 1 mol i 组元时,系统的吉布斯函数的增量,其表达式为 $\mu_i = \left(\dfrac{\partial G}{\partial n_i}\right)_{T,P,n_j}$。则原子在扩散过程中所受的驱动力 F 可以化学势对距离求导数得

$$F = \frac{\partial \mu_i}{\partial x} \tag{6.9}$$

式中负号表示驱动力与化学势下降的方向一致,也就是扩散总是向化学势减小的方向进行,即在等温等压条件下,只要两个区域中 i 组元存在化学势差 $\Delta \mu_i$,就能产生扩散,直至 $\Delta \mu_i = 0$。

在化学势梯度驱动作用下,扩散原子在固体中沿给定方向运动时,会受到固体中溶剂原子对它产生的阻力,阻力与扩散速度成正比,因此,当溶质原子扩散加速到其受到的阻力等于驱动力时,溶质原子的扩散速度就达到了它的极限速度,也就是达到了原子的平均扩散速度。扩散原子的平均速度 v 正比于驱动力 F:

$$v = BF \tag{6.10}$$

式(6.10)中的比例系数 B 为单位驱动力作用下的速度,称为迁移率。在合金中由热力学有

$$D = kT B_i \left(1 + \frac{\partial \ln r_i}{\partial \ln x_i}\right) \tag{6.11}$$

式中,k——玻耳兹曼常数;

　　r_i——活度系数;

　　x_i——i 组元的摩尔分数。

对于理想固溶体($r_i = 1$)或稀固溶体($r_i =$ 常数),式(6.11)括号内的因子(又称热力学因子)等于1,此时有

$$D = kT B_i \tag{6.12}$$

由此可见,在理想或稀固溶体中,不同组元的扩散速率仅取决于迁移率 B_i 的大小。式(6.12)称为能斯特-爱因斯坦(Nernst - Einstein)方程。对于一般实际固溶体来说,上述结论也是正确的。

根据式(6.11),当 $1 + \dfrac{\partial \ln r_i}{\partial \ln x_i} > 0$ 时,$D > 0$,表明组元是从高浓度区向低浓度区迁移的"下坡扩散"过程。当 $1 + \dfrac{\partial \ln r_i}{\partial \ln x_i} < 0$ 时,$D < 0$,表明组元是从低浓度区向高浓度区迁移的"上坡扩散"过程。由上述内容可知,决定组元扩散的基本因素是化学势梯度,不管是上坡扩散还

是下坡扩散,其结果总是导致扩散组元化学势梯度的减小,直至化学势梯为零(化学势相等)。

引起上坡扩散还可能有以下一些情况:

(1)弹性应力的作用。晶体中存在弹性应力梯度时,它促使较大半径的原子跑向点阵伸长部分,较小半径原子跑向受压部分,造成固溶体中溶质原子的不均匀分布。

(2)晶界的内吸附。晶界能量比晶内高,原子规则排列较晶内差,如果溶质原子位于晶界上可降低体系总能量,它们会优先向晶界扩散,富集于晶界上,此时溶质在晶界上的浓度就高于在晶内的浓度。

(3)大的电场或温度场也促使晶体中原子按一定方向扩散,造成扩散原子的不均匀性。

6.5 扩散的原子理论定性分析

6.5.1 扩散机制

在晶体中,原子在其平衡位置作热振动,并会从一个平衡位置跳到另一个平衡位置,即发生扩散,此处将一些可能的扩散机制总结在图6.10中。

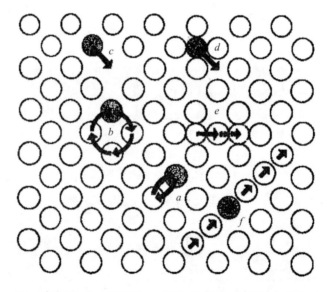

a—直接交换;b—环形交换;c—空位;d—间隙;e—推填;f—挤列

图6.10 晶体中的扩散机制

1. 交换机制

相邻原子的直接交换机制如图6.10中a所示,即两个相邻原子互换了位置。这种机制在密堆结构中未必可能,因为它引起大的畸变和需要太大的激活能。曾纳(Zener)在1951年提出环形交换机制,如图6.10中b所示,4个原子同时交换,其所涉及的能量远小于直接交换,但这种机制的可能性仍不大,因为它受到集体运动的约束。不管是直接交换还是环形交换,均使扩散原子通过垂直于扩散方向平面的净通量为零,即扩散原子是等量互换。这种互换机制不可能出现柯肯达尔效应。目前,没有实验结果支持在金属和合金中的这种交换机制。在金属液体中或非晶体中,这种原子的协作运动可能容易操作。

2. 间隙机制

在间隙扩散机制中(如图 6.10 中 d 所示),原子从一个晶格中间隙位置迁移到另一个间隙位置。像氢、碳、氮等这类小的间隙型溶质原子易以这种方式在晶体中扩散。如果一个比较大的原子(置换型溶质原子)进入晶格的间隙位置[即弗兰克尔(Frenkel)缺陷],那么这个原子将难以通过间隙机制从一个间隙位置迁移到邻近的间隙位置,因为这种迁移将导致很大晶格畸变。为此,提出了"推填"(interstitialcy)机制,即一个填隙原子可以把它近邻的、在晶格结点上的原子"推"到附近的间隙中,而自己则"填"到被推出去的原子的原来位置上,如图 6.10 中 e 所示。此外,也有人提出另一种有点类似"推填"的"挤列"(crowdion)机制。若一个间隙原子挤入体心立方晶体对角线(即原子密排方向)上,使若干个原子偏离其平衡位置,形成一个集体,此集体称为"挤列",如图 6.10 中 f 所示。原子可沿此对角线方向移动而扩散。

3. 空位机制

前已指出,晶体中存在着空位,在一定温度下有一定的平衡空位浓度,温度越高,则平衡空位浓度越大。这些空位的存在使原子迁移更容易,故大多数情况下,原子扩散是借助空位机制,如图 6.10 中 c 所示。前述的柯肯达尔效应最重要意义之一就是支持了空位扩散机制。由于 Zn 原子的扩散速率大于 Cu 原子,这要求在纯铜一边不断地产生空位,当 Zn 原子越过标记面后,这些空位朝相反方向越过标记面进入黄铜一侧,并在黄铜一侧聚集或湮灭。空位扩散机制可以使 Cu 原子和 Zn 原子实现不等量扩散,同时这样的空位机制可以导致标记向黄铜一侧漂移,如图 6.11 所示。

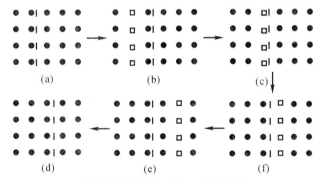

黑点:原子;方块:空位;虚线:标记

图 6.11　标记漂移产生的示意图

(a)初始态;(b) 空位的产生;(c),(d),(e) 空位平面向右位移;(f) 空位的湮灭

4. 晶界扩散及晶面扩散

对于多晶材料,扩散物质可以沿着三种不同路径进行,即晶体内扩散(也称为体扩散),晶界扩散和晶体自由表面扩散,并分别用 D_L 和 D_B 和 D_S 表示三者的扩散系数。如图 6.12 所示为实验测定物质在双晶体中的扩散情况。在垂直于双晶的平面晶界的表面 $y = 0$ 上,蒸发沉积放射性同位素 M,经扩散退火后,由图中箭头表示的扩散方向和由箭头端点表示的等浓度处可知,扩散物质 M 穿透到晶体内去的深度远比晶界和沿表面的要小,而扩散物质沿晶界的扩散深度比沿表面的要小,由此得出 $D_L < D_B < D_S$。由于晶界、表面及位错等都可视为晶体中的缺陷,缺陷产生的畸变使原子迁移比完整晶体内容易,导致这些缺陷中的扩散速率大于完整晶体内的扩散速率。因此,常把这些缺陷中的扩散称为"短路"扩散。

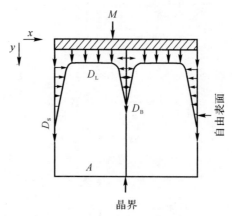

图 6.12　物质在双晶体中的扩散

6.5.2　扩散激活能

在描述原子迁移的扩散机制中,最重要的是间隙机制和空位机制。间隙固溶体中原子扩散仅涉及原子迁移能,而置换固溶体中原子的扩散机制不仅需要迁移能而且还需要空位形成能,因此导致间隙原子扩散速率比置换固溶体中的原子扩散速率高得多。扩散系数(或称扩散速率)是描述物质扩散难易程度的重要参量。扩散系数与扩散激活能有关。其遵循阿螺尼乌斯方程。因此,物质的扩散能力也可用扩散激活能的大小来表征。

原子的扩散必须挤过其周围的原子才能到达其新的位置。为了实现该过程,必须给迁移的原子提供足够高的能量,如图 6.13 所示。无论是间隙机制扩散(间隙固溶体)还是空位机制扩散(置换固溶体),其原子初始都是处于低能状态。为了迁移到新的位置,原子必须克服其移动过程中的能垒。则原子在迁移过程中所克服的能垒就被称为激活能,用 Q 表示。物质在加热过程中,原子所获得的热能就可以克服该能垒实现迁移过程。

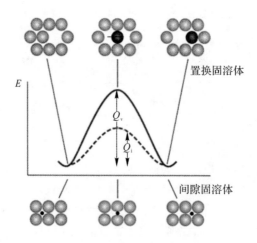

图 6.13　扩散激活能

在固体中物质的扩散系数可以用下式表示:

$$D = D_0 \exp\left(-\frac{Q}{RT}\right) \tag{6.13}$$

式中，D_0—— 扩散常数；

　　R—— 气体常数；

　　T—— 热力学温度。

表 6.2 中给出了一些元素在不同的溶剂中的扩散常数和扩散激活能。

表 6.2　某些扩散系数的 D_0 与 Q 值（近似值）

扩散组元	基体金属	$D_0/(10^{-5}\ m^2/s)$	$Q/(10^3\ J/mol)$	扩散组元	基体金属	$D_0/(10^{-5}\ m^2/s)$	$Q/(10^3\ J/mol)$
C	γ-Fe	2.0	140	Mn	γ-Fe	5.7	277
C	α-Fe	0.20	84	Cu	Al	0.84	136
Fe	α-Fe	19	239	Zn	Cu	2.1	171
Fe	γ-Fe	1.8	270	Ag	Ag(体积扩散)	1.2	190
Ni	γ-Fe	4.4	283	Ag	Ag(晶界扩散)	1.4	96

习　题

1. 请写出菲克第一、第二定律及扩散系数表达式，并说明每个字母的含义。

2. 已知 Cu 在 Al 中扩散系数 D，在 500℃ 和 600℃ 分别为 4.8×10^{-14} m^2/s 和 5.3×10^{-13} m^2/s，假如一个工件在 600℃ 需要处理 10 h，若在 500℃ 处理时，要达到同样的效果，需要多少小时？

3. 一含碳量为 0.1% 低碳钢零件，在 930℃ 下渗碳 3 h 后，距离表面 0.05 cm 处的碳浓度（质量分数）达到 0.45%。若在相同渗碳气氛中，在 T 温度下渗相同时间，能使距离表面 0.1 cm 处的碳浓度为 0.45%，问 T 为多少？（已知碳的扩散激活能 $Q=145\ 000$ J/mol，$R=8.314$ J/mol·K，假定 D_0 不变）

4. 请简述常见的固体扩散机制。

第7章 相　图

由一种元素或化合物构成的晶体称为单组元晶体或纯晶体,该体系称为单元系。对于纯晶体材料而言,随着温度和压力的变化,材料的组成相随之变化。从一种相到另一种相的转变称为相变,由液相至固相的转变称为凝固,如果凝固后的固体是晶体,则又可称之为结晶。而不同固相之间的转变称为固态相变,这些相变的规律可借助相图直观简明地表示出来。单元系相图表示了在热力学平衡条件下所存在的相与温度和压力之间的对应关系,理解这些关系有助于预测材料的性能。本章将从相平衡的热力学条件出发来理解相图中相平衡的变化规律,为后续进一步讨论纯晶体的凝固热力学和动力学问题,以及内外因素对晶体生长形态的影响因素问题打下基础。

7.1　相平衡条件及相律

7.1.1　相平衡条件

组成一个体系的基本单元,例如单质(元素)和化合物,称为组元。体系中具有相同物理与化学性质的,且与其他部分以界面分开的均匀部分称为相。通常把具有 n 个组元都是独立的体系称为 n 元系,组元数为一的体系称为单元系。

根据多相热力学基本知识可知,在给定的条件下,当单元系处于平衡态时,平衡相之间的自由能应相等。当多相体系处于平衡态时,某一组元在所有的相中的化学势需相等。

7.1.2　吉布斯相律

从上述相平衡条件可知,处于平衡状态的多元系中可能存在的相数有一定的限制。这种限制可用吉布斯相律表示为

$$f = C - P + 2 \tag{7.1}$$

式中,f ——体系的自由度数,它是指不影响体系平衡状态的独立可变参数的数目;

C ——体系的组元数;

P ——体系的相数。

对于不含气相的凝聚体系,压力在通常范围的变化对平衡的影响极小,一般可认为是常量。因此相律可写成下列形式:

$$f = C - P + 1 \tag{7.2}$$

相律给出了平衡状态下体系中存在的相数与组元数及温度、压力之间的关系,对分析和研究相图有重要的指导作用。

7.2　单组元相图

单元系相图是通过几何图形描述由单一组元构成的体系在不同温度和压力条件下所可能存在的相及多相的平衡。现以水为例说明单元系相图的表示和测定方法。

水可以以气态(水气)、液态(水)和固态(冰)的形式存在。绘制水的相图,首先在不同温度和压力条件下,测出水-气、冰-气和水-冰两相平衡时相应的温度和压力,然后,通常以温度为横坐标,压力为纵坐标作图,把每一个数据都在图上标出一个点,再将这些点连接起来,得到如图 7.1 所示的 H_2O 相图。根据相律:

$$f = C - P + 2 = 3 - P \tag{7.3}$$

由于 $f \geqslant 0$,所以 $P \leqslant 3$,故在温度和压力这两个外界条件变化下,单元系中最多只能有三相平衡。

图 7.1 中有 3 条曲线:液气共存的平衡曲线 BC,固气共存的平衡曲线 BA,固液共存的平衡曲线 BD。它们将相图分为 3 个区域:气相区,液相区和固相区。在每个区中只有一相存在,由相律可知,其自由度为 2,表示在该区内温度和压力的变化不会产生新相。在 BA,BC 和 BD 3 条曲线上,两相平衡(共存),$P = 2$,故 $f = 1$。这表明为了维持两相平衡,温度和压力两个变量中只有一个可独立变化,另一个必须按曲线作相应改变。BA,BC 和 BD 3 条曲线交于 B 点,它是气、水、冰三相平衡点。根据相律,此时 $f = 0$,因此要保此三相共存,温度和压力都不能变动。

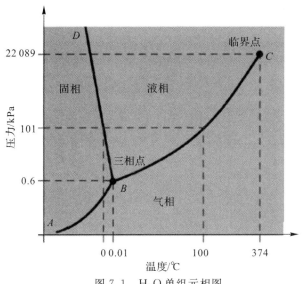

图 7.1　H_2O 单组元相图

如果外界压力保持恒定(例如一个标准大气压),那么单元系相图只要一个温度轴来表示,如水的情况。根据吉布斯相律,在气、水、冰的各单相区内($f = 1$)。温度可在一定范围内变动。在熔点和沸点处,两相共存,因 $f = 0$,故温度不能变动,即相变为恒温过程。

在单元系中,除了可以出现气、液、固三相之间的转变外,某些物质还可能出现固态中的同素异构转变。例如,图 7.2 是纯铁相图,其中高温和低温体心立方结构(bcc),两者点阵常数略有不同。除此之外,在不同的条件下,固态纯铁还有面心立方结构(fcc)和密排六方结构

（hcp）。图中三个相之间有两条晶型转变线把它们分开。

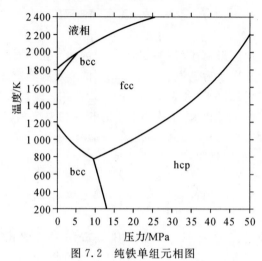

图 7.2　纯铁单组元相图

除了某些纯金属，如铁等具有同素异构转变之外，在某些化合物中也有类似的转变，称为同分异构转变或多晶型转变。由于化合物结构较金属复杂，更容易出现多晶型转变。如在硅酸盐材料中，用途最广用量最大的 SiO_2 在不同温度和压力下可有 4 种晶体结构的出现，如图 7.3 所示。

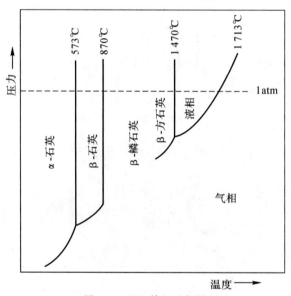

图 7.3　SiO_2 单组元相图

上述相图中的曲线所表示的两相平衡时的温度和压力的定量关系，可由克劳修斯（Clausius）-克拉伯龙（Clapeyron）方程决定，即

$$\frac{\mathrm{d}p}{\mathrm{d}T} = \frac{\Delta H}{T\Delta V_{\mathrm{m}}} \tag{7.4}$$

式中，ΔH —— 相变潜热；

ΔV_{m} —— 摩尔体积变化；

T —— 是两相平衡温度。

多数晶体由液相变为固相或高温固相变为低温固相时放热和收缩,即 $\Delta H < 0$ 和 $\Delta V_m < 0$,因此,$\dfrac{\mathrm{d}p}{\mathrm{d}T} > 0$,故相界线的斜率为正。但也有少数晶体凝固时或高温相变为低温相时,$\Delta H < 0$,而 $\Delta V_m > 0$,得 $\dfrac{\mathrm{d}p}{\mathrm{d}T} < 0$,则相界线的斜率为负。对于固态中的同素(分)异构转变,由于 ΔV_m 通常很小,所以固相线通常几乎是垂直的。

上述讨论的是平衡相之间的转变图,但有些物质的相之间达到平衡有时需要很长时间,稳定相形成速度甚慢,因而会在稳定相形成前,先形成自由能较稳定相高的亚稳相,这称为奥斯特瓦尔德(Ostwald)阶段。

7.3 二 元 相 图

在实际工业中,广泛使用的不是前述的单组元材料,而是由二组元及更多组元组成的多元系材料。多组元的加入,使材料的凝固过程和凝固产物趋于复杂,这为材料性能的多变性及其选择提供了多种组合。在多元系中,二元系是最基本的,也是目前研究最充分的体系。二元系相图是研究二元体系在热力学平衡条件下,相与温度、成分之间关系的有力工具,它已在金属、陶瓷,以及高分子材料中得到广泛的应用。由于金属合金熔液黏度小,易流动,常可直接凝固成所需的零部件,或者把合金熔液浇注成锭子,然后开坯,再通过热加工或冷加工等工序制成产品。而陶瓷熔液黏度高,流动性差,所以陶瓷产品较少是由熔液直接凝固而成的,通常由粉末烧结制得。本节将简单描述二元相图的表示和测定方法,重点对不同类型的相图特点进行分析。

7.3.1 二元相图的表示和测定方法

二元系比单元系多一个组元,它有成分的变化。若同时考虑成分、温度和压力,则二元相图必为三维立体相图。鉴于三坐标立体图的复杂性和研究中体系处于一个大气压的状态下,因此,二元相图仅考虑体系在成分和温度两个变量下的热力学平衡状态。二元相图的横坐标表示成分,纵坐标表示温度。如果体系由 A,B 两组元构成,横坐标一端为纯组元 A,另一端表示纯组元 B,那么体系中任意两组元不同配比的成分均可在横坐标上找到相应的点。

二元相图中的成分按现在国家标准有两种表示方法:质量分数(w)和摩尔分数(x)。若 A,B 组元为单质,两者换算关系如下:

$$w(A) = \frac{A_A\, x_A}{A_A\, x_A + A_B\, x_B} \tag{7.5a}$$

$$w(B) = \frac{A_B\, x_B}{A_A\, x_A + A_B\, x_B} \tag{7.5b}$$

$$x_A = \frac{w(A) / A_A}{w(A) / A_A + w(B) / A_B} \tag{7.6a}$$

$$x_B = \frac{w(B) / A_B}{w(A) / A_A + w(B) / A_B} \tag{7.6b}$$

式中,$w(A)$,$w(B)$ ——A,B 组元的质量分数;

　　A_A,A_B　　—— 组元 A,B 的相对原子质量;

　　x_A,x_B　　—— 组元 A,B 的摩尔分数,并且 $w(A) + w(B) = 1$(或 100%),$x_A + x_B = 1$(或

100％）。

若二元相图中的组元 A 和 B 为化合物，则以组元 A（或 B）化合物的相对分子质量 M_A（或 M_B）取代上式中组元 A（或 B）的相对原子质量 A_A（或 A_B），以组元 A（或 B）化合物的分子质量分数来表示上式中对应组元的原子质量分数，即可得到化合物的摩尔分数表达式。这种摩尔分数表达方式在陶瓷二元相图较普遍使用。

本教材中二元相图的成分，若未给出具体的说明，均以质量分数表示。

二元相图是根据各种成分材料的临界点绘制的，临界点表示物质结构状态发生本质变化的相变点。测定材料临界点有动态法和静态法两种方法，如前者有热分析、膨胀法、电阻法等，后者有金相法、X 射线结构分析等。相图的精确测定必须由多种方法配合使用。下面介绍用热分析测量临界点来绘制二元相图的过程。图 7.4 为热分析法示意图，通过热分析法可获得冷却曲线。

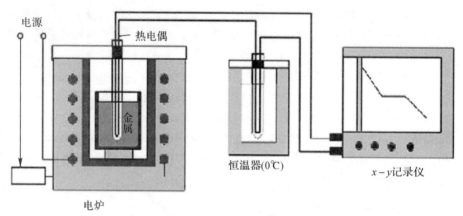

图 7.4　热分析法示意图

现以 Cu-Ni 二元合金为例。先配制一系列含 Ni 量不同的 Cu-Ni 合金，测出它们从液态到室温的冷却曲线，得到各临界点。图 7.5(a) 给出纯 Cu，$w(Ni)$ 为 30％，50％，70％ 的 Cu-Ni 合金及纯 Ni 的冷却曲线。由图可见，纯组元 Cu 和 Ni 的冷却曲线相似，都有一个水平台，表示其凝固在恒温下进行。凝固温度分别为 1 083℃ 和 1 452℃。其他 3 条二元合金曲线不出现水平台，而为二次转折，温度较高的转折点（临界点）表示凝固的开始温度，而温度较低的转折点对应凝固的终结温度。这说明 3 个合金的凝固与纯金属不同，是在一定温度范围内进行的。将这些与临界点对应的温度和成分分别标在二元相图的纵坐标和横坐标上，每个临界点在二元相图中对应一个点，再将凝固的开始温度点和终结温度点分别连接起来，就得到如图 7.5(b) 所示的 Cu-Ni 二元相图。由凝固开始温度连接起来的相界线称为液相线，由凝固终结温度连接起来的相界线称为固相线。为了精确测定相变的临界点，用热分析法测定时必须非常缓慢冷却，以达到热力学的平衡条件，一般冷却速度控制在 0.5～0.15℃/min 之内。

相图中由相界线划分出来的区域称为相区，表明在此范围内存在的平衡相类型和数目。在二元相图中有单相区和两相区。根据相律可知，在单相区内，$f=2-1+1=2$，说明合金在此相区范围内，可独立改变温度和成分而保持原状态。若在两相区内，$f=1$，这说明温度和成分中只有一个独立变量，即在此相区内任意改变温度，则成分随之而变，不能独立变化，反之亦然。若在合金中有三相共存，则 $f=0$，说明此时三个平衡相的成分和温度都固定不变，属恒温转变，故在相图上表示为水平线，称为三相水平线。如陶瓷材料中 Al_2O_3-ZrO_2 二元相图中的水平线(见图 7.6),它表示了 $w(Zr)=42.6\%$ 的液相在 1 710℃ 同时结晶出 Al_2O_3 固相和 ZrO_2 固相,三相在此温度共存。由相律可知,二元系最多只能三相共存。

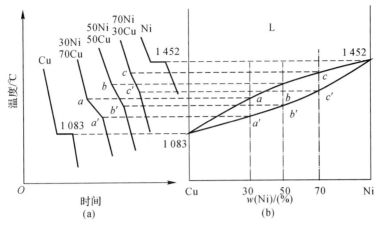

图 7.5 热分析法建立的 Cu - Ni 二元合金系相图

(a)冷却曲线;(b) 相图

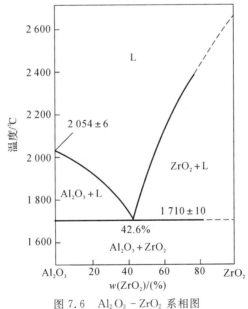

图 7.6 Al_2O_3 - ZrO_2 系相图

7.3.2 二元相图的几何规律

根据热力学的基本原理,可导出相图应遵循的一些几何规律,由此能帮助我们理解相图的构成,并判断所测定的相图可能出现的错误。

(1)相图中所有的线条都代表发生相转变的温度和平衡相的成分,所以相界线是相平衡的体现,平衡相成分必须沿着相界线随温度变化。

(2)两个单相区之间必定有一个由该两相组成的两相区把它们分开,而不能以一条线接界。两个两相区必须以单相或三相水平线隔开。也就是说,在二元相图中,相邻相区的相数差为 1(点接触情况除外),这个规则称为相区接触法则。

— 133 —

（3）二元相图中的三相平衡必为一条水平线，表示恒温反应。在这条水平线上存在 3 个表示平衡相的成分点，其中两点应在水平线的两端，另一点在端点之间。水平线的上下方分别与 3 个两相区相接。

（4）当两相区与单相区的分界线与三相等温线相交，则分界线的延长线应进入另一两相区内，而不会进入单相区内。

7.3.3 基本二元相图分析

为了分析基本二元相图，需知晓混合物的自由能和杠杆法则。

设由 A，B 两组元所形成的 α 和 β 两相，它们物质的量（mol）和摩尔吉布斯自由能分别为 n_1，n_2 和 G_{m1}，G_{m2}。又设 α 和 β 两相中含 B 组元的摩尔分数分别为 x_1 和 x_2，则混合物中 B 组元的摩尔分数为

$$x = \frac{n_1 x_1 + n_2 x_2}{n_1 + n_2} \tag{7.7}$$

混合物的摩尔吉布斯自由能为

$$G_m = \frac{n_1 G_{m1} + n_2 G_{m2}}{n_1 + n_2} \tag{7.8}$$

由上述两个公式可以得到

$$\frac{G_m - G_{m1}}{x - x_1} = \frac{G_{m2} - G_m}{x_2 - x} \tag{7.9}$$

式（7.9）表明，混合物的摩尔吉布斯自由能 G_m 应和两组成相 α 和 β 的摩尔吉布斯自由能 G_{m1} 和 G_{m2} 在同一直线上，并且 x 位于 x_1 和 x_2 之间。该直线即为 α 相和 β 相平衡时的共切线，如图 7.7 所示。

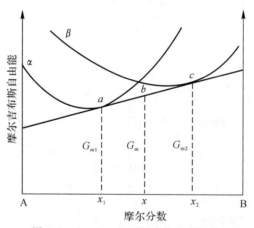

图 7.7 A－B 二组元混合物的自由能

当二元系的成分 $x \leqslant x_1$ 时，α 固溶体的摩尔吉布斯自由能低于 β 固溶体，故 α 相为稳定相，即体系处于单相 α 状态。当 $x \geqslant x_2$ 时，β 相的摩尔吉布斯自由能低于 α 相，则体系处于单相 β 状态。当 $x_1 < x < x_2$ 时，共切线上表示混合物的摩尔吉布斯自由能低于 α 相或 β 相的摩尔吉布斯自由能，故 α 和 β 两相混合（共存）时体系能量最低。两平衡相共存时，多相的成分是切点所对应的成分 x_1 和 x_2，即固定不变。此时，可导出

$$\frac{n_1}{n_1 + n_2} = \frac{x_2 - x}{x_2 - x_1} \tag{7.10a}$$

$$\frac{n_2}{n_1 + n_2} = \frac{x - x_1}{x_2 - x_1} \tag{7.10b}$$

式(7.10)称为杠杆法则,在 α 和 β 两相共存时,可用杠杆法则求出两相的相对量,α 相的相对量为 $\frac{x_2 - x}{x_2 - x_1}$,β 相的相对量 $\frac{x - x_1}{x_2 - x_1}$。

本节以匀晶、共晶和包晶 3 种基本相图为主要研究对象,讨论这三种不同二元系相图的特征,为后续进行分析二元系在平衡凝固和非平衡凝固下的成分与组织的关系奠定基础。

1. 匀晶相图

由液相结晶出单相固溶体的过程称为匀晶转变,绝大多数的二元相图都包括匀晶转变部分。有些二元合金,如 Cu-Ni,Au-Ag,Au-Pt 等只发生匀晶转变。有些二元陶瓷如 NiO-CoO,CoO-MgO,NiO-MgO 等也只发生匀晶转变。在两个金属组元之间形成合金时,要能无限互溶必须服从以下条件:两者的晶体结构相同,原子尺寸相近,尺寸差小于 15%。另外,两者有相同的原子价和相似的电负性。这一适用于合金固溶体的规则,也基本适用于以离子晶体化合物为组元的固溶体形成,只是上述规则中以离子半径代替原子半径。例如,NiO 和 MgO 之间能无限互溶,正是因为两者的晶体结构都是 NaCl 型的,Ni^{2+} 和 Mg^{2+} 的离子半径分别为 0.069 nm 和 0.066 nm,十分接近,两者的原子价又相同。而 CaO 和 MgO 之间不能无限互溶。虽然两者晶体结构和原子价均相间,但 Ca^{2+} 的离子半径太大,为 0.099 nm。Cu-Ni 和 NiO-MgO 二元匀晶相图分别示于图 7.8 和图 7.9 中。

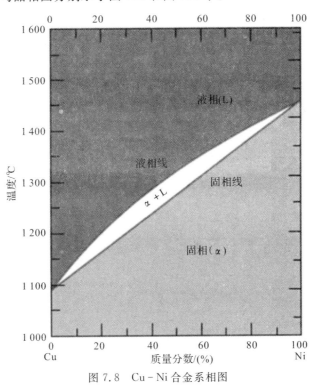

图 7.8　Cu-Ni 合金系相图

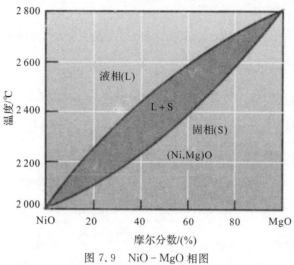

图 7.9　NiO - MgO 相图

匀晶相图还可有其他形式,如 Au - Cu,Fe - Co 等在相图上具有极小点,而在 Pb - Tl 等相图上具有极大点,两种类型相图分别如图 7.10 和 7.11 所示。对应于极大点和极小点的合金,由于液、固两相的成分相同,此时用来确定体系状态的变量数应少掉一个,于是自由度 $f = C - P + 1 = 1 - 2 + 1 = 0$,即恒温转变。

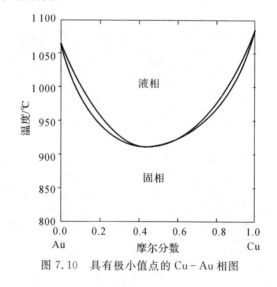

图 7.10　具有极小值点的 Cu - Au 相图

2. 共晶相图

组成共晶相图的两组元,在液态可无限互溶,而固态只能部分互溶,甚至完全不溶。两组元的混合使合金的熔点比各组元低,因此,液相线从两端纯组元向中间凹下,两条液相线的交点所对应的温度称为共晶温度。在该温度下,液相通过共晶凝固同时结晶出两个固相,这样两相的混合物称为共晶组织或共晶体。

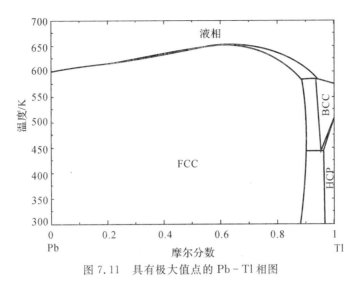

图 7.11　具有极大值点的 Pb‐Tl 相图

如图 7.12 所示的 Pb‐Sn 相图是一个典型的二元共晶相图。具有该类相图的合金还有 Al‐Si,Pb‐Sb,Ag‐Cu 等。共晶合金在铸造工业中是非常重要的,这是因为共晶合金有一些特殊的性质:①比纯组元熔点低,熔炼和铸造的操作比较容易;②共晶合金的熔体具有比较好的流动性,在凝固中不易形成阻碍液体流动的枝晶,从而改善合金的铸造性能;③恒温转变(无凝固温度范围)减少了铸造缺陷,例如偏聚和缩孔等;④共晶凝固可获得多种形态的显微组织,尤其是规则排列的层状或棒状共晶组织,可用于制备原位复合材料(in‐situ composite)。

在图 7.12 中,Pb 的熔点是 327℃,Sn 的熔点是 232℃。两条液相线交于 E 点,该共晶温度为 183℃。图中 α 是 Sn 溶于以 Pb 为基的固溶体,β 是 Pb 溶于以 Sn 为基的固溶体。液相线 $t_A E$ 和 $t_B E$ 分别表示 α 相和 β 相结晶的开始温度,而 $t_A M$ 和 $t_B N$ 分别表示 α 相和 β 相结晶的终结温度。MEN 水平线表示 L,α,β 三相共存的温度和各相的成分,该水平线称为共晶钱。共晶线显示出成分为 E 的液相 L 在该温度将同时结晶出成分为 M 的固相 α 和成分为 N 的固相 β,(α+β),两相混合组织称为共晶组织,该共晶反应可写成

$$L \rightarrow \alpha + \beta \tag{7.11}$$

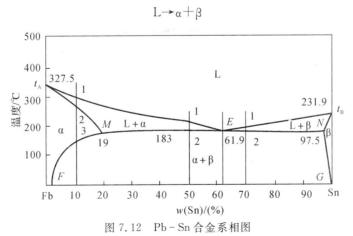

图 7.12　Pb‐Sn 合金系相图

根据相律,在二元系中,三相共存时,自由度为零,共晶转变是恒温转变,故是一条水平线。图中 MF 和 NG 线分别为 α 固溶体和 β 固溶体的饱和溶解度曲线,它们分别表示 α 和 β 固溶体的溶解度随温度降低而减少的变化。

在图 7.12 中,相平衡线把相图划分为 3 个单相区:L,α,β;3 个两相区:L+α,L+β,α+β;而 L 相区在共晶线上部的中间,α 相区和 β 相区分别位于共晶线的两端。

图 7.12 中 E 点所对应成分的合金称为共晶合金,相图中成分位于 ME 之间的合金称为亚共晶合金,而成分位于 EN 之间的合金称为过共晶合金。

3. 包晶相图

组成包晶相图的两组元,在液态可无限互溶,而固态只能部分互溶。在二元相图中,包晶转变就是已结晶的固相与剩余液相反应形成另一固相的恒温转变。具有包晶转变的二元合金有 Fe-C,Cu-Zn,Ag-Sn,Ag-Pt 等。如图 7.13 所示的 Pt-Ag 相图是具有包晶转变的相图中的典型代表。图中 ACB 是液相线,AP,DB 是固相线,PE 是 Ag 在 Pt 为基的 α 固溶体的溶解度曲线,DF 是 Pt 在 Ag 为基的 β 固溶体的溶解度曲线。水平线 PDC 是包晶转变线,成分在 PC 范围内的合金在该温度都将发生包晶转变:

$$L+α→β \tag{7.12}$$

包晶反应是恒温转变,图中 D 点称为包晶点。

在图 7.13 中,相平衡线把相图划分为 3 个单相区:L,α,β,α 相区和 β 相区分别位于包晶线的两端;3 个两相区:L+α,L+β,α+β。

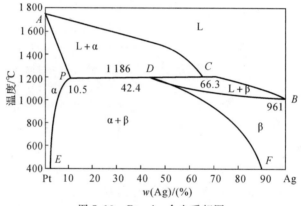

图 7.13 Pt-Ag 合金系相图

与共晶合金类似,图 7.13 中 D 点所对应的合金称为包晶合金,成分介于 PD 之间的合金称为亚包晶合金,而成分介于 DC 之间的合金称为过包晶合金。实际上,共晶合金相图中的亚共晶和过共晶及包晶合金相图中的亚包晶和过包晶的划分都是相对的,因为改变合金组元在相图中的位置,合金的名称就会发生相应的变化。

习　题

1. 请说明什么是吉布斯相律,有什么意义。
2. 请说明什么是匀晶、共晶和包晶反应。
3. 试着找出共晶和包晶相图的共同点。
4. 二元相图的几何规律是分析二元相图的重要工具,其主要内容是什么?

第 8 章 凝固基础与应用

一般而言，金属材料的成型方法主要有液态金属成型技术（如铸造）、固态金属成型技术（如锻造）、粉末冶金等方法。不论哪种方法金属材料在制备过程中至少要经历一次凝固过程，如锻造的毛坯件制备、金属粉末的制备等。由此可见，凝固过程在材料领域非常重要。如图 8.1 所示为铸造工艺制备的机械零件。本章主要介绍与凝固过程有关的基本知识。

图 8.1　铸造零件

物质有气态、液态和固态三种聚集状态。其中，气态又被称为非凝聚态，而液态和固态被称为凝聚态。物质由自身的液态转变为固态的过程就可以称为凝固过程。凝固和液态结晶过程有相同点，也有不同点。二者相同之处在于都是由液相转变为固相的过程。不同之处在于液相结晶过程的产物为晶体，而凝固过程的产物可以是晶体，也可以是非晶体。在金属材料的工程实际应用过程中，除非是制备非晶材料，绝大多数金属的凝固过程也可以称为结晶过程。如图 8.2 所示为液相结晶过程原子空间排列的变化情况，在结晶过程中，原子的空间排列由无序到有序转变。

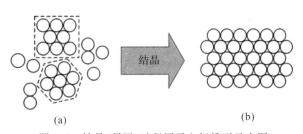

(a)　　　　　　　　　　　　　　　　(b)

图 8.2　结晶（凝固）过程原子空间排列示意图
(a)液相；(b)固相

8.1 凝固的热力学条件

热力学是分析凝固过程非常有用的工具。如前所述,凝固过程是由液相向固相的转变过程。对晶体结构在前面已经进行分析。下面首先简单介绍液相金属结构,然后分析凝固过程所需的热力学条件。

8.1.1 液态金属结构

凝固是指物质由液态转变为固态的过程。因此,了解金属凝固过程首先应了解液态金属的结构(见图8.3)。由X射线衍射对金属的径向分布密度函数的测定表明(见表8.1):液体金属中原子间的平均距离比固体中略大。此外,液体中原子的配位数比密排结构晶体的配位数减小,通常在8~11之间。上述两点均导致金属熔化时体积略微增加。但对非密排结构的晶体如Sb,Bi,Ga,Ge等,则液态时配位数反而增大,故熔化时体积略为收缩。除此以外,液态结构的最重要特征是原子排列为长程无序、短程有序,并且短程有序原子集团不是固定不变的,它是一种此消彼长、瞬息万变、尺寸不稳定的结构,这种现象称为结构起伏,这有别于晶体的长程有序的稳定结构。其中,液态金属的短程有序和结构起伏特征在熔体形核过程中起着非常重要的作用。

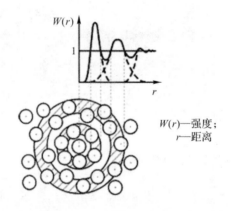

图8.3 液态金属结构的径向分布函数

表8.1 衍射法分析得到的金属液态和固态结构数据比较

金属	液态		固态	
	原子间距/nm	配位数	原子间距/nm	配位数
Al	0.296	10~11	0.286	12
Zn	0.294	11	0.265	6
			0.294	6
Cd	0.306	8	0.297	6
			0.330	6
Au	0.286	11	0.288	12

8.1.2　凝固过程所需的热力学条件

为了分析问题方便,我们从简单的单组元纯物质凝固过程的分析开始。材料的实际凝固,可以视为近似等压过程。晶体的凝固通常在常压下进行,从相律可知,在纯晶体凝固过程中,液固两相共存,自由度等于零,故温度不变。按热力学第二定律,在等温等压下,过程自发进行的方向是体系自由能降低的方向。自由能 G 用下式表示:

$$G = H - TS \tag{8.1}$$

式中, H——热力学焓;

　　T——绝对温度;

　　S——热力学熵。

根据热力学知识可推导得

$$dG = Vdp - SdT \tag{8.2}$$

在等压时, $dp=0$,故上式简化为

$$\frac{dG}{dT} = -S \tag{8.3}$$

由于熵 S 恒为正值,所以自由能随温度增高而减小。

纯晶体的液、固两相的自由能随温度变化规律如图 8.4 所示。由于晶体熔化破坏了晶态原子排列的长程有序,使原子空间几何配置的混乱程度增加,因而增加了组态熵。同时,原子振动振幅增大,振动熵也略有增加,这就导致液态熵 S_L 大于固态熵 S_S ,即液相的自由能随温度变化曲线的斜率较大。这样,两条斜率不同的曲线必然相交于一点,该点表示液、固两相的自由能相等,故两相处于平衡而共存,此温度即为理论凝固温度,也就是晶体的平衡熔点 T_m 。事实上,在此温度下两相共存,既不能完全结晶,也不能完全熔化,要发生结晶则体系必须降至低于 T_m 温度,而发生熔化则必须高于 T_m 。

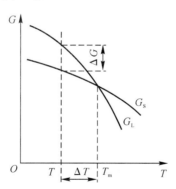

图 8.4　液相和固相自由能随温度的变化关系曲线

在一定温度下,从一相转变为另一相的自由能变化为

$$\Delta G = \Delta H - T\Delta S \tag{8.4}$$

令液相到固相转变的单位体积自由能变化为 ΔG_V ,则

$$\Delta G_V = G_S - G_L \tag{8.5}$$

式中, G_S —— 固相单位体积自由能;

　　G_L ——液相单位体积自由能。

由 $G = H - TS$,可得

$$\Delta G_V = (H_S - H_L) - T(S_S - S_L) \tag{8.6}$$

在恒压条件下

$$\Delta H_p = H_L - H_S = L_m \tag{8.7}$$

$$\Delta S_m = S_L - S_S = \frac{L_m}{T_m} \tag{8.8}$$

式中,L_m ——熔化热,表示固相转变为液相时,体系向环境吸热,定义为正值;

ΔS_m ——固体的熔化熵,它主要反映固体转变成液体时组态熵的增加,可从熔化热与熔点的比值求得。

前述公式整理有

$$\Delta G_V = -\frac{L_m \Delta T}{T_m} \tag{8.9}$$

式中,$\Delta T = T_m - T$,是熔点 T_m 与实际凝固温度 T 之差。由上式可知,要使 $\Delta G_V < 0$,必须使 $\Delta T > 0$,即 $T < T_m$,故 ΔT 称为过冷度。晶体凝固的热力学条件表明,实际凝固温度应低于熔点 T_m,即需要有过冷度。

结晶过冷度可以用前述的热分析法测量,所得曲线如图 8.5 所示。过冷度即为理论结晶温度平台(T_m)和实际结晶温度平台(T_n)之间的差值。

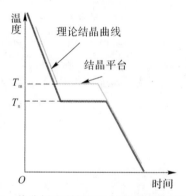

图 8.5　热分析法所得理论结晶和实际结晶冷却

注:粗实线为实际结晶冷却曲线,细实线为理论冷却曲线

前述内容为单组元(纯物质)凝固过程所需的热力学条件,且为必要条件。这表明,凝固过程一定有过冷度,但是熔体存在过冷现象不一定发生凝固过程。

为了分析问题方便,人为将凝固过程分为两个阶段:形核和长大(也称为生长)。这两个阶段没有明确的分界线,只是为了分析问题方便,人为划分的。

1. 形核

晶体的凝固是通过形核与长大两个过程进行的,即固相核心的形成与晶核生长至液相耗尽为止。形核方式可以分为两类:

均匀形核:新相晶核是在母相中均匀地生成的,即晶核由液相中的一些原子团直接形成,不受杂质粒子或外表面的影响,如图 8.6 所示。

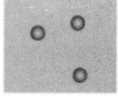

图 8.6　均匀形核示意图

非均匀(异质)形核:新相优先在母相中存在的异质处形核,即依附于固相中的杂质或外来表面形核。

(1)均匀形核。

1)晶核形成时的能量变化和临界晶核。晶体熔化后的液态结构从长程来说是无序的,而在短程范围内却是不稳定的,接近于有序的原子集团(尤其是温度接近熔点时)。由于液体中原子热运动较为强烈,在其平衡位置停留时间极短,故这种局部有序排列的原子集团此消彼长,即前述的结构起伏或称相起伏。当温度降到熔点以下,在液相中时聚时散的短程有序原子集团,就可能成为均匀形核的"胚芽"或称晶胚。其中的原子呈现晶态的规则排列,而其外层原子与液体中不规则排列的原子相接触而构成固-液界面。因此,当过冷液体中出现晶胚时,一方面由于在这个区域中原子由液态的聚集状态转变为晶态的排列状态,使体系内的自由能降低($\Delta G_V < 0$),这是相变的驱动力。另一方面,由于晶胚构成新的界面,又会引起自由能的增加,这构成相变的阻力。在液-固相变中,晶胚形成时的体积应变能可在液相中完全释放掉,故在凝固中不考虑这项阻力。但在固-固相变中,体积应变能这一项是不可忽略的。为了分析问题方便,假定晶胚为球形,半径为 r,当过冷液相中出现一个晶胚时,总的自由能变化 ΔG 应为

$$\Delta G = \frac{4}{3}\pi r^3 \Delta G_V + 4\pi r^2 \sigma \tag{8.10}$$

式中,σ 为比表面能,可用表面张力表示。需要注意的是,比表面能和比表面张力数值相等,量纲不同。

在一定温度下,ΔG_V 和 σ 是确定值,所以 ΔG 是 r 的函数。ΔG 随 r 变化的曲线如图 8.7 所示。由图可知,ΔG 在半径为 r^* 时达到最大值。当晶胚的 $r < r^*$ 时,则其长大将导致体系自由能的增加,故这种尺寸晶胚不稳定,难以长大,最终熔化而消失。当 $r \geqslant r^*$ 时,晶胚的长大使体系自由能降低,这些晶胚就成为稳定的晶核。因此,半径为 r^* 的晶核称为临界晶核,而 r^* 称为临界晶核半径。由此可见,在过冷液体($T < T_m$)中,不是所有晶胚都能成为稳定的晶核,只有达到临界晶核半径的晶胚时才能实现。临界半径 r^* 可通过求极值得到。

由 $\dfrac{\mathrm{d}\Delta G}{\mathrm{d}r} = 0$ 求得

$$r^* = -\frac{2\sigma}{\Delta G_V} \tag{8.11}$$

将式(8.11)代入式(8.10),得

$$r^* = \frac{2\sigma T_m}{\Delta T L_m} \tag{8.12}$$

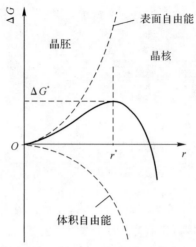

图 8.7　ΔG 随 r 的变化曲线示意图

由式(8.10)可知，ΔG_V 与过冷度相关。由于 σ 随温度的变化较小，可看作常数不随温度发生变化，所以由式(8.12)可知，临界半径由过冷度 ΔT 决定：过冷度越大，临界晶核半径 r^* 越小，则形核的概率增大，晶核的数目增多。当液相处于熔点 T_m 时，即 $\Delta T = 0$ ，由式(8.12)得 $r^* \rightarrow \infty$ ，故任何晶胚都不能成为晶核，凝固过程不能发生。由此再次印证了熔体凝固需要过冷度条件。

将式(8.11)代入式(8.10)，可得

$$\Delta G^* = \frac{16\pi\sigma^3}{3(\Delta G_V)^2} \tag{8.13}$$

再将(8.12)式代入上式，得

$$\Delta G^* = \frac{16\pi\sigma^3 T_m^2}{3(\Delta T L_m)^2} \tag{8.14}$$

式中，ΔG^* 为形成临界晶核所需的临界形核功，简称形核功，它与 $(\Delta T)^2$ 成反比，过冷度越大，所需的形核功越小。以临界晶核表面积

$$A^* = 4\pi(r^*)^2 = \frac{16\pi\sigma^2}{\Delta G_V^2} \tag{8.15}$$

由此可得

$$\Delta G^* = \frac{1}{3} A^* \sigma \tag{8.16}$$

由此可见，形成临界晶核时自由能仍是增高的（$\Delta G^* > 0$），其增值相当于其表面能的 1/3，即液、固之间的体积自由能差值只能补偿形成临界晶核表面所需能量的 2/3，不足的 1/3 则需依靠液相中存在的能量起伏来补充。能量起伏是指体系中每个微小体积所实际具有的能量会偏离体系平均能量水平而瞬时涨落的现象。

由以上的分析可以得出，液相必须处于一定的过冷条件时方能结晶，而液体中客观存在的结构起伏和能量起伏是促成均匀形核的必要因素。

2)形核率。形核率是指单位体积液体内在单位时间所形成的晶核数量。当温度低于 T_m 时，形核率主要受两个因素的控制，即形核功因子 $\exp\left(-\dfrac{\Delta G^*}{kT}\right)$ 和原子扩散概率因子 $\exp\left(-\dfrac{Q}{kT}\right)$ 。因此，形核率可以表示为

$$N = K\exp\left(-\frac{\Delta G^*}{kT}\right)\exp\left(-\frac{Q}{kT}\right) \tag{8.17}$$

式中，K —— 比例常数；

　　ΔG^* —— 形核功；

　　Q —— 原子越过液、固相界面的扩散激活能；

　　k —— 玻耳兹曼常数；

　　T —— 绝对温度。

　　形核率与过冷度之间的关系如图 8.8 所示。图 8.8 中出现峰值的原因在于在过冷度较小时，形核率主要受形核率因子控制。随着过冷度的增加，所需的临界形核半径将减小，因此形核率迅速增加，并达到最高值。随后随着过冷度继续增大时，尽管所需的临界晶核半径继续减小，但由于原子在较低温度下扩散变得困难，此时，形核率主要受扩散的概率因子所控制。也就是说，当形核率达到峰值后，随温度的降低，形核率将减小。

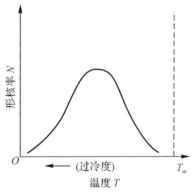

图 8.8　形核率与温度的关系

　　对于流动性好的熔体来说，形核率随温度下降至某值（以 T^* 表示）突然显著增大，此温度 T^* 可看作均匀形核的有效形核温度。随过冷度增加，形核率继续增大，未达图 8.8 中的最大值前，凝固已完毕。从多种流动性好的熔体的结晶实验研究结果（见表 8.2）表明，对大多数液体观察到均匀形核在相对过冷度 $\Delta T^* / T_m$ 为 $0.15 \sim 0.25$ 之间，其中 $\Delta T^* = T_m - T^*$，或者说有效形核过冷度 $\Delta T^* \approx 0.2 T_m$（$T_m$ 用绝对温度表示），如图 8.9 所示。

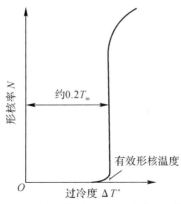

图 8.9　金属的形核率 N 与过冷度 ΔT 的关系

　　对于流动性比较差的熔体，均匀形核速率很小，以至于常常不存在有效形核温度。

表 8.2　实验形核温度

	T_m/K	T^*/K	$\Delta T^*/T_m$
Hg	234.3	176.3	0.247
Sn	505.7	400.7	0.208
Pb	600.7	520.7	0.133
Al	931.7	801.7	0.140
Ge	1231.7	1004.7	0.184
Ag	1233.7	1006.7	0.184
Au	1336	1106	0.172
Cu	1356	1120	0.174
Fe	1803	1508	0.164
Mo	2043	1673	0.181
三氟化硼	144.5	126.7	0.123
二氧化硫	197.6	164.6	0.167
CCl_4	250	200.2	0.202
H_2O	273.2	273.7	0.148
C_2H_5	278.4	208.2	0.252
LiF	1121	889	0.21
NaF	1265	984	0.22
NaCl	1074	905	0.16
KCl	1045	874	0.16
KBr	1013	845	0.17
KI	958	799	0.15
RbCl	988	832	0.16
CsCl	918	766	0.17
RbCl	988	832	0.16

注：T_m 为熔点；T^* 为液体可过冷的最低温度，$\Delta T^*/T_m$ 为折算温度单位的最大过冷度，注意 $\Delta T^*/T_m$ 接近常数。

表 8.3 为液态金属在均匀形核时的最大过冷度和比表面能。

表 8.3　液体金属的最大过冷度及其比表面能

金属	最大过冷度/K	比表面能 $\dfrac{}{10^{-3} J/m^2}$	金属	最大过冷度/K	比表面能 $\dfrac{}{10^{-3} J/m^2}$
Al	195	121	Au	230	132
Mn	308	206	Ga	76	56
Fe	295	204	Ge	227	181
Co	330	234	Sn	118	59
Ni	319	255	Sb	135	101
Cu	236	177	Hg	77	28
Pd	332	209	Bi	90	54
Ag	227	126	Pb	80	33
Pt	370	240			

（2）非均匀形核。除非在特殊的试验室条件下，液态金属中不会出现均匀形核。如前所述，液态金属或易流动的化合物均匀形核所需的过冷度很大，约为 $0.2\,T_m$。例如，纯铁均匀形核时的过冷度达 $295\,℃$。通常情况下，金属凝固形核的过冷度一般不超过 $20\,℃$，其原因在于非均匀形核，即由于外界因素，如杂质颗粒或铸型内壁等促进了结晶晶核的形成。依附于这些已存在的表面可使形核界面能降低，因而形核可在较小过冷度下发生。

设一晶核 α 在型壁平面 W 上形成，如图 8.10(a) 所示，并且 α 是因球（半径为 r）被 W 平面所截的球冠，故其顶视图为圆，令其半径为 R。

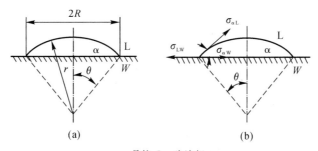

α—晶核；L—为液相

图 8.10　非均匀形核示意图

类似于均质形核的分析，可以得到异质形核的自由能变化为

$$\Delta G = \left(\frac{4}{3}\pi\,r^3\,\Delta G_V + 4\pi\,r^2\sigma\right)\left(\frac{2-3\cos\theta+\cos^3\theta}{4}\right) \tag{8.18}$$

式中，θ 为接触角，如图 8.10(b) 所示。

如果令 $f(\theta)=\dfrac{2-3\cos\theta+\cos^3\theta}{4}$，与均匀形核的自由能变化相比较，可看出两者仅差与 θ 相关的系数项 $f(\theta)$。由于对一定的体系 θ 为定值，故从 $\dfrac{\mathrm{d}G}{\mathrm{d}r}=0$ 可求出非均匀形核时的临界晶核半径 r^*：

$$r^* = -\frac{2\sigma}{\Delta G_V} \tag{8.19}$$

由此可见，非均匀形核时，临界球冠的曲率半径与均匀形核时临界球形晶核的半径公式相同。由此得到非均匀形核的形核功为

$$\Delta G^* = \frac{16\pi\,\sigma^3}{3\,(\Delta G_V)^2}f(\theta) \tag{8.20}$$

从图 8.10(b) 可以看出，θ 在 $0\sim180°$ 之间变化。当 $\theta=180°$ 时，非均匀形核的形核功等于均匀形核的形功。此时，液相中的基底对液相形核不起作用。当 $\theta=0°$ 时，则 $\Delta G^*=0$，非均匀形核不需要形核功，即为完全润湿的情况。除上述两种极端情况外，$0°<\theta<180°$，故 $f(\theta)$ 必然小于 1，则异质形核的形核功小于均质形核，因此，过冷度较均匀形核时小。

图 8.11 示意地表明非均匀形核与均匀形核之间的差异。由该图可知，最主要的差异在于其形核功小于均匀形核的形核功，因而非均匀形核在约为 $0.02\,T_m$ 的过冷度时，形核率已达到最大值。另外，非均匀形核率由低向高的过渡较为平缓。达到最大值后，结晶并未结束，形核率下降至凝固完毕。这是因为非均匀形核需要合适的基底，随新相晶核的增多而减少，在基底减少到一定程度时，将使形核率降低。

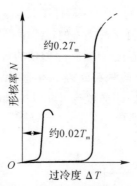

图 8.11　均匀形核率和非均匀形核率随过冷度变化的对比(示意图)

　　在杂质和基底上形核可减少单位体积的表面能,因而使临界晶核的原子数较均匀形核少。仍以铜为例,计算其非均匀形核时临界晶核中的原子数。球冠体积为

$$V_c = \frac{\pi h^2}{3}(3r - h) \tag{8.21}$$

式中,h 为球冠高度,假定取为 $0.2r$,而 r 为球冠的曲率半径,取铜的均匀形核临界半径 r^*。用前述的方法可得 $V_c = 2.284 \times 10^{-28}$ m^3,而 $V_c/V_L \approx 5$(V_L 为单个晶胞的体积),最终每个临界晶核约有 20 个原子。由此可见,非均匀形核中临界晶核所需的原子数远小均匀形核时的原子数,因此,可在较小的过冷度下形核。

　　2. 晶体长大

　　形核之后,晶体长大,其涉及长大的形态、长大方式和长大速率。晶体的长大形态常反映出凝固后晶体的性质,长大方式决定了长大速率,也就是决定结晶动力学的重要因素。晶体的长大形态与固-液也界面的结构有关。

　　(1)固-液界面结构。晶体凝固后呈现不同的形状,如水杨酸苯酯呈现一定晶形长大,由于它的晶边(界面)呈小平面,称为小平面形状,也被称为小面相,如图 8.12 所示。硅、锗等晶体也属此类型。而环己烷长成树枝形状,如图 8.13 所示。大多金属晶体生长形态都属此类型,它的界面不具有一定的晶形,称非小平面形状,也称为非小面相。

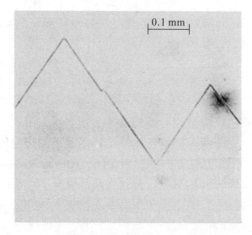

图 8.12　透明水杨酸苯酯晶体的小面形态(×60)

　　经典理论认为,晶体长大的形态与液-固两相的界面结构有关。晶体的长大是通过液体中

单原子或若干个原子同时依附到晶体的表面上,并按照晶面原子排列的要求与晶体表面原子结合起来。在原子尺度上,根据界面结构特点的不同,把相界面结构分为粗糙界面和光滑界面两类,如图 8.14 所示。

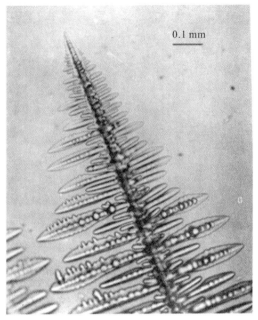

图 8.13　透明环己烷凝固成树枝形晶体(×60)

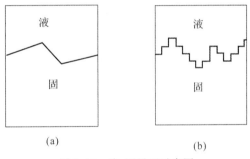

(a)　　　　　　　　　　(b)

图 8.14　液-固界面示意图

(a)光滑界面;(b)粗糙界面

　　如图 8.14(a)所示,在光滑界面以上为液相,以下为固相,固相的表面为基本完整的原子密排面,液、固两相截然分开,所以从微观上看是光滑的,但宏观上它往往由不同位向的小平面所组成,故呈折线状,这类界面也称小平面界面。

　　所谓粗糙界面,如图 8.14(b)所示,可以认为在固、液两相之间的界面从微观来看是高低不平的,存在几个原子层厚度的过渡层,在过渡层中约有半数的位置为固相原子所占据。但由于过渡层很薄,因此从宏观来看,界面显得平直,不出现曲折的小平面。

　　这也就是说,微观光滑界面宏观为粗超面,而微观粗超界面宏观却是光滑的。

　　杰克逊(K. A. Jackson)提出决定粗糙及光滑界面的定量模型。他假设液-固两相在界面处于局部平衡,故界面构造应是界面能最低的形式。如果有 n 个原子随机地沉积到具有 N 个原子位置的固-液界面时,则界面自由能的相对变化 ΔF_s 可由下式表示:

$$\frac{\Delta F_s}{NkT_m} = \alpha x(1-x) + x\ln x + (1-x)\ln(1-x) \qquad (8.22)$$

式中,k ——玻耳兹曼常数;

T_m ——熔点;

x ——界面上被固相原子占据位置的分数;

$\alpha = \frac{\xi L_m}{k T_m}$,其中 L_m 为熔化热,$\xi = \frac{\eta}{\nu}$,η 是界面原子的平均配位数,ν 是晶体配位数,ξ 恒小于1。

按 $\frac{\Delta F_s}{NkT_m}$ 与 x 的关系作图,并改变 α 值,得到一系列曲线,如图 8.15 所示。由此得到如下结论:

对于 $\alpha < 2$ 的曲线,在 $x = 0.5$ 处界面能具有极小值,即界面的平衡结构应是约有一半的原子被固相原子占据而另一半位置空着,这时界面为微观粗糙界面。

当 $\alpha > 2$ 时,曲线有两个最小值,分别位于 x 接近 0 处和接近 1 处,说明界面的平衡结构应是只有少数几个原子位置被占据,或者极大部分原子位置都被固相原子占据,即界面基本上为完整的平面,这时界面是光滑界面。

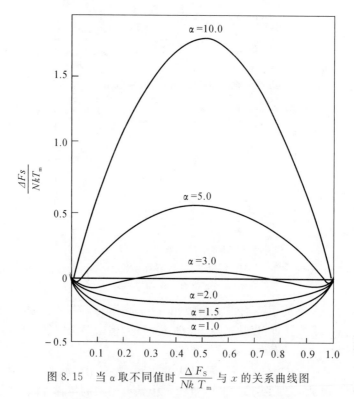

图 8.15　当 α 取不同值时 $\frac{\Delta F_s}{NkT_m}$ 与 x 的关系曲线图

对于金属和某些低熔化熵的有机化合物,当 $\alpha \leqslant 2$ 时,其液-固界面为粗糙界面。多数无机化合物,以及亚金属铋、锑、镓、砷和半导体锗、硅等,当 $\alpha \geqslant 2$ 时,其液-固界面为光滑界面。以上的预测不适用于高分子,由于它们具有长链分子结构的特点,其固相结构不同于上述的原子模型。

根据杰克逊模型进行的预测,已被一些透明物质的实验观察所证实。如图 8.16 所示的苯偶酰的凝固界面形态呈明显的小面相特点,其无量纲熔化熵为 $6(\alpha>2)$。此外,如图 8.17 所示为叔丁醇的凝固界面形态,其无量纲熔化熵为 3,也呈现小平面的特征,但其非小平面的特点没有苯偶酰的明显。这都与杰克逊的理论相符合。尽管如此,杰克逊理论并不完善,它没有考虑界面推移的动力学因素,故不能解释在非平衡温度凝固时过冷度对晶体形状的影响。例如磷在接近熔点凝固(1℃范围内),生长速率甚低时,液-固界面为小平面界面。但过冷度增大,生长速率快时,则为粗糙界面。尽管如此,此理论对认识凝固过程中影响界面形状的因素仍有重要要意义。

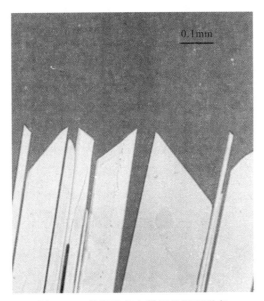

图 8.16　苯偶酰定向凝固的界面形态

图 8.17　叔丁醇定向凝固的界面形态

一般在材料领域中粗糙界面是指微观粗糙而宏观光滑的界面。大多数的金属或合金材料的凝固过程的液-固界面都属于该类型的界面。

在金属材料中很少见但在无机非金属材料或者亚金属类材料常见的光滑界面是指微观光滑而宏观粗糙的界面。

(2)晶体长大方式和生长速度。晶体的长大方式与上述的界面结构有关,可有连续长大、二维形核、藉螺型位错生长等方式。

1)连续长大。对于粗糙界面,由于界面上约有一半的原子位置空着,故液相的原子可以进入这些位置与晶体结合起来,晶体便连续地向液相中生长,故这种生长方式为垂直生长。一般情况,当动态过冷度 ΔT_K(液-固界面向液相移动时所需的过冷度,称为动态过冷度)增大时,平均生长线速率初始是线性增大,如图 8.18(a)所示。对于大多数金属来说,由于动态过冷度很小,因此其平均生长速率与过冷度成正比,即

$$v_g = u_1 \Delta T_K \tag{8.23}$$

式中,u_1 为比例常数,由给定的材料而定。研究结果表明 u_1 约为 10^{-2} m/(s·K),故在较小的过冷度下,即可获得较大的生长速率。但对于无机化合物如氧化物,以及有机化合物等黏性材料,随过冷度增大到一定程度,生长速率达到极大值后开始下降,如图 8.18(b)所示。凝固时生长速率还受释放潜热的传导速率所控制,由于粗糙界面的物质结晶潜热较小,所以生长速率较高。

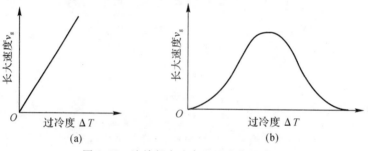

图 8.18　连续长大速率和过冷度的关系

2)二维形核。二维晶核是指一定大小的单分子或单原子的平面薄层。若界面为光滑界面,二维晶核在相界面上形成后,液相原子沿着二维晶核侧边所形成的台阶不断地附着上去,使此薄层很快扩展而铺满整个表面(见图 8.19),这时生长中断,需在此界面上再形成二维晶核,又很快地长满一层,如此反复进行。因此晶核生长随时间是不连续的,平均生长速率由下式决定:

$$v_g = u_2 \exp\left(-\frac{b}{\Delta T_K}\right) \tag{8.24}$$

式中,u_2 和 b 均为常数。当 ΔT_K 很小时,v_g 非常小,这是因为二维晶核心形核功较大。二维晶核亦需达到一定临界尺寸后才能进一步扩展。故这种生长方式实际上甚少见到。

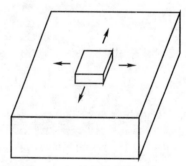

图 8.19　二维晶核机制示意图

3)藉螺型位错生长。若光滑界面上存在螺型位错时,垂直于位错线的表面呈现螺旋形的台阶,且不会消失。因为原子很容易填充台阶,而当一个面的台阶被原子进入后,又出现螺旋型的台阶。在最接近位错处,只需要加入少量原子就完成一周生长,而离位错较远处需较多的原子加入。这样就使晶体表团呈现由螺旋形台阶形成的蜷线。藉螺型位错生长的模型示于图8.20 中。这种方式的平均生长速率为

$$v_g = u_3 \Delta T_K^2 \tag{8.25}$$

式中,u_3 为比例常数。由于界面上所提供的缺陷有限,也即添加原子的位置有限,故生长速率小,即 $u_3 \ll u_1$。在一些非金属晶体上观察到藉螺型位错回旋生长的蜷线,表明了螺型位错生长机制是可行的。为此可利用一个位错形成单一螺旋台阶,生长出晶须,这种晶须除了中心核心部分外是完整的晶体,故具有许多特殊优越的机械性能,例如,很高的屈服强度。已经从多种材料中生长出晶须,包括氧化物、硫化物、碱金属、卤化物及许多金属。

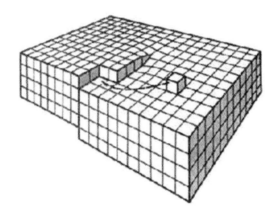

图 8.20　螺型位错台阶机制示意图

如图 8.21 所示为上述三种机制 v_g 与 ΔT_K 之间的关系。一般而言,粗糙界面材料在凝固过程中以垂直长大的方式进行生长,而光滑界面的材料通常以藉螺位错生长甚至是以二维晶核长大进行台阶式的生长。

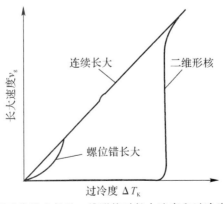

图 8.21　连续长大、藉螺型位错生长及二维形核时长大速率和过冷度之间的关系比较示意图

8.2 凝固组织的形态

晶体凝固时的生长形态不仅与液-固界面的微观结构有关,而且与界面前沿液相中的温度分布情况有关。在凝固过程中界面前沿温度分布有两种情况,即正温度梯度和负温度梯度,分别如图 8.22 和 8.23 所示。正的温度梯度指的是在液相中随着离开固-液界面距离的增大,液相温度随之升高的情况,即 $\dfrac{\mathrm{d}T}{\mathrm{d}z} > 0$。反之为负温度梯度(见图 8.23)。

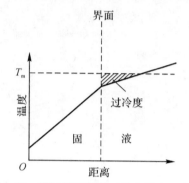

图 8.22　凝固界面前沿正温度梯度示意图

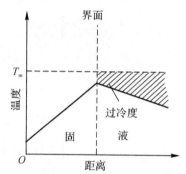

图 8.23　凝固界面前沿负温度梯度示意图

8.2.1　纯晶体凝固时的生长形态

1. 正温度梯度下凝固组织形态

在正温度梯度条件下,结晶潜热只能通过固相以热传导的方式散出,相界面的推移速度受固相传热速度所控制。晶体的生长以接近平面状向前推移。这是由于温度梯度是正的,当界面上偶尔形成凸起部分而伸入温度较高的液相中时,它的生长速度就会减小甚至停止,周围部分的过冷度较凸起部分大而会赶上来,使凸起部分消失,这种过程使液-固界面保持稳定的平面形态。但界面的形态随界面的性质仍有不同。

(1)小平面相生长形态。若是光滑界面结构(小平面相)的晶体,其生长形态是台阶状,组成台阶的平面(小平面)是晶体的一定晶面,如图 8.24 所示。固-液界面自左向右推移,虽与等温面平行,但小平面却与液相等温面呈一定的角度。

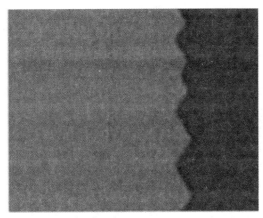

图 8.24　小平面相纯物质(Si)在正温度梯度条件下的界面形态

(2)粗糙界面生长形态。若是粗糙界面结构(非小平面相)的晶体,其生长形态是平面状,界面与液相等温面平行,如图 8.25 所示。

图 8.25　非小平面相纯物质在正温度梯度条件下的界面形态

2. 负温度梯度下凝固组织形态

当相界面处的温度由于结晶潜热的释放而升高,使液相处于过冷条件时,则可能产生负的温度梯度。在负温度梯度条件下,相界面上产生的结晶潜热即可通过固相也可通过液相而散失。相界面的推移不只由固相的传热速度所控制,在这种情况下,如果部分的相界面生长凸出到前面的液相中,则能处于温度更低(即过冷度更大)的液相中,使凸出部分的生长速度增大而进一步伸向液体中。在这种情况下液-固界面就不可能保持平面状而会形成许多伸向液体的分枝(沿一定晶向轴),同时在这些晶枝上又可能会长出二次晶枝,在二次晶枝再长出三次晶枝,如图 8.26 所示。晶体的这种生长方式称为树枝生长或树枝状结晶(树枝晶)。树枝状生长时,伸展的晶枝轴具有一定的晶体取向,这与其晶体结构类型有关,例如金属晶体中常见的三种晶体类型的优先生长方向分别为体心立方晶体为$\langle 100 \rangle$,面心立方晶体为$\langle 100 \rangle$,而密排六方晶体的优先生长方向为$\langle 10\bar{1}0 \rangle$。

树枝状生长在具有粗糙界面的物质(如金属)中表现最为显著,而对于具有光滑界面的物质来说,在负的温度梯度下虽也出现树枝状生长的倾向,但往往不甚明显。而某些 α 值大的物质则变化不多,仍保持其小平面特征,如图 8.27 所示为水杨酸苯酯在过冷熔体中的凝固形态。

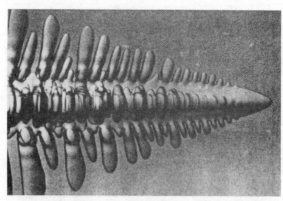

图 8.26　非小平面相纯物质(丁二腈)在负温度梯度条件下的界面形态

图 8.27　小平面相纯物质(水杨酸苯酯)在负温度梯度条件下的界面形态

8.2.2　二元合金凝固时的生长形态

在负温度梯度条件下,二元合金和纯晶体的凝固过程一样,通常形成枝晶组织。在常规凝固条件下小面相通常也会保持其小平面的特征。但在正温度梯度条件下,因合金元素的加入,二元合金和纯金属的凝固组织形态不同。

二元液态合金的凝固过程除了遵循纯金属结晶的一般规律外,由于二元合金中第二组元的加入,根据二元合金系的相图,溶质原子要在液、固两相中发生重新分配,这对合金的凝固方式和晶体的生长形态产生重要影响,而且会引起溶质元素宏观偏析和微观偏析。本节主要讨论二元合金在匀晶转变、共晶转变和包晶中的凝固基本知识。

1.正常凝固

合金凝固时,要发生溶质的重新分配,溶质重新分布的程度可用平衡分配系数 k_0 表示。k_0 定义为平衡凝固时固相的溶质质量分数 w_S 和液相溶质质量分数 w_L 之比,即

$$k_0 = \frac{w_S}{w_L} \tag{8.26}$$

图 8.28 是合金匀晶转变时的两种情况。图 8.28(a)是 $k_0 < 1$ 的情况,也就是随溶质增加,合金凝固的开始温度和终结温度降低。反之,随溶质的增加,合金凝固的开始温度和终结温度升高,此时 $k_0 > 1$。k_0 越接近1,表示该合金凝固时重新分布的溶质成分与原合金成分越

接近,即重新分布的程度越小。如果假定固相线和液相线为直线,则 k_0 为常数。

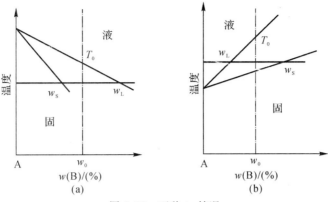

图 8.28　两种 k_0 情况

(a) $k_0 < 1$;(b) $k_0 > 1$

将成分为 w_0 的单相固溶体合金的熔体置于圆棒形锭子内由左向右进行定向凝固,如图 8.29(a)所示,在平衡凝固条件下,则在任何时间已凝固的固相成分是均匀的,其对应该温度下的固相线成分。凝固终结时的固相成分就变成 w_0 的原合金成分,如图 8.29(b)所示。

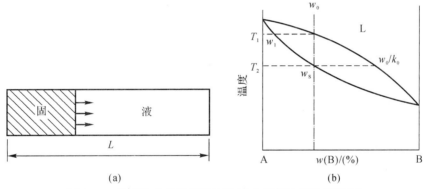

(a)　　　　　　　　　　　(b)

图 8.29　长度为 L 的圆棒形锭子(a)和平衡冷却示意图(b)

但在非平衡凝固时,已凝固的固相成分随着凝固的先后而变化,即随凝固距离 x 变化。为了计算固溶体非平衡凝固时的质量浓度 ρ_S,现做如下五个假设条件:

(1)液相成分任何时刻都是均匀的;

(2)液-固界面是平界面;

(3)液-固界面处维持着这种局部的平衡,即在界面处满足 k_0 为常数;

(4)固相内无扩散;

(5)固相和液相密度相同。

在上述假设条件下,根据物质守恒得到

$$\rho_S = \rho_0 \, k_0 \left(1 - \frac{x}{L}\right)^{k_0-1} \tag{8.27}$$

式(8.27)称为正常凝固方程,它表示了固相质量浓度随凝固距离的变化规律。

固溶体经正常凝固后整个锭子的质量浓度分布如图 8.30 所示($k_0 < 1$),这符合一般铸锭中浓度的分布,因此称为正常凝固。这种溶质浓度由铸锭表面向中心逐渐增加的不均匀分布称为正偏析,它是宏观偏析的一种,这种偏析通过扩散退火也难以消除。

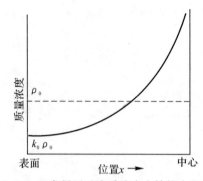

图 8.30　正常凝固后溶质浓度在铸锭内的分布

2.区域熔炼(区熔)

前述的正常凝固是把质量浓度为 ρ_0 的固溶体合金整体熔化后进行定向凝固,如果该合金通过由左向右的局部熔化,那么经过这种区域熔炼的固溶体合金,在和正常凝固方程一样假设条件下,其溶质浓度随距离 x 的变化经一次区域熔炼后,溶质质量浓度随凝固距离变化的数学表达式如下:

$$\rho_S = \rho_0 \left[1 - (1-k_0)e^{-\frac{k_0 x}{l}} \right] \qquad (8.28)$$

式中,l 为熔区的宽度。式(8.28)为区域熔炼方程,表示了经一次区域熔炼后随凝固距离变化的固溶体质量浓度。该式不能用于大于一次的区域熔炼后的溶质分布。因为经一次区域熔炼后,圆棒的成分不再是均匀的。该式也不能用于最后一个熔区的原因是最后熔区再前进的距离小于求解过程中所取的分析单元,与此同时,剩余熔料的长度小于熔区长度,不能获得该情况下的数学表达式。

实际上,多次区熔是材料尤其是金属材料提纯的方法之一。为此,需要了解多次区域熔炼($n>1$)的溶质分布情况。多次区熔定量方程已由不同研究人员给出,其复杂程度各异。图 8.31 是多次区域熔炼后溶质分布的示意图。由图可知,当 $k_0<1$ 时,凝固前端部分的溶质浓度不断降低,后端部分不断地富集,这使固溶体经区域熔炼后的前端部分因溶质减少而得到提纯,因此区域熔炼又称区域提纯。如图 8.32 所示为劳特(Lord)推导的结果。由图可知,当 $k_0 = 0.1$ 时,经 8 次提纯后,在 8 个熔区长度内的溶质比提纯前约降低了 $10^4 \sim 10^6$。目前很多纯材料由区域提纯来获得。如将半导体锗经区域提纯,可得到 10^7 个锗原子只含小于 1 个杂质原子,作为半导体整流器的元件。由此可见,区域提纯是应用固溶体凝固理论的一个突出成就。区域提纯装置示意图如图 8.33 所示。区域熔化通过固定的感应加热器来加热移动的圆棒来实现。多次区域提纯方法很简单,只要在图 8.33 示意的装置中,相隔一定距离平行地安上多个感应加热器,将需提纯的圆棒定向地慢慢水平移动即可。

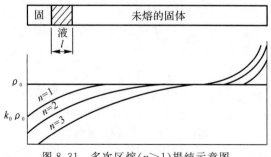

图 8.31　多次区熔($n>1$)提纯示意图

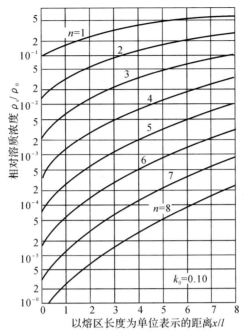

图 8.32　用 Lord 法计算的 $k_0 = 0.1$ 合金多次区熔溶质分布的结果

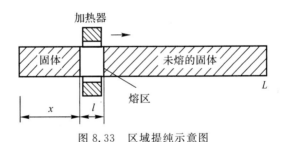

图 8.33　区域提纯示意图

　　从原理上说,正常凝固也能起到提纯的作用,由于正常凝固是把整个合金熔化,就会破坏前次提纯的效果,因此用正常凝固方法提纯固溶体远不如用区域熔炼方法。

　　3.合金单相凝固成分过冷

　　(1)成分过冷的概念。纯金属在凝固时,其理论凝固温度(T_m)不变,当液态金属中的实际温度低于 T_m 时,就引起过冷,这种过冷称为热过冷。在合金的凝固过程中,由于液相中溶质分布发生变化而改变了凝固温度,这可由相图中的液相线来确定,因此,将界面前沿液体中的实际温度低于由溶质分布所决定的凝固温度时产生的过冷,称为成分过冷。成分过冷能否产生及其程度取决于液-固界面前沿液体中的溶质浓度分布和实际温度分布这两个因素。

　　图 8.34 示意出 $k_0 < 1$ 时合金产生成分过冷的情况。图 8.34(a)为 $k_0 < 1$ 二元相图一部分,所选的合金成分为 w_0 。图 8.34(b)为液-固界面 ($z = 0$) 前沿液相的实际温度分布。图 8.34(c)为液体中完全不混合时液-固界面前沿溶质浓度的分布情况,其数学表达式可通过将边界条件: $z = 0$, $\rho_L = \dfrac{\rho_0}{k_0}$ 及 $z \to \infty$, $\rho_L = \rho_0$ 带入稳态扩散方程得到

$$\rho_L = \rho_0 \left[1 + \frac{1-k_0}{k_0} \exp\left(-\frac{Rz}{D}\right) \right] \quad (8.29)$$

两边同除以合金密度 ρ，可得

$$w_L = w_0 \left[1 + \frac{1-k_0}{k_0} \exp\left(-\frac{Rz}{D}\right) \right] \quad (8.30)$$

曲线上每一点溶质的质量分数 w_L 可直接在相图上找到所对应的凝固温度 T_L，这种凝固温度变化曲线如图 8.34(d)所示。然后，把图 8.34(b)的实际温度分布线叠加到图 8.34(d)上，就得到图 8.34(e)中阴影线所示的成分过冷区。

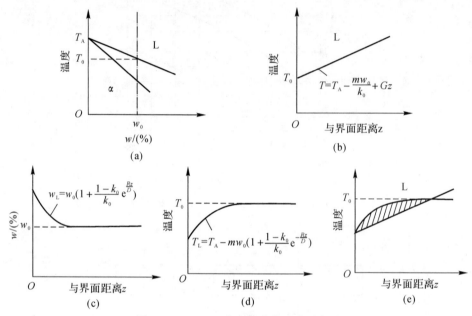

图 8.34 $k_0 < 1$ 合金的成分过冷示意图

(2)产生成分过冷的临界条件。在二元合金定向凝固条件下(单向生长)，假设 k_0 为常数，液相线为直线，固相无扩散，液相为有限扩散条件下得到成分过冷产生的临界条件为

$$G = \frac{Rmw_0}{D} \frac{1-k_0}{k_0} \quad (8.31)$$

式中，R —— 凝固速度；

　　　m —— 液相线斜率；

　　　D —— 溶质扩散系数；

　　　w_0 —— 合金初始成分。

因此，当满足

$$\frac{G}{R} < \frac{mw_0}{D} \frac{1-k_0}{k_0} \quad (8.32)$$

时，在凝固界面前沿就会产生成分过冷。式(8.31)可以整理为

$$\frac{G}{R} < \frac{\Delta T_0}{D} \quad (8.33)$$

式中，ΔT_0 为平衡结晶温度区间。

式(8.33)小于号的右边是反映合金性质的参数，其中平衡结晶温度区间可由相图确定。

而左边则是受外界条件控制的参数。从式(8.33)小于号右边的参数可知,随着溶质成分的增加,成分过冷倾向变大,所以溶质浓度降低,成分越发接近纯金属的合金不易产生成分过冷。当合金成分一定时,凝固温度范围越宽,这对应的 k_0 越小($k_0 < 1$ 时),液相线斜率 m 越大,越易产生成分过冷。另外,扩散系数 D 越小,边界层中溶质越易聚集,这有利于形成成分过冷。从外界条件看,实际温度梯度越小,对一定的合金和凝固速度,图 8.34(e)中的阴影线面积越大,成分过冷倾向增大。若凝固速度增大,则液体的混合程度减小,边界层的溶质聚集增大,这也有利于成分过冷。

(3)成分过冷对晶体生长形态的影响。前述的正常凝固和区域熔炼均要求液-固界面为平界面。为此,要求有很慢的凝固速度和很低的溶质浓度,一般要求溶质质量分数小于 1%。在实际的合金铸锭或铸件的生产过程中其凝固速度较大,一般大于 2.5×10^{-5} m/s,但铸锭或铸件的温度梯度不大,一般小于 300~500 ℃/m。根据不出现成分过冷的临界条件[式(8.32)]计算,若金属在液相线温度下的扩散系数取 D 取 10^{-9} m^2/s,液相线的斜率 $m>1$℃/w。如果凝固速度取 2.5×10^{-5} m/s,则对于 $k_0 = 0.1$,溶质质量分数 w 为 1% 的合金,则 G 约为 1.85×10^5 ℃/m。该值远大于铸锭或铸件实际凝固中的温度梯度,表明实际合金在通常的凝固中不可避免要出现成分过冷。当在液-固界面前沿有较小的成分过冷区时,平界面生长就被破坏。界面局部形成的凸起,它们进入成分过冷区后,由于过冷度稍有增加,促进了它们进一步凸向液相,但因成分过冷区较小,凸起部分不可能有较大伸展,使界面形成胞状组织。如果界面前沿的成分过冷度继续增大,则凸出部分就能继续伸向过冷液相中生长,同时在侧面产生分枝,形成二次轴,在二次轴上再长出三次轴等,这样就形成树枝状组织。在两种组织形态之间还存在过渡形态,即介于平面状与胞状之间的平面胞状晶,以及介于胞状与树枝晶之间的胞状树枝晶。其界面形态随凝固速度的增加示于图 8.35~图 8.37。图 8.35 所示为丁二腈-丙酮合金系凝固速度比较小时的平界面形态(无成分过冷)。随着凝固速度的增大,单位时间内界面前沿的溶质富集量增加出现较窄成分过冷区时,凝固界面呈胞晶形态。随着凝固速度的继续增大,界面前沿出现较宽成分过冷区时,晶体长成发达的枝晶形态。

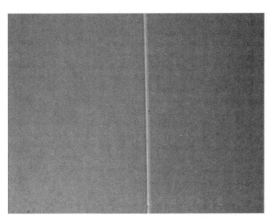

图 8.35　丁二腈-丙酮合金定向凝固平界面形态(无成分过冷)

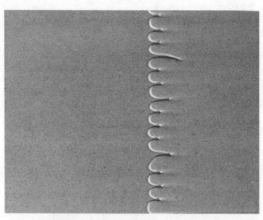

图 8.36   丁二腈-丙酮合金定向凝固平界面形态(成分过冷区较窄)

图 8.37   丁二腈-丙酮合金定向凝固平界面形态(成分过冷区较宽)

通过上述分析可知,由于成分过冷,合金在正温度梯度条件下凝固得到树枝状组织,而在纯金属凝固中,要得到树枝状组织必须在特殊获得的负温度梯度下。因此,成分过冷是合金凝固有别于纯金属凝固的主要特征。

4.二元共晶凝固

共晶凝固是一类非常重要的相变过程,很多材料的制备和加工过程都涉及共晶反应,如工业上重要的 Fe‐C 合金、Al‐Si 合金等。在航空工业中,共晶凝固也是制备高温材料的重要方法之一。

(1)二元共晶组织的分类。二元共晶组织由两个固相构成,其组织花样繁多,分类标准也不同。

根据共晶生长机制的不同,可以分为如下两种:

1)耦合共晶(cooperative eutectic):凝固过程中固液界面前沿液相中沿界面方向形成扩散偶,α 相和 β 相并排生长,如图 8.38(a)～(c)所示;

2)离异共晶(divorced eutectic):凝固过程中两个固相独立生长,固相生长时界面前沿液相溶质不存在耦合关系,生长过程中没有三相点,其典型的微观结构如图 8.38(d)所示。

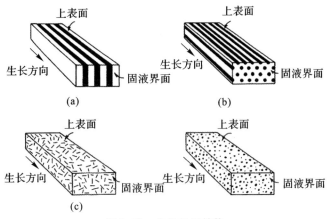

图 8.38 共晶组织结构

(a)层片共晶;(b)棒状共晶;(c)非规则共晶;(d)离异共晶

根据共晶组织的结构特点可以分为如下两种:

1)规则共晶:共晶两相在空间形成规则排列的共晶组织。规则共晶组织是共晶生长理论研究的出发点。一般而言,规则共晶组织与完全耦合生长的方式有关[见图 8.38(a)和(b)]。

2)非规则共晶:共晶两相在空间呈非规则排列。很多重要的工业合金属于该范畴,如 Al - Si、Fe - C 合金等[见图 8.38(c)]。通常,非规则共晶组织在生长过程中仍会呈现部分耦合的特点。

(2)二元共晶的特征尺度。共晶合金的性能取决于共晶合金凝固组织的特征尺度。为了分析问题方便,通常以规则二元共晶合金为研究对象对其特征尺度进行分析。以往大多数的二元共晶凝固理论研究中都假设共晶界面为等温界面并引用最小过冷度原理以单值确定共晶凝固过程中界面平均过冷度、凝固速度和共晶组织特征尺度之间的关系。如图 8.39 所示为 CBr_4 - C_2Cl_6 规则共晶组织,图中的 λ 即为规则共晶的特征尺度——层片间距。对于非规则共晶的特征尺度选择的分析也是建立在规则共晶组织分析基础之上的。

图 8.39 CBr_4 - C_2Cl_6 规则共晶组织结构

规则二元共晶稳态生长的经典理论是由 Jackson 和 Hunt 考虑扩散效应与界面能的共同作用建立起来的(以下简称为 JH 模型)。JH 模型在建立的过程中做了四点假设:

1)界面前沿的溶质扩散距离远大于层片间距,该假设使得扩散方程变为稳态的 Laplace

方程；

2）解 Laplace 方程时，假设 A－B 两组元构成的共晶界面为平面［（如图 8.40(a)所示，图中三相点处的成分近似为共晶成分，C_E］，但在计算曲率过冷度时考虑的是曲面［见图 8.40(b)］；

3）界面过冷度很小，所以界面处两个固相的成分与过冷度无关，其成分与平衡共晶温度相一致；

4）两个固相界面处的平均过冷度相等。

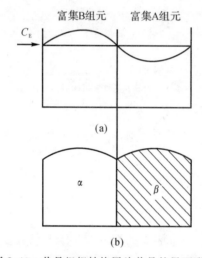

图 8.40　共晶组织结构层片共晶的界面形状

(a)计算浓度场假设界面为平界面，曲线表示 B 元素沿界面的分布状况；(b)计算曲率过冷时界面的形状

在做了如上假设之后，JH 模型得到了规则共晶界面平均过冷度、生长速度和共晶组织特征尺度之间的关系。对于层片共晶，其表达式如下：

$$\Delta T = Qv\lambda + \frac{a}{\lambda} \tag{8.34}$$

$$Q = \frac{m_\alpha\, m_\beta P\, (1+\xi)^2 \Delta C}{(m_\alpha + m_\beta)\xi D} \tag{8.35}$$

$$a = \frac{2\, m_\alpha\, m_\beta (1+\xi)}{m_\alpha + m_\beta}\left(\frac{a_\alpha}{m_\alpha} + \frac{a_\beta}{m_\beta}\right) \tag{8.36}$$

$$\xi = \frac{w_\beta}{w_\alpha} \tag{8.37}$$

$$a_\alpha = \left(\frac{T_E}{\Delta H}\right)_\alpha \sigma_\alpha \sin\theta_\alpha \tag{8.38a}$$

$$a_\beta = \left(\frac{T_E}{\Delta H}\right)_\beta \sigma_\beta \sin\theta_\beta \tag{8.38b}$$

$$P = \sum \left(\frac{1}{n\pi}\right)^3 \sin^2(n\pi w_\alpha) \tag{8.39}$$

式中，m_α 和 m_β ——α 相和 β 相液相线斜率，在上式中均为正值；

　　　　ΔC—— 混溶间隙；

σ_α 和 σ_β ——α 相和 β 相液-固界面界面能;

w_α 和 w_β ——α 相和 β 相的质量分数;

θ_α 和 θ_β ——α 相和 β 相在三相点处的接触角。

棒状共晶凝固界面前沿过冷度、凝固速度和棒状相间距之间的关系也可以用类似于层片共晶的解析方法进行处理。

无论是层片共晶还是棒状共晶,给定条件下层片(棒状相)间距和速度之间的关系式无法单独确定。为此,JH 模型引入了最小过冷度原理,得到

$$\lambda^2 v = 常数(\text{const}) \tag{8.40}$$

式(8.40)表明,给定的合金系在给定的凝固速度条件,规则共晶的特征尺度的平方与凝固速度的乘积为常数。

非规则共晶的特征尺度选择的分析处理方法与规则共晶相同,不同之处在于在特征尺度上引入了形状选择因子。

(3)共晶界面的稳定性。单相固溶体长大时,成分过冷对液-固平界面的稳定性能够给予很好的判据。当出现成分过冷时,这种平界面稳定性就被打破,取而代之的是胞晶组织。随着成分过冷的增加,界面形态可随胞状至树枝晶的不同而变化,这些都被实验证明。对于共晶合金,成分过冷理论对于两相长大时平直的液-固界面稳定性的分析,不如对单相固溶体生长那样理想。但成分过冷理论仍可解释某些情况下的共晶界面的稳定性。

1)不含杂质元素的二元共晶。当一个不含杂质元素二元共晶成分的熔液凝固时,由相图可知,若领先相 α 的结晶将排出多余 B 组元溶质,与之平衡的液相成分为共晶成分。而随后 β 相的结晶排出的 A 组元溶质,与之平衡的液相成分仍然是共晶成分。因此,不能在液-固相界面前沿的液相中产生溶质的聚集,所以也不能产生成分过冷。若有过冷度 ΔT 存在,在两相的液-固界面前沿就有溶质的聚集和贫化,这样就会产生成分过冷。对于金属-金属型(粗糙-粗糙)共晶,由于 ΔT 很小($<0.02℃$),不会产生明显的成分过冷,所以在正的温度梯度下,共晶凝固的平界面是稳定的,一般不会出现树枝晶。而对于金属-非金属(粗糙-光滑)型共晶,可能由于非金属生长的动态过冷度较大($1\sim2℃$),造成较大的溶质聚集,在较小的温度梯度下,由此产生明显的成分过冷,可能形成树枝晶。

2)含杂质的规则二元共晶。如果二元规则共晶含有杂质元素,在合金凝固过程中杂质元素在两个固相与液相之间将进行溶质再分配。如果杂质元素在两个固相和液相中的溶质分配系数都小于 1,杂质元素将在共晶液-固相界面前沿富集,从而导致成分过冷。如果杂质量较少,由此产生的成分过冷不大,可使平界面变为胞状,其生长方式与单相固溶体的长大方式相似,层片倾向于垂直于液-固界面生长,所以每个胞在横截面上可以容易地加以区别,如图8.41所示的含有杂质元素的 $CBr_4 - C_2Cl_6$ 共晶合金定向凝固组织。同图 8.36 相比较可知,含杂质元素的共晶合金形成了共晶胞状组织。虽然在每个共晶胞内仍然可以形成细小层片组织,但其特点和如图 8.39 所示的共晶组织明显不同。如果杂质足够多,就可能形成树枝晶,通常可发现树枝晶可由纯 α 相、纯 β 相或杂质相组成。

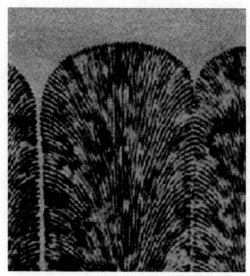

图 8.41　含杂质元素的 CBr_4 - C_2Cl_6 共晶合金定向凝固的组织

8.3　二元合金的凝固

8.3.1　固溶体的凝固

1. 固溶体平衡凝固

平衡凝固是指凝固过程中的每个阶段都能达到平衡态,即在相变过程中有充分时间进行组元间的扩散,以达到平衡相的成分,现以的 Cu - 30％Ni 合金(质量分数,见图 8.42)为例来描述平衡凝固过程。

合金熔体自高温液相冷却,当冷却到与液相线相交的 L_1 点(此时液相线温度 t_1 为 1 245 ℃)后开始结晶,固相的成分可由连结线 $L_1\alpha_1$ 与固相线的交点 α_1 给出。由此表明,成分为 L_1 的液相和成分为 α_1 的固相在此温度形成两相平衡。为了在液相内形成结晶核心,需要克服新形成的界面能。同时在合金系中形成晶核的成分与原合金的成分不同,存在一定的自由能差,所以需要有一定的过冷度。因此,合金需略低于 t_1 温度时才产生固相的形核和长大过程,此时结晶出来的固溶体成分与合金的初始成分相差较大。随着系统温度的继续降低,固相成分沿固相线变化,液相成分沿液相线变化。当冷却到 t_2 温度(约 1 220 ℃)时,由连结线 $L_2\alpha_2$(水平线)与液、固相线交点可知,液相成分为 L_2,而固相成分为 α_2。温度如果继续降低冷却到 t_3 温度(1210℃)时,此时固溶体的成分即为原合金成分[$w(Ni)$ 为 30％],它和最后微量熔体(成分为 L_3)形成平衡。当温度略低于 t_3 时,这最后微量熔体也结晶成固溶体。合金凝固完毕后,得到的是单相均匀固溶体。该合金整个凝固过程中的组织变化示于图 8.43 中。

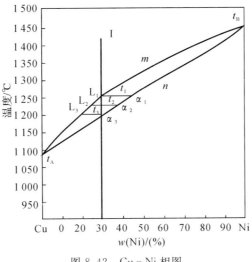

图 8.42　Cu‑Ni 相图

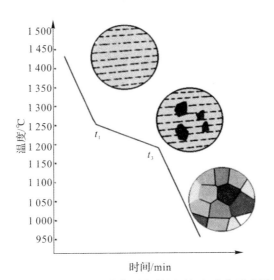

图 8.43　Cu‑Ni 固溶体平衡凝固时组织变化示意图

当温度为 t_2 时,合金处于液、固两相区中。此时,平衡条件下液相和固相两相的分数可由杠杆定理确定。

固溶体的凝固过程与纯金属一样,也包括形核与长大两个阶段,但由于合金中存在第二组元,其凝固过程较纯金属复杂。例如合金结晶出的固相成分与液态合金不同,所以形核时除需要能量起伏外还需要一定的成分起伏。另外,固溶体的凝固在一个温度区间内进行,这时液、固两相的成分随温度下降不断地发生变化,因此,这种凝固过程必然依赖于两组元原子的扩散。需要指出的是,在每一温度条件下,平衡凝固实质包括三个过程:液相内的扩散过程、固相的长大和固相内的扩散过程。现以上述合金从 $t_1 \sim t_2$ 温度的平衡凝固为例,由图 8.44 具体描述之。图中 L 和 S 分别表示液相和固相,而 w_L 和 w_S 分别表示在相界面上液、固两相的成分,这时建立起来的平衡成分是由 t_2 温度时液、固相线对应成分所决定的。z 表示与初始凝固端的距离。液相中结晶出固相后,固相周围的液相的含 Ni 就会降低为 w_L,而远离这部分固相的液相仍保持原来成分。液相中由于存在浓度梯度将引起组元的扩散,在扩散的同时,固相继续长大,这两个过程一直进行到所有液相的成分为液相线平衡成分为止。同时,新形成的固相与原来固相成分也不同,即固相中也存在浓度梯度,这也要引起扩散,只是在固相内原子扩散速率较液相内慢得多,要使固相成分均为 w_S,需要较长的时间。

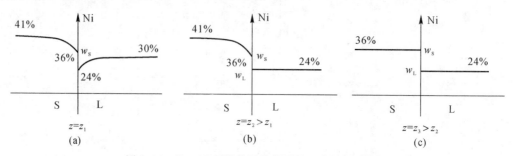

图 8.44　Cu-Ni 固溶体平衡凝固的三个过程示意图

在凝固时,每一个晶核形成一个晶粒,由于在每一温度下的扩散进行充分,晶粒内的成分是均匀的。因此,平衡凝固得到的固溶体显微组织和纯金属相间,除了晶界外,晶粒之间和晶粒内部的成分却是相同的。

2. 固溶体的非平衡凝固

固溶体的凝固依赖于组元的扩散,要达到平衡凝固,必须有足够的时间使扩散充分进行。但在工业生产中,合金熔体浇注后的冷却较快,在每一温度下不能保持足够的时间进行充分扩散。于是,熔体的凝固过程偏离平衡条件,这样的凝固过程称为非平衡凝固。

在非平衡凝固中,液、固两相的成分将偏离平衡相图中的液相线和固相线。由于固相内组元扩散较液相内组元扩散慢得多,故偏离固相线的程度就大得多,它成为非平衡凝固过程中的主要制约因素。图 8.45(a)是非平衡凝固时液、固两相成分变化的示意图。合金 I 在 t_1 温度时首先结晶出成分为 α_1 的固相,因其含铜量远低于合金的原始成分,故与之相邻的液相含铜量势必高于 L_1。随后冷却到 t_2 温度,固相的平衡成分应为 α_2,液相成分则改变至 L_2。但由于冷却较快,液相和固相,尤其是固相中的元素扩散不充分,其内部成分仍低于 α_2,甚至保留为 α_1,从而出现成分不均匀现象。此时,整个结晶固相的平均成分 α_2' 应在 α_1 和 α_3 之间,而整个液体的平均成分 L_2' 应在 L_1 和 L_2 之间。再继续冷却到 t_3 温度,结晶后的固体平衡成分应变为 α_3,液相成分变为 L_3,同样因扩散不充分而达不到平衡凝固成分,固相的实际成分为 α_1,α_2 和 α_2 的平均值 α_3'。液相的实际成分则是 L_1,L_2 和 L_3 的平均成分 L_3'。合金冷却到 t_4 温度才凝固结束。此时固相的平均成分从 α_3' 变到 α_4',即原合金的成分。把每一温度下的固相和液相的平均成分点连接起来,则分别得到图 8.45(a)中的虚线 $\alpha_1\alpha_2'\alpha_3'\alpha_4'$ 和 $L_1L_2'L_3'L_4'$,分别称为固相平均成分线和液相平均成分线。液、固两相的成分及组织变化如图 8.45(b)所示。

从上述对非平衡凝固过程的分析得到如下结论:

固相平均成分线和液相平均成分线与固相线和液相线不同,它们和冷却速度有关。冷却速度越快,它们偏离固、液相线越严重。反之,冷却速度越慢,它们越接近固、液相线,表明冷却速度越接近平衡冷却条件。如果冷却速度足够快,固相和液相的元素都来不及充分扩散就可以发生无偏析凝固。在极端冷却条件下,甚至可以得到非晶态凝固产物。

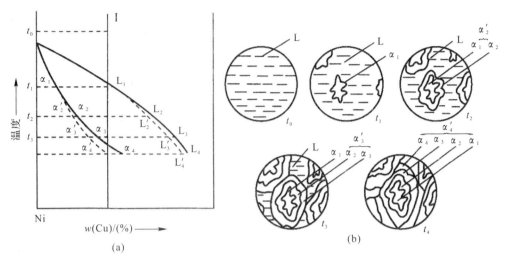

图 8.45　Cu-Ni 固溶体在不平衡凝固时液、固两相的成分变化及组织变化示意图

先结晶部分总是富高熔点组元(Ni)，后结晶的部分是富低熔点组元(Cu)。

非平衡凝固总是导致凝固终结温度低于平衡凝固时的终结温度。由图 8.44(a)可见，实际上非平衡结晶温度区间要大于平衡结晶温度区间。

固溶体通常以树枝状生长方式结晶，非平衡凝固导致先结晶的枝晶干和后结晶的枝晶间的成分不同，故称为枝晶偏析。由于一个树枝晶是由一个核心结晶而成的，故枝晶偏析属于晶内偏析。图 8.46 是 Cu-Ni 合金的铸态组织，树枝晶形貌显示的是由枝干和枝晶间的成分差异引起浸蚀后颜色的深浅不同。如用电子探针测定，可以得出枝干是富镍的(不易浸蚀而呈白色)，分枝之间是富铜的(易受浸蚀而呈黑色)。固溶体在非平衡凝固条件下产生上述的枝晶偏析是一种普遍现象。枝晶偏析会导致材料的性能不均匀，如枝晶间较枝晶干容易腐蚀。

图 8.46　Cu-Ni 固溶体合金的铸态组织

枝晶偏析是非平衡凝固的产物，在热力学上是不稳定的。通过"均匀化退火"(或称"扩散退火")，即在固相线以下较高的温度(要确保不能出现液相，否则会使合金"过烧")经过长时间的保温使原子扩散充分，使之转变为平衡组织。图 8.47 是经扩散退火后的 Cu-Ni 合金的显微组织，树枝状形态已消失，由电子探针微区分析的结果也证实了枝晶偏析已基本消除。需要

说明的是，"均匀化退火"或"扩散退火"不可能完全彻底消除枝晶偏析。

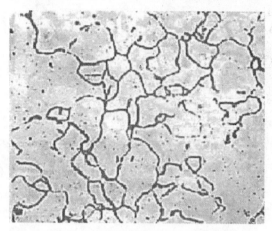

图 8.47　Cu-Ni 固溶体铸造合金退火后的组织

8.3.2　共晶的凝固

1. 共晶合金的平衡凝固及其组织

现以 Pb-Sn 合金为例，分别讨论各种典型成分合金的平衡凝固过程及形成的显微组织。该合金系的相图如图 8.48 所示。

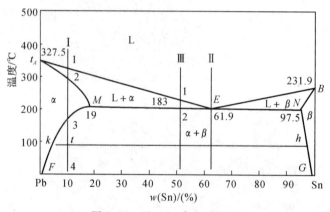

图 8.48　Pb-Sn 合金系相图

（1）$w(\mathrm{Sn})<19\%$的合金。由图 8.48 可见，当 Pb-10%Sn（质量分数，下同）的合金由液相缓慢冷却至 t_1（图中点 1）温度时，从液相中开始结晶出 α 固溶体。随着温度的降低，初生 α 固溶体的分数增多，液相分数减少，且在该过程中液相和固相的成分分别沿液相线 AE 和固相线 AM 变化。当冷却到 t_2 温度时，合金凝固结束，全部转变为单相 α 固溶体。这一结晶过程与匀晶相图中的平衡转变相同。在 $t_2 \sim t_3$ 温度之间，α 固溶体不发生任何变化。当温度冷却到 t_3 以下时，Sn 在 α 固溶体中呈过饱和状态，因此，多余的 Sn 以 β 固溶体的形式从 α 固溶体中析出，称为次生 β 固溶体，用 β_{II} 表示，以区别于从液相中直接结晶出的初生 β 固溶体。次生 β 固溶体通常优先沿初生 α 相的晶界或晶内的缺陷处析出。随着温度的继续降低，β_{II} 不断增多，而 α 和 β_{II} 相的平衡成分将分别沿 MF 和 NG 溶解度曲线变化。正如前已指出，两相区内的相

对量,例如 L+α 两相区中 L 和 α 的相对量,α+β 两相区中的 α 和 β 的相对量,均可由杠杆定理确定。

图 8.49 为 Pb - 10%Sn 合金平衡凝固过程示意图。所有成分位于 M 和 F 点之间的合金,平衡凝固过程与上述合金相似,凝固至室温后的平衡组织均为 α 和 $β_{II}$,只是两相的相对量不同而已。而成分位于 N 和 G 点之间的合金,平衡凝固过程与上述合金基本相似,但凝固后的平衡组织为 β 和 $α_{II}$。

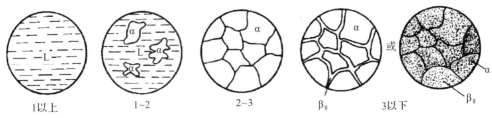

图 8.49 Pb - 10%Sn 合金平衡凝固示意图

(2)共晶合金。Pb - 61.9%Sn 合金为共晶合金(见图 8.48)。该合金从液态缓慢冷却到183℃时,液相 L_E 同时结晶出 α 和 β 两种固溶体,这一过程在恒温下进行,直至凝固结束。此时结晶出的共晶体中的 α 和 β 相的相对量可用杠杆定理计算,在共晶线下方两相区(α+β)中画连结线,其长度可近似认为是 MN,则有

$$W_α = \frac{EN}{MN} \times 100\% = \frac{97.5 - 61.9}{97.5 - 19.0} \times 100\% = 45.4\%$$

$$W_β = \frac{EN}{MN} \times 100\% = \frac{61.9 - 19.0}{97.5 - 19.0} \times 100\% = 54.6\%$$

继续冷却时,共晶体中 α 相和 β 相将各自沿 MF 和 NG 溶解度曲线变化而改变其固溶度,从 α 和 β 中分别析出 $β_{II}$ 和 $α_{II}$。由于共晶体中析出的次生相常与共晶体中同类相结合在一起,所以在显微镜下难以辨别。图 8.50 显示出 Pb - Sn 共晶合金呈片层交替分布的室温组织(经 4%硝酸酒精浸蚀),黑色为 α 相,白色为 β 相。该合金的平衡凝固过程示于图 8.51 中。

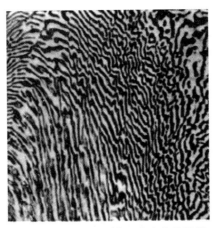

图 8.50 Pb - 64.9%Sn 合金共晶组织

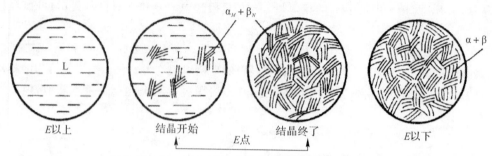

图 8.51 Pb-64.9%Sn 共晶合金平衡凝固过程示意图

(3)亚共晶合金。在图 8.48 中,成分位于 M,E 两点之间的合金称为亚共晶合金,因为它的成分低于共晶成分而只有部分液相可结晶成共晶体。现以 Pb-50%Sn 合金为例,分析其平衡凝固过程(见图 8.52)。

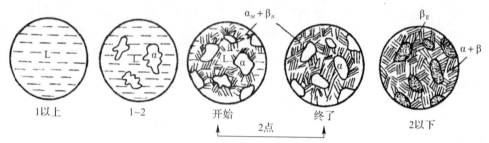

图 8.52 Pb-50%Sn 亚共晶合金平衡凝固过程示意图

该合金缓冷至 t_1 和 t_2 温度之间时,初生 α 相以匀晶转变方式不断从液相中析出。随着温度的下降,α 相的成分沿 AM 固相线变化,而液相的成分沿 AE 液相线变化。当温度降至 t_2 温度时,剩余的液相成分达 E 点,此时发生共晶转变,形成共晶组织。共晶转变结束后,此时合金的平衡组织为初生 α 固溶体和共晶体(α+β)组成,可简写成 α+(α+β)。初生相 α(或称先共晶体 α)和共晶体(α+β)具有不同的显微形态而成为不同的组织。两种组织相对含量可用杠杆法则计算,即在共晶线上方两相区(L+α)中画连结线,其长度可近似认为 ME,则用质量分数表示两种组织的相对含量为

$$w_\alpha = \frac{61.9 - 50.0}{61.9 - 19.0} \times 100\% = 27.7\%$$

$$w_{\alpha+\beta} = \frac{50.0 - 19.0}{61.9 - 19.0} \times 100\% = 72.3\%$$

上述的计算表明,Pb-50%Sn 合金在共晶反应结束后,初生相 α 占 27.7%,共晶体(α+β)占 72.3%。上述两种组织是由 α 相和 β 相组成的,故称两者为组成相。在共晶反应结束后,组成相 α 和 β 相对量分别为

$$w_\alpha = \frac{97.5 - 50.0}{97.5 - 19.0} \times 100\% = 60.5\%$$

$$w_\beta = \frac{50.0 - 19.0}{97.5 - 19.0} \times 100\% = 39.5\%$$

注意上式计算中的 α 相组成相包括初生 α 相和共晶组织中的 α 相。根据上述计算结果可知,不同成分的亚共晶合金,经共晶转变后的组织均为 α+(α+β)。但随成分的不间,具有两

种组织的相对量不同,越接近共晶成分 E 的亚共晶合金,共晶体越多。反之,成分越接近 α 相成分 M 点,则初生 α 相越多。上述分析强调了运用杠杆法则计算组织组成的相对量和组成相的相对量的方法,关键在于连接线所画的位置。组织不仅反映相的结构差异,而且反映相的形态不同。

在 t_2 温度以下,合金持续冷却时,由于固溶体溶解度随之减小,$β_Ⅱ$ 将从初生相 α 和共晶体中的 α 相内析出,而 $α_Ⅱ$ 从共晶体中的 β 相中析出,直至室温。此时室温组织应为 $α_初$＋$(α＋β)$＋$α_Ⅱ$＋$β_Ⅱ$。但由于 $α_Ⅱ$ 和 $β_Ⅱ$ 析出量不多,除了在初生 α 固溶体可能看到 $β_Ⅱ$ 外,共晶组织的特征保持不变,故室温组织通常可写为 $α_初$＋$(α＋β)$＋$β_Ⅱ$,甚至可写为 $α_初$＋$(α＋β)$。

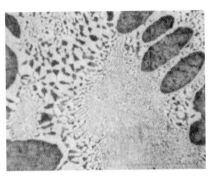

图 8.53　Pb－Sn 亚共晶合金室温组织

图 8.53 是 Pb－Sn 亚共晶合金经腐蚀后显示的室温组织,暗黑色树枝状晶为初生 α 固溶体,黑白相间者为 $(α＋β)$ 共晶体。

(4)过共晶合金。成分位于 E,N 两点之间的合金称为过共晶合金。其平衡凝固过程及平衡组织与亚共晶合金相似,只是初生相为 β 固溶体而不是 α 固溶体。室温时的组织为 $β_初$＋$(α＋β)$。如图 8.54 所示为 Pb－Sn 过共晶合金的室温组织。

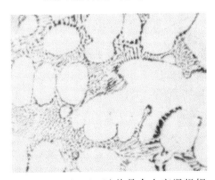

图 8.54　Pb－Sn 过共晶合金室温组织

根据对上述不同成分合金的组织分析表明,尽管不同成分的合金具有不同的显微组织,但在室温下,图 8.48 中 F 和 G 点范围内的合金组织均由 α 和 β 两个基本相构成。所以,两相合金的显微组织实际上是通过组成相的不同形态,以及其数量、大小和分布等形式体现出来的,由此得到不同性能的合金。

2. 共晶合金的非平衡凝固及其组织

(1)伪共晶。在平衡凝固条件下,只有共晶成分的合金才能得到全部的共晶组织。然而在非平衡凝固条件下,某些亚共晶或过共晶成分的合金也能得全部的共晶组织,这种由非共晶成分的合金所得到的共晶组织称为伪共晶。

对于具有共晶转变的合金,当合金熔液过冷到两条液相线的延长线所包围的阴影线区(见图 8.55)时,就可得到共晶组织,而在阴影线区外,则是共晶体加树枝晶的显微组织,阴影线区称为伪共晶区或共晶共生区。随着过冷度的增加,共晶共生区也扩大。

伪共晶区在相图中的位置对于不同合金可能有很大的差别。若当合金中两组元熔点相近时,伪共晶区一般呈图 8.55 中的对称型分布。若合金中两组元熔点相差很大时,伪共晶区将偏向高熔点组元一侧,如图 8.55 所示的倾斜型伪共晶区那样。一般认为其原因是,由于共晶中两个固相组成相的成分与液态合金的不同,它们的形核和生长都需要两组元的扩散,而以低熔点为基的组成相与液态合金成分差别较小,则通过扩散而能达到该组成相的成分就较容易,其结晶速度较大。所以,当共晶点偏于低熔点相时,为了满足两组成相形成对扩散的要求,伪共晶区的位置须偏向高熔点相一侧。

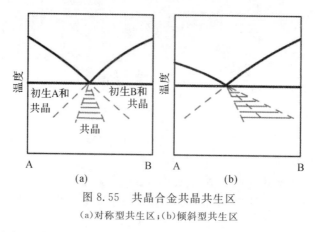

图 8.55　共晶合金共晶共生区

(a)对称型共生区;(b)倾斜型共生区

知道伪共晶区在相图中的位置和大小,对于正确解释合金非平衡组织的形成是极其重要的。伪共晶区在相图中的位置通常可以通过两种方法确定:理论计算和实验测定。定性知道伪共晶区在相图分布的规律,就可能解释用平衡相图方法无法解释的异常现象。例如在 Al-Si 合金中,共晶成分的 Al-Si 合金在快冷条件下得到的组织不是共晶组织,而是亚共晶组织,如图 8.56 所示。图 8.56 表明共晶成分的 Al-Si 得到组织由初生的 α 相和 $\alpha+\beta$ 共晶组织共同构成。

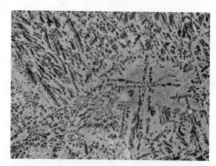

图 8.56　Al-Si 共晶合金室温组织

此外,过共晶成分的 Al-Si 合金则可能得到共晶组织或亚共晶组织,这种异常现象通过如图 8.57 所示的计算所得的伪共晶区的位置就不难解释了。

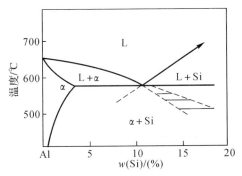

图 8.57　计算所得 Al - Si 共晶合金共晶共生区(图中阴影区域)

(2)非平衡共晶组织。某些合金在平衡凝固条件下获得单相固溶体,在快冷时可能出现少量的非平衡共晶体,如图 8.58 中 M 点以左或 N 点以右的合金所示。图中合金Ⅱ在非平衡凝固条件下,固溶体呈枝晶偏析,其平均浓度将偏离相图中固相线所示的成分。图 8.58 中虚线表示快冷时的固相平均成分线。该合金冷却到固相线时还未结晶完毕,仍剩下少量液体。继续冷却到共晶温度时,剩余液相的成分达到共晶成分而发生共晶转变,由此产生的非平衡共晶组织分布在 α 相晶界和枝晶间,这些均是最后凝固处。非平衡共晶组织的出现将严重影响材料的性能,应该予以消除。这种非平衡共晶组织在热力学上是不稳定的,可在稍低于共晶温度下进行扩散退火来消除非平衡共晶组织和固溶体的枝晶偏析,得到均匀单相 α 固溶体组织。由于非平衡共晶体数量较少,通常共晶体中的 α 相依附于初生 α 相生长,将共晶体中另一相 β 推到最后凝固的晶界处,从而使共晶体两组成相相间的组织特征消失,这种两相分离的共晶体称为离异共晶。例如,Al - 4%Cu 合金,在铸造状态下,非平衡共晶体中的 α 固溶相有可能依附在初生相 α 上生长,剩下共晶体中的另一相 CuAl$_2$ 分布在晶界或枝晶间而得到离异共晶,如图 8.59 所示。

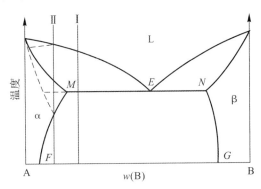

图 8.58　离异共晶形成的相图示意图

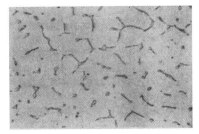

图 8.59　Al - 4% Cu 合金的离异共晶组织

应当指出,离异共晶可通过非平衡凝固得到,也可能在平衡凝固条件下获得。例如,靠近固溶度极限的亚共晶或过共晶合金,如图8.58中 M 点右边附近或 N 点左边附近的合金,它们的特点是初生相很多,共晶量很少,因而可能出现离异共晶。

8.3.3 包晶的凝固

Pt-Ag 相图是具有包晶转变的相图中的典型代表,如图8.60所示。

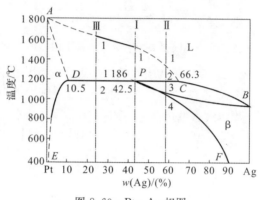

图 8.60　Pt-Ag 相图

1. 包晶合金的平衡凝固及形成的组织

(1)Pt-42.5％Ag合金(合金 I)。由图8.60可知,合金自高温液态冷却至 t_1 温度时与液相线相交,开始结晶出初生相 α。在继续冷却的过程中,随着 α 固相量逐渐增多,液相量不断减少,α 相和液相的成分分别沿固相线 AD 和液相线 AC 变化。当温度降至包晶反应温度 1186 ℃时,合金中初生相 α 的成分达到 D 点,液相成分达到 C 点。在开始进行包晶反应时的两相的相对量可由杠杆定理求出:

$$w_L = \frac{DP}{DC} \times 100\% = \frac{42.5-10.5}{66.3-10.5} \times 100\% = 57.3\%$$

$$w_\alpha = \frac{PC}{DC} \times 100\% = \frac{66.3-42.5}{66.3-10.5} \times 100\% = 42.7\%$$

式中, w_L 和 w_α 分别表示液相在包晶反应时的质量分数。包晶转变结束后,液相和 α 相反应正好全部转变为 β 固溶体。

随着温度继续下降,由于 Pt 在 β 相中的溶解度随温度降低而沿 PF 线减小,因此将不断从 β 固溶体中析出 α_{II} 。因此该合金的室温平衡组织为 β+ α_{II} ,凝固过程如图8.61所示。

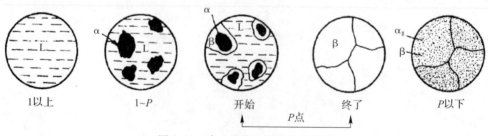

图 8.61　合金 I 的平衡凝固示意图

在大多数情况下,由包晶反应所形成的 β 相倾向于依附初生相 α 的表面形核,以降低形核功,并消耗液相和 α 相而生长。当 α 相被新生的 β 相包围以后,α 相就不能直接与液相 L 接触。由图 8.61 可知,液相中的 Ag 含量较 β 相高,而 β 相的 Ag 含量又比 α 相高,因此,液相中 Ag 原子不断通过 β 相向 α 相扩散,而 α 相的 Pt 原子以反方向通过 β 相向液相中扩散,这一过程示于图 8.62 中。这样,β 相同时向液相和 α 相方向生长,直至把液相和 α 相全部消耗完为止。由于 β 相是在包围初生相 α,并使之与液相隔开的形式下生长的,故称之为包晶反应。

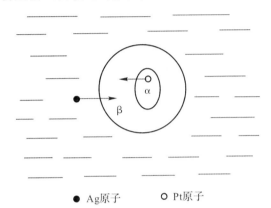

● Ag原子　　○ Pt原子

图 8.62　包晶反应时原子迁移示意图

也有少数情况,比如 α 和 β 相间的界面能很大,或过冷度较大。总之,β 相可能不依赖于初生相 α 形核,而是在液相 L 中直接形核,并在生长过程中 L,α,β 三者始终互相接触,通过 L 和 α 的直接反应来生成 β 相。很显然,这种方式的包晶反应速度比前述方式快得多。

(2)过包晶 Pt - Ag 合金(合金Ⅱ)。合金Ⅱ缓慢冷却至包晶转变前的结晶过程与上述包晶图(图 8.62)包晶反应时原子迁移示意图成分合金一样,由于合金Ⅱ中的液相的相对量大于包晶转变所需的相对量,所以包晶转变之后,剩余的液相在继续冷却过程中,将按匀晶转变方式继续结晶形成 β 相,其成分沿 CB 液相线变化,而 β 相的成分沿 PB 线变化,直至 t_3 温度全部凝固结束,β 相成分为初始合金成分。在 $t_3 \sim t_4$ 温度之间,单相 β 无任何变化。在 t_4 温度以下,随着温度下降,将从 β 相中不断地析出 $\alpha_{\mathbb{I}}$。因此,该合金的室温平衡组织为 $\beta + \alpha_{\mathbb{I}}$。图 8.63 显示出该合金Ⅱ的平衡凝固过程。

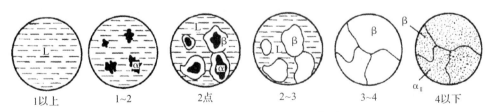

1以上　　1~2　　2点　　2~3　　3-4　　4以下

图 8.63　合金Ⅱ的平衡凝固示意图

(3)亚包晶 Pt - Ag 合金(合金Ⅲ)。合金Ⅲ在包晶反应前的结晶情况与上述过包晶合金的情况相似。包晶转变前合金中 α 相的相对量大于包晶反应所需的量,所以包晶反应后,除了新形成的 β 相外,还有剩余的 α 相存在。包晶温度以下,β 相中将析出 $\alpha_{\mathbb{I}}$,而 α 相中析出 $\beta_{\mathbb{I}}$,因此该合金的室温平衡组织为 $\alpha + \beta + \alpha_{\mathbb{I}} + \beta_{\mathbb{I}}$,图 8.64 是合金Ⅲ的平衡凝固示意图。

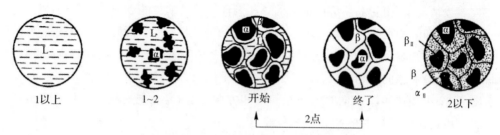

图 8.64　合金Ⅲ的平衡凝固示意图

2. 包晶合金的非平衡凝固及形成的组织

如前所述,包晶转变的产物β相包围着初生相α,使液相与α相隔开,阻止了液相和α相中原子之间直接地相互扩散,而必须通过β相,这就导致了包晶转变的速度往往是极缓慢的。显然,决定包晶转变能否进行完全的主要因素是所形成新相β内的扩散速率。

实际生产中的冷速较快,包晶反应所依赖的固体中的原子扩散往往不能充分进行,导致包晶反应的不完全性,即在低于包晶温度下,将同时存在未参与转变的液相和α相,其中液相在继续冷却过程可能直接结晶出β相或参与其他反应,而α相仍保留在β相的心部,形成包晶反应的非平衡组织。例如,Sn-35%Cu合金冷却到415℃时发生 $L + \varepsilon \rightarrow \eta$ 的包晶转变,如图8.65(a)所示,剩余的液相L冷至227℃又发生共晶转变,所以最终的平衡组织为 $\eta + (\eta + Sn)$。而实际的非平衡组织[见图8.65(b)]却保留相当数量的初生相ε(灰色),包围它的是η相(白色),而外面则是黑色的共晶组织。

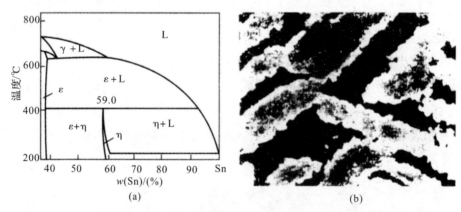

图 8.65　Cu-Sn合金部分相图(a)及其不平衡组织(b)

此外,包晶相图中某些原来不发生包晶反应的合金成分,如图8.66中的合金Ⅰ,在快冷条件下,由于初生相α凝固时存在枝晶偏析可以导致剩余的液相和α相发生包晶反应,出现某些平衡状态下不应出现的包晶相。

应该指出,上述包晶反应不完全性主要与新相β包围α相的生长方式有关。因此,当某些合金(如 Al-Mn)的包晶相单独在液相中形核和长大时,其包晶转变可迅速完成。包晶反应的不完全性,特别容易在那些包晶转变温度较低或原子扩散速率小的合金中出现。

与非平衡共晶组织一样,包晶转变产生的非平衡组织也可通过扩散退火消除。

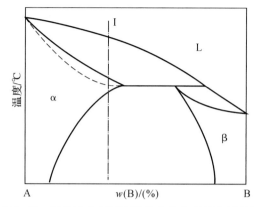

图 8.66　因快速冷却而可能发生的包晶反应示意图

8.4　凝固组织的控制

材料的晶粒大小(或单位体积中的晶粒数)对材料的性能有重要的影响。例如金属材料,其室温强度、硬度、塑性都随着晶粒细化而提高。在高温条件下使用的金属材料希望晶粒粗大,如航空发动机涡轮盘叶片做成单晶。因此,控制材料的晶粒大小具有重要的实际意义。应用前述的基本凝固理论可有效地控制结晶后的晶粒尺寸,使其达到使用要求。凝固组织的控制可以通过控制形核过程和生长过程得以实现。一般单晶材料采用引入籽晶或选晶的方法。考虑晶粒细化可采用促进形核的方式。

1. 增大过冷度

在 t 时间内形成的晶核数 $P(t)$ 与形核率 N 及长大速率 v_g 之间的关系为

$$P(t) = k \left(\frac{N}{v_g} \right)^{3/4} \tag{8.41}$$

式中,k 为常数,与晶核形状有关。

$P(t)$ 与晶粒尺寸 d 成反比。由式(8.41)可知,形核率 N 越大,晶粒越细。而晶体长大速度 v_g 越大,则晶粒越粗大。给定合金熔体后的 N 和 v_g 取决于过冷度。一般情况下,增大过冷度形核率 N 增大比较迅速,因此,一般情况下可以增加过冷度使晶粒细化。

2. 使用形核剂

使用形核剂的目的在于促进非均匀形核。为了提高形核率,可在熔体凝固之前加入能作为非均匀形核基底的人工形核剂(工程上也称为孕育剂或变质剂)。根据前述非均匀形核的分析可知,液相中现成基底对非均匀形核的促进作用取决于接触角。接触角越小,形核剂对非均匀形核的作用越大。这一般要求形核剂与形核晶体具有相近的结合键类型,而且与晶核具有相似的原子配置和较小的点阵错配度 δ。表 8.4 中列出了一些物质对纯铝(面心立方结构)结晶时形核的作用,可以看出这些化合物的实际形核效果与上述推断结论符合得较好。但是,也有一些研究结果表明,晶核和基底之间的点阵错配并不像上述所强调的那样重要,例如,对纯金的凝固来说,WC,ZrC,TiC,TiN 等对形核作用较氧化钨、氧化锆、氧化钛大得多,但它们的错配度相近。又如锡在金属基底上的形核率高于非金属基底,而与错配度无关,因此在生产中主要通过试验来确定有效的形核剂。图 8.67 为铝合金铸锭未使用形核剂和使用形核剂组织的对比。由图 8.67 可知,使用形核剂后的组织晶粒明显细化。

表 8.4　加入不同形核剂对纯铝非均匀形核的影响

化合物	晶体结构	密排面之间的 δ 值	形核效果	化合物	晶体结构	密排面之间的 δ 值	形核效果
VC	立方	0.014	强	NbC	立方	0.086	强
TiC	立方	0.060	强	W_2C	六方	0.035	强
TiB_2	六方	0.048	强	Cr_3C_2	复杂	—	弱或无
AlB_2	六方	0.038	强	Mn_3C	复杂	—	弱或无
ZrC	立方	0.145	强	Fe_3C	复杂	—	弱或无

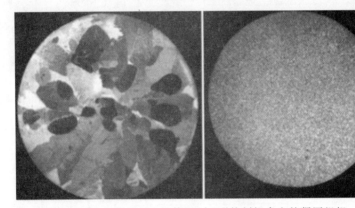

图 8.67　未使用(左)和使用(右)形核剂铝合金的凝固组织

3. 振动促进形核

实践证明,对金属熔体凝固时施加振动或搅拌作用可得到细小的晶粒。振动方式可采用机械振动、电磁振动或超声波振动等,都具有细化效果。目前的看法认为,其主要作用是振动使枝晶破碎,这些碎片又可作为结晶核心,使形核增殖。但当过冷液态金属在晶核出现之前,在正常的情况下并不凝固,可是当它受到剧烈的振动时,就会开始结晶,这是与上述形核增殖的不同机制,目前对该动力学形核的机制还有待深入分析。如图 8.68 所示为氯化铵溶液在恒定加速度条件下,以不同频率施加振动 15 min 后的氯化铵晶体沉积现象。可见,不同的振动条件明显影响固相的形核率。

(a)　　　　　　　　(b)

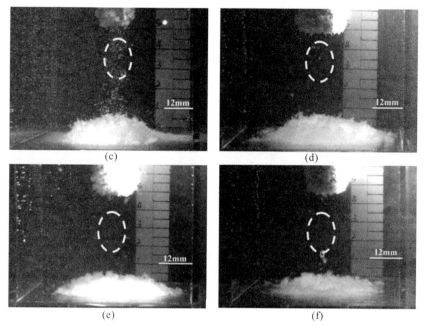

图 8.68　恒定加速度条件下,以不同频率施加振动 15 min 后的氯化铵晶体沉积现象
(a)20Hz;(b)50Hz;(c)100Hz;(d)500Hz;(e)1000Hz;(f)2000Hz

除了前述的促进形核外,也可以用抑制生长的方法细化晶粒。

8.5　合金铸锭(件)的组织与缺陷

工业上应用的金属零部件通常由两种途径获得:一种是由合金在一定几何形状与尺寸的铸型中直接凝固而成,称为铸件。还有一种是通过合金浇注成铸锭,然后开坯,再通过热轧或热锻,最终可能通过机加工和热处理,甚至焊接来获得部件的几何尺寸、形状和性能。显然,前者比后者节约能源,节约时间,节约人力,从而降低生产成本。但前者的适用范围有一定限制。对于铸件来说,铸态的组织和缺陷直接影响它的力学性能。对于铸锭来说,铸态组织和缺陷直接影响它的加工性能,也有可能影响到最终制品的力学性能。因此,合金铸件(或铸锭)的质量,不仅在铸造生产中,而且对几乎所有的合金制品都是重要的。

8.5.1　铸锭(件)的宏观组织

金属和合金凝固后的晶粒较为粗大,通常是宏观可见的。图 8.69 是铸锭的典型宏观组织示意图。它由表层细晶区(图 8.69 中 1 所示),柱状晶区(图 8.69 中 2 所示)和中心等轴晶区(图 8.69 中 3 所示)三部分所组成。

三个不同晶区的形成机理如下所述。

1. 表层细晶区

当液态金属注入铸型后,铸型型壁的温度较低,与型壁相接触的很薄一层熔体产生强烈过冷,且型壁可作为非均匀形核的基底,因此,当熔体与型壁接触后立刻形成大量的晶核,这些晶核迅速长大并互相接触，从而形成细小的、无择优生长方向的等轴晶粒组成的铸锭表层细晶区。

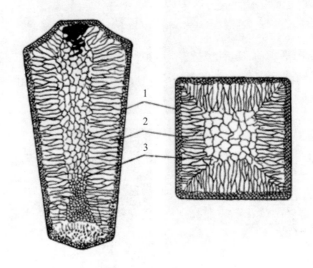

图 8.69　钢铸锭结构示意图
1—表层细晶区；2—柱状晶区；3—中心等轴晶区

2. 柱状晶区

随着"表层细晶区"外壳形成，铸型型壁被熔体加热而不断升温，使剩余熔体的冷却过程变慢。并且由于结晶时释放潜热，故表层细晶区前沿熔体的过冷度逐渐减小，形核变得困难。只有细晶区中已经形成的晶体向熔体中生长。在这种情况下，只有一次轴（即生长速度最快的晶向）垂直于铸型型壁（散热最快方向）的晶体才能得到优先生长，而其他取向的晶粒，由于受邻近晶粒的限制而不能发展，因此，这些与散热相反方向的晶体择优生长而形成柱状晶区。由于各柱状晶的生长方向是相同的，例如，立方晶系的各柱状晶的长轴方向为⟨100⟩方向，这种晶体学位向一致的铸态组织称为"铸造织构"或"结晶织构"。

纯金属凝固时，结晶前沿的熔体具有正的温度梯度，无成分过冷区，故柱状晶前沿大致呈平面状生长。对于合金来说，当柱状晶前沿液相中有较大成分过冷区时，柱状晶便以树枝状方式生长，但是，树枝晶的一次轴近似垂直于铸型型壁，沿着散热最快的反方向。

3. 中心等轴晶区

柱状晶生长到一定程度，由于前沿液体远离铸型型壁，散热变得困难，冷却速度变慢，而且熔体中的温差随之逐渐减小，这将阻止柱状晶的快速生长。当整个熔体温度降至熔点以下时，熔体中出现许多晶核并沿各个方向长大，就形成中心等轴晶区。关于中心等轴晶形成有许多不同观点，现概括如下：

（1）成分过冷。随着柱状晶的生长，发生成分过冷，成分过冷区从液-固界面前沿延伸至熔体中心，导致中心区晶核的大量形成并向各方向生长而成为等轴晶，这样就阻碍了柱状晶的发展，形成中心等轴晶区。

（2）熔体对流。当液态金属或合金注入铸型时，靠近铸型型壁处的液体温度急剧下降，在形成大量表层细晶的同时,铸型内熔体形成很大温差。由于外层较冷的熔体密度大而下沉,中心较热的液体密度小而上升,于是形成激烈的对流,如图 8.70 所示。对流冲刷靠近型壁已结晶的部分,可能将某些细小晶粒带入熔体中心区域,这些细小的晶粒作为籽晶成为生长核心形成中心等轴晶区。

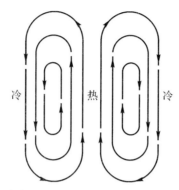

冷　热　冷

图 8.70　液态金属或合金熔体注入铸型后对流示意图

(3)枝晶局部重熔产生籽晶。合金铸锭的柱状晶呈树枝状生长时,通常枝晶二次臂根部较细,这些较细的根部易发生局部重熔(由于温度的扰动)使枝晶二次轴成为碎晶,可漂移到熔体中心,成为"籽晶"而长大成为中心等轴晶。

应该指出的是,铸锭(件)的宏观组织与浇注条件密切相关。随着浇注条件的不同可以改变三个晶区的相对厚度和晶粒大小,有的晶区甚至不会形成。通常,冷却速度高、浇注温度高和定向传热有利于柱状晶的形成。当金属纯度较高、铸锭(件)截面较小时,柱状晶生长速度快则有可能形成贯穿的柱状晶组织。相反,冷却速度慢、浇注温度低、加入有效形核剂或机械搅动等均有利于形成中心等轴晶。如图 8.71 所示为通过人为控制凝固过程而得到完全柱状晶和完全等轴晶组织。

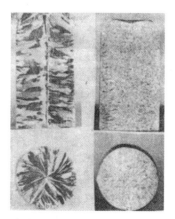

图 8.71　完全柱状晶(左)和完全等轴晶(右)组织

柱状晶的优点是组织致密。此外,柱状晶的"铸造织构"或"结晶织构"也可被利用。如立方金属柱状晶优先生长方向为⟨001⟩晶向,柱状晶沿⟨001⟩晶向优先生长这一特性被用来生产用作磁铁的铁合金。铁合金磁感应是各向异性的,沿⟨001⟩方向较高。这可用定向凝固方法使所有晶粒均沿〈001〉方向排列。"铸造织构"还可被用来提高合金的力学性能。柱状晶的缺点是相互平行的柱状晶接触面,尤其是相邻垂直的柱状晶区交界面较为脆弱,并常聚集易熔杂质和非金属夹杂物,所以铸锭热加工时极易沿这些接触面开裂,或铸件在使用时也易在这些地方发生断裂。与此相对,等轴晶组织无择优取向,没有脆弱的分界面,同时取向不同的晶粒彼此紧密,裂纹不易扩展,故获得细小的等轴晶可提高铸件的室温力学性能。等轴晶组织的致密度不如柱状晶。表层细晶区对铸件性能影响不大,由于很薄,通常被机加工去除掉。

8.5.2 铸锭(件)缺陷

铸件(锭)常见缺陷有如下几种。

1. 缩孔

熔体浇入铸型后,与铸型型壁接触的液体先凝固,铸型中心部分的熔体后凝固。由于多数金属和合金熔体在凝固时发生体积收缩(只有少数金属如锑、镓、铋等在凝固时体积会膨胀),使铸锭(件)内形成收缩孔洞,称为缩孔。

铸件(锭)中的缩孔可分为集中缩孔和分散缩孔两类。分散缩孔又称疏松,疏松孔的尺寸很小。疏松有一般疏松和中心疏松等不同类型,如图 8.72 所示。缩孔缺陷中孔的尺寸比较大,集中缩孔有多种不同形式,如缩管、缩穴和单向收缩等,如图 8.73 所示。

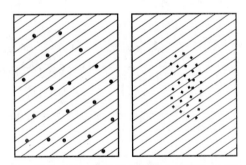

图 8.72 铸件(锭)一般疏松(左)和中心疏松(右)示意图

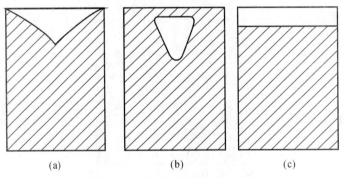

(a)　　　　　　　(b)　　　　　　　(c)

图 8.73 铸件(锭)几种缩孔示意图

(a) 缩管;(b) 缩穴;(c) 单向收缩

集中缩孔应控制在铸锭或铸件的冒口处,然后加以切除。如果熔体补缩方法不当或冒口设计不正确,缩孔较深而不易切除干净,这种残余缩孔对随后的铸件(锭)加工与使用会造成严重影响。疏松是枝晶组织凝固本性的必然结果。在树枝晶生长过程中,各枝晶间互相穿插形成骨架可能使其中的熔体被封闭。当凝固收缩得不到熔体补充时,便形成细小的分散缩孔,因此,即使有了正确的冒口设计,这些细小的分散缩孔也会存在。

铸件中的缩孔类型与金属凝固方式有密切关系。

共晶成分的合金和纯金属相同,在恒温下进行结晶。在控制适当的结晶速率和液相内的温度梯度时,其液-固界面前沿的液相中几乎不产生成分过冷,液-固界面呈平面推移,因此凝固自型壁开始后,主要以柱状晶循序向前延伸的方式进行,这种凝固方式称为"壳状凝固",如图 8.74(a)所示。这种方式的凝固不但流动性好,而且熔液也易补缩,缩孔集中在冒口。因此,铸件内分散缩孔体积较小,成为较致密的铸件。

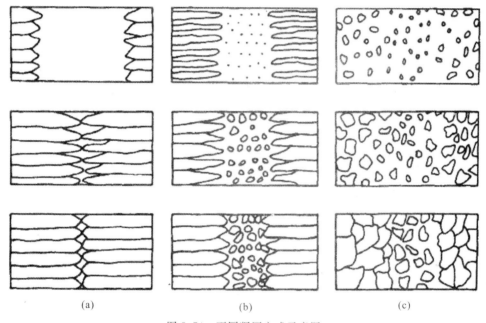

图 8.74 不同凝固方式示意图
(a) 壳状凝固;(b) 壳状-糊状混合凝固;(c) 糊状凝固

在固溶体合金中,当合金具有较宽的凝固温度范围,平衡分配系数较小时,容易在液-固界面前沿的液相中产生成分过冷,使熔体中的"籽晶"以树枝状方式生长,形成等轴晶。在完全固相区和完全液相区之间存在着比较宽的固相和液相并存的糊状区,因此,这种凝固方式称为"糊状凝固",如图 8.74(c)所示。显然,这种凝固方式因液相中有固相熔体流动性差,而且,糊状区中晶体以树枝状方式生长,发达的多次分叉树枝晶往往互相交错,使在枝晶最后凝固部分的收缩不易得到熔体的补充,形成分散的缩孔,使铸件的致密性较差。这种凝固方式不需要留有较大的冒口。

为了改善呈糊状凝固的补缩性,常采用细化铸件晶粒的方法,这可减少发达树枝晶的形成,也就削弱了交叉的树枝晶网,有效地改善熔体的流动性。另外,由于疏松往往分布在晶粒之间,细化晶粒使每个孔洞的体积减小,也有利于铸件的气密性。这个原理常在铝合金和镁合金中应用。实际合金的凝固方式常是壳状凝固和糊状凝固之间的中间状态,如图 8.74(b)

所示。

合金凝固时，熔体内因溶入气体过饱和而析出，形成气泡，也会使铸件内形成孔隙，减小了铸件的致密度。因此为了减少铸件内的孔隙度，也应注意熔体内的气体的含量。

2. 偏析

铸件（锭）偏析是指化学成分的不均匀性。合金铸件在不同程度上均存在着偏析，这是由合金结晶过程的特点所决定的。前述的正常凝固，一个合金试样从一端以平界面进行定向凝固时，沿试棒的长度方向会产生显著的偏析。当合金的平衡分配系数 $k_0 < 1$ 时，先结晶部分含溶质少，后结晶部分含溶质多。但是，合金铸件的液-固界面前沿的液相中通常存在成分过冷现象，界面大多为树枝状，这会改变偏析的形式。当树枝状的界面向液相推进时，溶质将沿纵向和侧向析出，纵向的溶质扩散会引起平行枝晶轴方向的宏观偏析，而横向的溶质输送会引起垂直枝晶方向的显微偏析。宏观偏析经浸蚀后是由肉眼或低倍放大可见的偏析。而显微偏析是在显微镜下才可见的偏析。

(1)宏观偏析。宏观偏析又称区域偏析。宏观偏析按其所呈现的不同现象又可分为正偏析、反偏析和比重偏析三类。

1)正偏析。当合金的分配系数 $k_0 < 1$ 时，先凝固的外层中溶质含量较后凝固的内层低，因此合金铸件中心含溶质浓度较高的现象是凝固过程的正常现象，这种偏析就称为正偏析。

正偏析的程度与铸件大小、冷速快慢及结晶过程中熔体的混合程度有关。一般大件中心部位正常偏析较大，这是最后结晶部分，因而溶质浓度高，有时甚至会出现不平衡的第二相，如钢中可能出现碳化物等。有些高合金工具钢的铸锭，中心部位甚至可能出现由偏析所引起的不平衡莱氏体。

正偏析一般难以完全避免，它的存在使铸件使用性能下降。随后的热加工和扩散退火处理也难以根本改善，故应在浇注时采取适当的控制措施。

2)反偏析。反偏析正好与正偏析相反，即在 $k_0 < 1$ 的合金铸件中，溶质浓度在铸件中的分布是表层比中心高。

实践证明，只有当合金在凝固时体积收缩，并在铸件中心有孔隙时才能形成反偏析。而且，当铸件内有柱状晶或合金凝固的温度范围较大和在熔体中溶有气体时，有利于形成反偏析。根据实验，通常认为反偏析的形成原因是：原来铸件中心部位应该富集溶质元素，由于铸件凝固时发生收缩而在树枝晶之间产生空隙（此处为负压），加上温度的降低，熔体内气体析出而形成压强，使铸件中心溶质浓度较高的液体沿着柱状晶之间的"通道"被压向铸件表层，这样形成了反偏析。由于溶质浓度较高时，其熔点较低，因此，像 Cu－Sn 合金铸件，往往在表面出现"冒汗"现象，这就是反偏析的明显征兆。

扩大铸件内中心等轴晶带、阻止柱状晶的发展、使富集溶质的熔体不易从中心排向表层及减少熔体中的气体含量等都是一些控制反偏析形成的途径。

3)比重偏析。比重偏析通常产生在结晶的早期，由于初生相与熔体之间密度相差悬殊，轻者上浮，重者下沉，从而导致上下成分不均匀，称为比重偏析。例如，Pb－15％Sb 合金在结晶过程中，先共晶 Sb 相密度小于液相，而共晶体(Pb＋Sb)的密度大于液相，因此 Sb 晶体上浮，而(Pb ＋ Sb)共晶体下沉,形成比重偏析。铸铁中的石墨漂浮也是一种比重偏析。

防止或减轻比重偏析的方法有:增大铸件的冷却速度,使初生相来不及上浮或下沉;或者加入第三种合金元素,形成熔点较高的、密度与液相接近的树枝晶化合物在结晶初期形成树枝骨架,以阻挡密度小的相上浮或密度大的相下沉,如在 Cu‐Pb 合金中加入 Ni 或 S(形成高熔点的 Cu‐Ni 固溶体或 Cu_2S),在 Sb‐Sn 合金中加入 Cu(形成 Cu_6Sn_5 或 Cu_3Sn)能有效地防止比重偏析。

除了前述的宏观偏析类型外,在铸件(锭)中还有其他类型的偏析现象,如 A 型偏析和 V 型偏析等。

(2)显微偏析。显微偏析可分为胞状偏析、枝晶偏析和晶界偏析 3 种。

1)胞状偏析。前已指出,当成分过冷度较小时,固溶体晶体以胞晶方式生长。如果合金的分配系数 $k_0 < 1$,则在胞晶壁处将富集溶质;反之,若 $k_0 > 1$,则胞晶壁处的溶质将贫化,这种偏析称为“胞状偏析”。由于胞晶尺寸较小,即成分波动的范围较小,因此胞状偏析容易通过均匀化退火消除。

2)枝晶偏析。如前所述,枝晶偏析是由非平衡凝固造成的,使先凝固的枝晶干和后凝固的枝晶间的成分不均匀。合金通常以树枝晶生长,一个树枝晶就是一个单独的晶粒,因此,枝晶偏析在一个晶粒范围内,故也称为晶内偏析。影响枝晶偏析程度的主要因素有:凝固速度越大,晶内偏析越严重;偏析元素在固溶体中的扩散能力越小,则晶内偏析越大;凝固温度范围越宽,晶内偏析也越严重。

在低于固相线的高温下进行长时间的扩散退火,使铸态合金中的原子得以充分的扩散,就能减轻枝晶偏析。在实际应用中,枝晶偏析减小到某种程度所需要时间可以通过菲克扩散第二定律进行计算。不过,需要强调的是扩散退火不可能完全消除枝晶偏析。

3)晶界偏析。晶界偏析是由于溶质原子富集($k_0 < 1$)在最后凝固的晶界部分而造成的。当 $k_0 < 1$ 的合金在凝固时使液相富含溶质组元。当相邻晶粒长大至相互接触时,把富含溶质的液体集中在晶粒之间,凝固成为具有溶质偏析的晶界。

影响晶界偏析程度的因素有:溶质含量越高,偏析程度越大;非树枝晶长大使晶界偏析的程度增加,也就是说枝晶偏析可减弱晶界的偏析;结晶速度慢使溶质原子有足够时间的扩散而富集在液‐固界面前沿的液相中,从而增加晶界偏析程度。

晶界偏析往往容易引起晶界断裂,因此,一般要求设法减小晶界偏析的程度。除控制溶质含量外,还可以加入适当的第三种元素来减小晶界偏析的程度,如在铁中加入碳用以减弱氧和硫的晶界偏析,加入铝用以减弱磷的晶界偏析,在铜中加入铁用以减弱锑在晶上的偏析等。

习　　题

1.凝固过程发生的驱动力是什么?

2.为何在工业生产中金属材料的凝固过程发生都起源于非自发形核?试着解释其原因。

3.凝固过程分为形核和生长两个阶段,其中,生长阶段与固液界面结构因子密切相关,试着详细说明该因子。

4.分析凝固组织与固液界面前沿温度梯度之间的关系。

5.请详细总结匀晶、共晶和包晶的平衡凝固和非平衡凝固过程。

6.典型铸件分为哪三个典型区域？其形成的原因是什么？

7.在工业生产中,晶粒细化的主要方法是什么？

8.铸件的微观偏析包括哪些种类？如何消除铸件的微观偏析？

第9章 材料的变形

材料在加工制备过程中或是制成零部件后的工作运行中都要受到外力的作用。材料受力后要发生变形。随着外加载荷的增加，当外力较小时，材料或零部件产生弹性变形；随着载荷的增加，外力较大时产生塑性变形；随着载荷的继续增加就会发生断裂。

9.1 材料的弹性变形

从材料力学中得知，材料受力时总是先发生弹性变形，即弹性变形是塑性变形的先行阶段，而且在塑性变形中还伴随着一定的弹性变形。

9.1.1 弹性变形的本质

弹性变形是指外力去除后能够完全恢复的那部分变形，可从原子间结合力的角度来了解它的物理本质。

晶体内原子间的结合能、结合力与原子间距离的关系可通过理论计算得出，如图9.1所示。

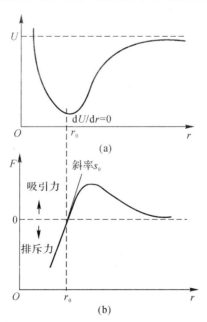

图9.1 晶体内原子间的结合能和结合力与原子间距离的关系
(a)体系能量与原子间距的关系；(b)原子间作用力与原子间距离的关系

原子处于平衡位置时,其原子间距为 r_0。此时,能量 U 处于最低位置,相互作用力为零,这是最稳定的状态。原子受力后将偏离其平衡位置,原子间距增大时将产生引力;而原子间距减小时将产生斥力。这样,外力去除后,原子都会恢复其原来的平衡位置,所产生的变形便完全消失,这就是弹性变形。可见,弹性变形取决于原子间的相互作用力。

9.1.2 弹性变形的特征和弹性模量

弹性变形的主要特征如下:

(1) 理想材料的弹性变形是可逆变形,加载时材料发生变形,卸载时材料的变形消失并恢复原状;

(2) 金属、陶瓷和部分高分子材料不论是加载或卸载时,只要在弹性变形范围内,其应力与应变之间都保持单值线性函数关系,即服从胡克定律:

在正应力下,

$$\sigma = E\varepsilon \tag{9.1}$$

式中,σ —— 正应力;

E —— 弹性模量;

ε —— 正应变。

在切应力下,

$$\tau = G\gamma \tag{9.2}$$

式中,τ —— 切应力;

G —— 剪切模量;

γ —— 切应变。

弹性模量与切变弹性模量之间的关系为

$$G = \frac{E}{2(1+\nu)} \tag{9.3}$$

式中,ν 为泊松比,表示侧向收缩能力。一般金属材料的泊松比在 $0.25 \sim 0.35$ 之间。

晶体受力的受力类型有拉、压和剪切,因此,除了 E 和 G 外,还有压缩模量(也称为体弹性模量)K,它定义为应力与体积变化率之比,并且与 E,ν 之间有如下关系:

$$K = \frac{E}{3(1-2\nu)} \tag{9.4}$$

由式(9.3)和式(9.4)可知,只要知道材料的弹性模量和泊松比就可知其剪切模量和压缩模量。

弹性模量代表着使原子离开平衡位置的难易程度,是表征晶体中原子间结合力强弱的物理量。金刚石一类的共价键晶体由于其原子间结合力很大,故其弹性模量很高。金属和离子晶体的则相对较低。而分子键结合的固体如塑料、橡胶等的键合力更弱,故其弹性模量更低,通常比金属材料的低几个数量级。正因为弹性模量反映原子间的结合力,故它是组织结构不敏感参数,添加少量合金元素或者进行各种加工、处理都不能对某种材料的弹性模量产生明显的影响。例如,高强度合金钢的强度可高出低碳钢一个数量级,而各种钢的弹性模量却基本相同。但是,对晶体材料而言,其弹性模量是各向异性的。在单晶体中,不同晶向上的弹性模量差别很大,沿着原子最密排的晶向弹性模量最高,而沿着原子排列最疏的晶向弹性模量最低。

多晶体因各晶粒任意取向,总体呈现各向同性。表 9.1 和表 9.2 列出了部分材料的弹性模量和泊松比。

表 9.1　一些材料的弹性模量

材料	$E/10^3\,MPa$	$G/10^3\,MPa$	泊松比 ν
铸铁	110	51	0.17
α-Fe,钢	207～215	82	0.26～0.33
Cu	110～125	44～46	0.35～0.36
Al	70～72	25～26	0.33～0.34
Ni	200～215	80	0.30～0.31
黄铜 70/30	100	37	—
Ti	107	—	—
W	360	130	0.35
Pb	16～18	5.5～6.2	0.40～0.44
金刚石	1140	—	0.07
陶瓷	58	24	0.23
石英玻璃	76	23	0.17
火石玻璃	60	25	0.22
有机玻璃	4	1.5	0.35
烧结 Al_2O_3	325	—	0.16

表 9.2　某些金属单晶体和多晶体的室温弹性模量

金属类别	E/GPa			G/GPa		
	单晶		多晶体	单晶		多晶体
	最大值	最小值		最大值	最小值	
Al	76.1	63.7	70.3	28.4	24.5	26.1
Cu	191.1	66.7	129.8	75.4	30.6	48.3
Au	116.7	42.9	78	42	18.8	27
Ag	115.1	43	82.7	43.7	19.3	30.3
Pb	38.6	13.4	18	14.4	4.9	6.18
Fe	272.7	125	211.4	115.8	59.9	81.6
W	384.6	384.6	411	151.4	151.4	160.6
Mg	50.6	42.9	44.7	18.2	16.7	17.3

续表

金属类别	E/GPa			G/GPa		
	单晶		多晶体	单晶		多晶体
	最大值	最小值		最大值	最小值	
Zn	123.5	34.9	100.7	48.7	27.3	39.4
Ti	—	—	115.7	—	—	43.8
Be	—	—	260	—	—	—
Ni	—	—	199.5	—	—	76.0

工程上,弹性模量是材料刚度的度量。在外力相同的情况下,材料的 E 愈大,刚度愈大,材料发生的弹性变形量就愈小,如钢的 E 约为铝的 3 倍,因此钢的弹性变形只是铝的 1/3。

(3)弹性变形量随材料的不同而异。多数金属材料仅在低于比例极限的应力范围内符合胡克定律,弹性变形量一般不超过 0.5%。而橡胶类高分子材料的高弹形变量可高达 1 000%,但这种弹性变形是非线性的。

9.1.3 弹性变形的不完整性

上面讨论的弹性变形把物体看作理想弹性体来处理,只考虑应力和应变的关系,并没有考虑时间的影响。但是,多数工程上应用的材料为多晶体甚至为非晶态或者是两者皆有的物质,其内部存在各种类型的缺陷,弹性变形时,可能出现变形时加载线与卸载线不重合、应变的发展跟不上应力的变化等有别于理想弹性变形特点的现象,称之为弹性变形的不完整性。

弹性不完整性的现象包括包申格效应、弹性后效、弹性滞后和循环韧性等。

1. 包申格效应

材料经预先加载产生少量塑性变形(小于 4%),而后同向加载则弹性极限升高,反向加载则弹性极限下降的现象称为包申格效应(也有包兴格、包辛格等不同译名),如图 9.2 所示。该效应是多晶体金属材料的普遍现象。

包申格效应的一个表征——拉伸方向的塑性变形导致了材料压缩屈服应力的降低,在应力-应变曲线上呈现出拉压不对称性。

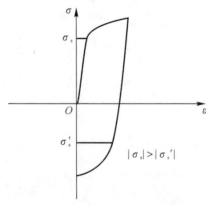

图 9.2 包申格效应示意图

2. 弹性后效

一些实际晶体,在加载或卸载时,应变不是瞬时达到其平衡值,而是通过一种弛豫过程来完成其变化的。这种在弹性极限 σ_e 范围内,应变滞后于外加应力,并和时间有关的现象称为弹性后效或滞弹性。

图 9.3 为恒应力条件下弹性后效示意图。图中 ε_0 为弹性应变,是加载恒定应力 σ_0 瞬时产生的,而 $\varepsilon_{总}-\varepsilon_0$ 是在应力作用下逐渐产生的弹性应变,称为滞弹性应变;在卸载时,ε_0 是在应力去除时瞬间消失的弹性应变,而 $\varepsilon_{总}-\varepsilon_0$ 是在去除应力后随着时间的延长逐渐消失的滞弹性应变。

弹性后效速率与材料成分、组织有关,也与试验条件有关。组织愈不均匀、温度升高、切应力愈大,弹性后效愈明显。

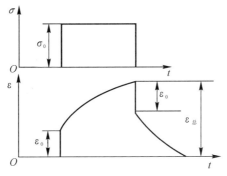

图 9.3　恒应力下的应变弛豫

3. 弹性滞后

由于应变落后于应力,在 σ-ε 曲线上加载线与卸载线不重合而形成一封闭回线,这种现象称为弹性滞后,如图 9.4 所示。

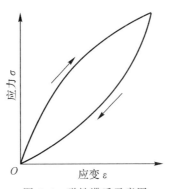

图 9.4　弹性滞后示意图

弹性滞后表明加载时消耗于材料的变形功大于卸载时材料恢复所释放的变形功,多余的部分被材料内部所消耗,称之为内耗,其大小用弹性滞后环面积度量。

4. 循环韧性

循环韧性也可称为循环软化,对于承受应变疲劳的工件是很重要的。因为在应变疲劳中,每一周期都产生塑性变形,在反向加载时,弹性极限下降,显示出循环软化现象。实际上是在循环应力作用下的包申格效应,如图 9.5 所示。

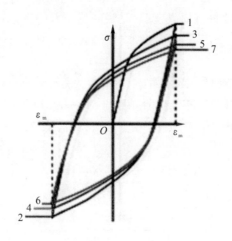

图 9.5　循环韧性示意图

9.2　晶体材料的塑性变形

当材料所受的应力超过其弹性极限,会发生塑性变形(或称为塑性形变)。材料发生塑性变形是不可逆的永久变形。

工程上用的材料大多为多晶体,然而多晶体的变形是与其中各个晶粒的变形行为相关的。为了分析问题方便,先讨论单晶体的塑性变形,然后再研究多晶体及合金的塑性变形。

9.2.1　单晶体的塑性变形

在常温和低温下,单晶体的塑性变形主要通过滑移方式进行,此外,还有孪生和扭折等变形方式。高温条件下,晶体材料的变形属于扩散性及晶界滑动和移动等方式。

1. 滑移

(1)滑移线与滑移带。当应力超过晶体的弹性极限后,晶体中就会产生层片之间的相对滑移,大量的层片间滑动的累积就构成晶体的宏观塑性变形。为了观察滑移现象,可将经过良好抛光的单晶体金属棒试样进行适当拉伸,使之产生一定的塑性变形,即可在显微镜下观察到金属棒表面一条条的细线,通常称为滑移带。将在铜单晶试样表面形成的滑移带示于图 9.6 中。这是由金属单晶体拉伸后晶体的滑移变形使试样的抛光表面上产生高低不一的台阶造成的。进一步用电子显微镜作高倍分析发现:在宏观及金相观察中看到的滑移带并不是单一条线,而是由一系列相互平行的更细的线所组成的,这些滑移带内的细线称为滑移线。滑移线之间的距离仅为约 100 倍原子间距左右,沿每一滑移线的滑移量可达 1 000 倍原子间距左右,如图 9.7所示。对滑移线的观察也表明了晶体塑性变形的不均匀性,滑移只是集中发生在一些晶面上,而滑移带或滑移线之间的晶体层片则没有产生变形,只是彼此之间作相对位移而已。

图 9.6　铜单晶试样拉伸表面形成的滑移带

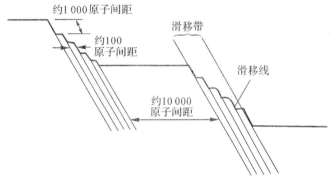

图 9.7　滑移带形成示意图

(2)滑移系。如前所述,塑性变形时位错只沿着一定的晶面和晶向运动,这些晶面和晶向分别称为"滑移面"和"滑移方向"。晶体结构不同,其滑移面和滑移方向也不同。

晶体的滑移是指在切应力作用下,晶体的一部分沿滑移面和滑移方向相对于另一部分发生的滑动。当对一单晶体试样进行拉伸时,外力在某晶面上产生的应力可分解为垂直于该晶面的正应力及平行于该晶面的切应力。正应力只能引起晶格的弹性伸长,而切应力则可使晶格在发生弹性歪扭之后,进一步使晶体发生滑移。

表 9.3 列出了几种常见金属的滑移面和滑移方向。从表中可见,滑移面和滑移方向往往是金属晶体中原子排列最密的晶面和晶向。这是因为原子密度最大的晶面其面间距最大,点阵阻力最小,因而容易沿着这些面发生滑移;至于滑移方向为原子密度最大的方向是由于最密排方向上的原子间距最短,即位错柏氏矢量 b 最小。例如:具有 fcc 的晶体其滑移面是 $\{111\}$ 晶面,滑移方向为 $\langle 110 \rangle$ 晶向。而 bcc 的原子密排程度不如 fcc 和 hcp,它没有原子紧密排列的密排面,故其滑移面可有 $\{110\}$,$\{112\}$ 和 $\{123\}$ 三组,具体选择哪个滑移面因材料、温度等因素而定。但其滑移方向总是沿着原子密排方向 $\langle 111 \rangle$。至于 hcp 其滑移方向一般为密排方向 $\langle 11\bar{2}0 \rangle$。而 hcp 结构的滑移面与其轴比($c/a$)有关。当 $c/a < 1.633$ 时,$\{0001\}$ 不再是唯一的滑移面,滑移还可发生于 $\{10\bar{1}1\}$ 或 $\{10\bar{1}0\}$ 等晶面。

表 9.3　一些金属晶体的滑移面和滑移方向

晶体结构	金属举例	滑移面	滑移方向
面心立方	Cu, Au, Ag, Ni, Al	{111}	⟨100⟩
	Al(高温)	{100}	⟨110⟩
体心立方	α-Fe	{110}	⟨111⟩
		{112}	⟨111⟩
		{123}	⟨111⟩
	W, Mo, Na(于 0.08~0.24T_m)	{112}	⟨111⟩
	Mo, Na(于 0.26~0.50T_m)	{110}	⟨111⟩
	Na, K(于 0.8T_m)	{123}	⟨111⟩
	Nb	{110}	⟨111⟩
密排六方	Cd, Be, Te	{0001}	⟨11$\bar2$0⟩
	Zn	{0001}	⟨11$\bar2$0⟩
		{11$\bar2$2}	⟨11$\bar2\bar3$⟩
	Be, Re, Zr	{10$\bar1$0}	⟨11$\bar2$0⟩
		{0001}	⟨11$\bar2$0⟩
	Mg	{11$\bar2$2}	⟨10$\bar1$0⟩
		{1011}	⟨11$\bar2$0⟩
		{1010}	⟨11$\bar2$0⟩
	Ti, Zr, Hf	{10$\bar1$1}	⟨11$\bar2$0⟩
		{0001}	⟨11$\bar2$0⟩

注:表中 T_m 为熔点,用绝对温度表示。

一个滑移面和此滑移面上的一个滑移方向合起来叫做一个滑移系。每一个滑移系表示晶体在进行滑移时可能采取的一个空间取向。当其他条件相同时,晶体中的滑移系愈多,滑移过程可能采取的空间取向便愈多,滑移愈容易进行,它的塑性愈好。据此,面心立方晶体的滑移系共有 $\{111\}_4\langle110\rangle_3=12$ 个。体心立方晶体,如 α-Fe,由于可同时沿 {110},{112} 和 {123} 晶面滑移,故其滑移系共有 $\{110\}_6\langle111\rangle_2+\{112\}_{12}\langle111\rangle_1+\{123\}_{24}\langle111\rangle_1=48$ 个。而密排六方晶体的滑移系仅有 $\{0001\}_1\langle1120\rangle_3=3$ 个。由于滑移系数目太少,hcp 晶体的塑性不如 fcc 或 bcc 的好。

(3)滑移的临界分切应力。前已指出,晶体的滑移是在切应力作用下进行的,但并不是所有滑移系同时参与滑移,而只有当外力在某一滑移系中的分切应力达到一定临界值时,该滑移系才可以发生滑移,该分切应力称为滑移的临界分切应力。

设有一截面积为 A 的圆柱形单晶体受轴向拉力 F 的作用,φ 为滑移面法线与外力 F 中心轴的夹角,λ 为滑移方向与外力 F 的夹角(见图 9.8),则 F 在滑移方向的分力为 $F\cos\lambda$,而滑移

面的面积为 $A/\cos\varphi$,于是,外力在该滑移面沿滑移方向的分切应力 τ 为

$$\tau = \frac{F}{A}\cos\varphi\cos\lambda \qquad (9.5)$$

式中,F/A 为试样拉伸时横截面上的正应力,当滑移系中的分切应力达到其临界分切应力值而开始滑移时,F/A 应为宏观上的起始屈服强度 σ_s。$\cos\varphi\cos\lambda$ 称为取向因子或施密特(Schmid)因子,是分切应力 τ 与轴向应力 F/A 的比值,取向因子越大,则分切应力越大。显然,对任一给定 φ 角而言,若滑移方向是位于 F 与滑移面法线所组成的平面上,即 $\varphi+\lambda=90°$,则沿此方向的 τ 值较其他 λ 时的 τ 值大,这时取向因子 $\cos\varphi\cos\lambda = \cos\varphi\cos(90-\varphi) = \frac{1}{2}\sin2\varphi$,故当 $\varphi=45°$ 时,取向因子具有最大值 1/2。

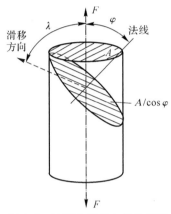

图 9.8　计算分切应力的分析图

图 9.9 为 hcp 镁单晶取向因子对拉伸屈服应力 σ_s 的影响,图中圆点为实验测试值,曲线为计算值,两者吻合很好。从图中可见,当 $\varphi=90°$ 或当 $\lambda=90°$ 时,σ_s 均为无穷大,这说明当滑移面与外力方向平行,或者是滑移方向与外力方向垂直的情况下不可能产生滑移。而当滑移方向位于外力方向与滑移面法线所组成的平面上,且 $\varphi=45°$ 时,取向因子达到最大值(0.5),σ_s 最小,即以最小的拉应力就能达到发生滑移所需的分切应力值。通常,取向因子大的称为软取向,取向因子小的叫做硬取向。

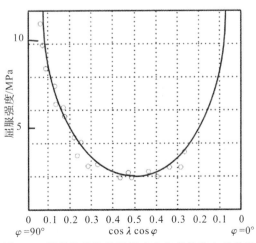

图 9.9　镁晶体拉伸的屈服应力与晶体取向的关系

综上所述,滑移的临界分切应力是一个真实反映单晶体受力起始屈服的物理量。滑移临界分切应力数值与晶体的类型、纯度,以及温度等因素有关,还与该晶体的加工和热处理状态、变形速率,以及滑移系类型等因素有关。表 9.4 列出了一些金属晶体发生滑移的临界分切应力。

表 9.4 一些金属晶体发生滑移的临界分切应力

金属	温度/℃	纯度/(%)	滑移面	滑移方向	临界分切应力/MPa
Ag	室温	99.99	$\{111\}$	$\langle 110 \rangle$	0.47
Al	室温	—	$\{111\}$	$\langle 110 \rangle$	0.79
Cu	室温	99.9	$\{111\}$	$\langle 110 \rangle$	0.98
Ni	室温	99.8	$\{111\}$	$\langle 110 \rangle$	5.68
Fe	室温	99.96	$\{110\}$	$\langle 111 \rangle$	27.44
Nb	室温	—	$\{110\}$	$\langle 111 \rangle$	33.8
Ti	室温	99.99	$\{10\overline{1}0\}$	$\langle 11\overline{2}0 \rangle$	13.7
Mg	室温	99.95	$\{0001\}$	$\langle 11\overline{2}0 \rangle$	0.81
Mg	室温	99.98	$\{0001\}$	$\langle 11\overline{2}0 \rangle$	0.76
Mg	330	99.98	$\{0001\}$	$\langle 11\overline{2}0 \rangle$	0.64
Mg	330	99.98	$\{10\overline{1}1\}$	$\langle 11\overline{2}0 \rangle$	3.92

(4)滑移时晶面转动。单晶体滑移时,除滑移面发生相对位移外,往往伴随着晶面的转动。对于只有一组滑移面的 hcp 晶体结构,这种现象尤为明显。

将进行拉伸试验时单晶体发生滑移与转动的变形过程示于图 9.10 中。可以想象,如果不受试样夹头对滑移的约束作用,经外力 F 轴向拉伸,将发生如图 9.10(b)所示的滑移变形和轴线偏移。但由于拉伸夹头不能作横向动作,故为了保持拉伸轴线方向不变,单晶体的取向必须进行相应地转动,滑移面逐渐趋于平行轴向[见图 9.10(c)]。其中试样靠近两端处因受夹头之限制,晶面有可能发生一定程度的弯曲以适应中间部分的位向变化。

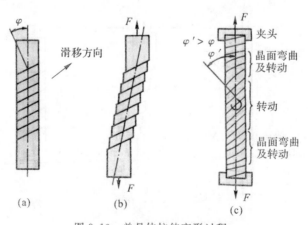

图 9.10 单晶体拉伸变形过程
(a)原试样;(b)自由滑移变形;(c)受夹头限制的变形

图 9.11 为单轴拉伸时晶体发生转动的力偶作用机制。这里给出了图 9.10(b)中部某层滑移后的受力的分解情况。在图 9.11(a)中,σ_1,σ_2 为外力在该层上下滑移面的法向分应力。在该力偶作用下,滑移面将产生转动并逐渐趋于与轴向平行。如图 9.11(b)所示为作用于两滑移面上的最大分切应力 τ_1,τ_2 各自分解为平行于滑移方向的分应力 τ_1',τ_2' 以及垂直于滑移方向的分应力 τ_1'',τ_2''。其中,前者即为引起滑移的有效分切应力;后者则组成力偶而使晶向发生旋转,即力求使滑移方向转至最大分切应力方向。

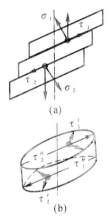

图 9.11　单轴拉伸时晶体转动的力偶作用示意图

除拉伸晶体发生晶面转动外,晶体受压变形时也要发生晶面转动,转动的结果是使滑移面逐渐趋于与压力轴线相垂直,如图 9.12 所示。

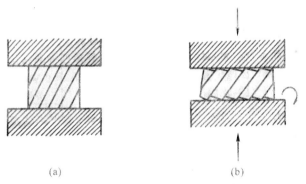

图 9.12　晶体受压时的晶面转动示意图

(a) 受压前;(b)受压后

由前述内容可知,晶体在滑移过程中不仅滑移面发生转动,而且滑移方向也逐渐发生改变,这导致滑移面上的分切应力也随之发生变化。由于 $\varphi = 45°$ 时,其滑移系上的分切应力最大,故经滑移与转动后,若 φ 角趋近 45°,则分切应力不断增大而有利于滑移;反之,若 φ 角远离 45°,则分切应力逐渐减小而使滑移系的进一步滑移变得困难。这表明,晶体在变形过程中滑移系可能发生改变。

(5)多系滑移。对于具有多组滑移系的晶体,滑移首先在取向最有利的滑移系(其分切应力最大)进行。由于变形时晶面发生转动,在其他滑移面上的分切应力也可能逐渐增加到足以发生滑移的临界值以上,于是晶体的滑移就可能在两组或更多的滑移面上同时进行或交替地进行,从而产生多系滑移。

对于具有较多滑移系的晶体而言,除多系滑移外,还常可发现交滑移现象,即两个或多个滑移面沿着某个共同的滑移方向同时或交替滑移。交滑移的实质是螺位错在不改变滑移方向的前提下,从一个滑移面转到相交接的另一个滑移面的过程,可见交滑移可以使滑移有更大的灵活性。如图9.13所示为多系滑移在试样表面形成的滑移带。

应该指出的是,在多系滑移的情况下,会因不同滑移系的位错相互交截而给位错的继续运动带来困难,这也是一种重要的强化机制。

图9.13　多系滑移滑移带

(6)滑移的位错机制。实际测得晶体滑移的临界分切应力值较理论计算值低3~4个数量级,表明晶体滑移并不是晶体的一部分相对于另一部分沿着滑移面作整体刚性位移,而是借助位错在滑移面上运动来逐步地进行的。通常,可将位错线看作是晶体中已滑移区域与未滑移区域的分界线,当位错移动到晶体外表面时,晶体沿其滑移面产生了位移量为一个 b 的滑移,而大量的位错沿着同一滑移面移到晶体表面就形成了前述观察到的滑移带。

晶体的滑移必须在一定的外力作用下才能发生,这说明位错的运动要克服阻力。

位错运动的阻力首先来自点阵阻力。由于点阵结构的周期性,当位错沿滑移面运动时,位错中心的能量也要发生周期性的变化,如图9.14所示。图中1和2为晶格中的等同位置。当位错处于这种平衡位置时,其能量最小,相当于处在能谷中。当位错从位置是1移动到位置2时,需要越过一个能垒,这就是说位错在运动时会遇到点阵阻力。由于派尔斯(Peierls)和纳巴罗(Nabarro)首先估算了这一阻力,故又称为派-纳(P-N)力。

图9.14　位错滑移时在晶格中的能量变化

派-纳力与晶体的结构和原子间作用力等因素有关,其表达式如下:

$$\tau_{P-N} = \frac{2G}{1-\nu}\exp\left[-\frac{2\pi d}{(1-\nu)b}\right] = \frac{2G}{1-\nu}\exp\left(-\frac{2\pi W}{b}\right) \tag{9.6}$$

式中,d——滑移面的面间距;

b——滑移方向上的原子间距;

ν——泊松比;

W——位错的宽度 $\left(W = \frac{d}{1-\nu}\right)$。

它相当于在理想的简单立方晶体中使一刃型位错运动所需的临界分切应力(见图9.15)。

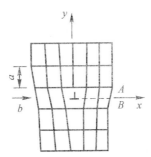

图 9.15　简单立方点阵中的刃型位错

对于简单立方结构 $d = b$，如取 $\nu = 0.3$，则可求得 $\tau_{P\text{-}N} = 3.6 \times 10^{-4}G$。如取 $\nu = 0.35$，则 $\tau_{P\text{-}N} = 2 \times 10^{-4}G$。这一数值比理论切变强度($\tau \approx G/30$)小得多，而与临界分切应力的实测值具有同一数量级。这说明位错滑移是容易进行的。

由派-纳力公式[式(9.6)]可知，位错宽度越大，则派-纳力越小，这是因为位错宽度表示了位错所导致的点阵严重畸变区的范围，宽度大则位错周围的原子就能比较接近于平衡位置，点阵的弹性畸变能低，故位错移动时其他原子所作相应移动的距离较小，产生的阻力也较小。此结论是符合实验结果的，例如，面心立方结构金属具有大的位错宽度，故其派-纳力甚小，屈服应力低；而体心立方金属的位错宽度较窄，故派-纳力较大，屈服应力较高。至于原子间作用力具有强烈方向性的共价晶体和离子晶体，其位错宽度极窄，则表现出硬而脆的特性。

此外，$\tau_{P\text{-}N}$ 与 $(-d/b)$ 成指数关系，因此，d 值越大，b 值越小，即滑移面的面间距越大，位错强度越小，则派-纳力也越小，因而越容易滑移。由于晶体中原子最密排面的面间距最大，密排面上最密排方向上的原子间距最短。这就解释了为什么晶体的滑移面和滑移方向一般都是晶体的原子密排面与密排方向。

在实际晶体中，在一定温度下，当位错线从一个能谷位置移向相邻能谷位置时，并不是沿其全长同时越过能峰。很可能在热激活作用下，有一小段位错线先越过能峰，如图 9.16 所示。同时形成位错扭折，即在两个能谷之间横跨能峰的一小段位错。位错扭折可以很容易地沿位错线向旁侧运动，结果使整个位错线向前滑移。这种运动与自然界的蛇爬行类似，通过这种机制可以使位错滑移所需的应力进一步降低。

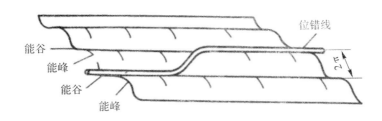

图 9.16　位错的扭折运动

除点阵阻力外，位错与位错的交互作用也会产生阻力。运动位错交截后形成的扭折和割阶，尤其是螺型位错的割阶将对位错起钉扎作用，致使位错运动的阻力增加。位错与其他晶体缺陷如点缺陷、其他位错、晶界和第二相质点等交互作用产生的阻力，对位错运动均会产生阻碍，导致晶体强化。

2．孪生

孪生是单晶体金属材料塑性变形的另一种重要形式，它常作为滑移不易进行时的补充。如图 9.17 所示为孪生组织。

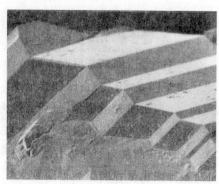

图 9.17　孪生组织

（1）孪生变形过程。在切应力作用下，晶体的一部分沿一定的晶面（孪晶面）和晶向（孪晶方向）相对于另一部分所发生的切变称为孪生。孪生变形过程的示意图如图 9.18 所示。从前述晶体学基础知识可知，面心立方晶体可看成一系列（111）晶面沿着 [110] 晶向按 ABCABC······ 的规律堆垛而成。当晶体在切应力作用下发生孪生变形时，晶体内局部区域的（111）晶面沿着 $[11\bar{2}]$ 方向（即图 9.18 中的 AC' 方向），产生彼此相对移动距离为 $\dfrac{a}{b}[11\bar{2}]$ 的均匀切变，即可得到如图 9.18（b）所示的情况。图中纸面相当于（110）晶面，（111）面垂直于纸面，AB 为（111）晶面与（110）晶面的交线，相当于 $[11\bar{2}]$ 晶向。从图 9.18 可看出，均匀切变集中发生在中部，由 $AB \sim GH$ 中的每个（111）面都相对于其邻面沿 $[11\bar{2}]$ 方向移动了大小为 $\dfrac{a}{b}[11\bar{2}]$ 的距离。这样的切变并未使晶体的点阵类型发生变化，但它却使均匀切变区中的晶体取向发生变更，变为与未切变区晶体呈镜面对称的取向。这一变形过程称为孪生，变形与未变形两部分晶体合称为孪晶，均匀切变区与未切变区的分界面（即两者的镜面对称面）称为孪晶界，发生均匀切变的那组晶面称为孪晶面（即（111）面），孪生面的移动方向（即 $[11\bar{2}]$ 方向）称为孪生方向或孪晶方向。

（2）孪生的特点。根据以上对孪生变形过程的分析，可知孪生具有以下特点：

1）孪生变形也是在切应力作用下发生的，并通常出现于滑移受阻而引起的应力集中区，因此，孪生所需的临界切应力要比滑移时大得多。

2）孪生是一种均匀切变，即切变区内与孪晶面平行的每一层原子面均相对于其毗邻晶面沿孪生方向位移了一定的距离，且每一层原子相对于孪生面的切变量跟它与孪生面的距离成正比。

3）孪晶的两部分晶体形成镜面对称的位向关系。

4）孪生的速度非常快，接近声音在固体物质中的传播速度。

（3）孪晶的形成。在晶体中形成孪晶的主要方式有三种：一是通过机械变形而产生的孪晶，也称为"变形孪晶"或"机械孪晶"，它的特征通常呈透镜状或片状；其二为"生长孪晶"，它包括晶体自气态（如气相沉积）、液态（液相凝固）或固体中长大时形成的孪晶；其三是变形金属在其再结晶退火过程中形成的孪晶,也称为"退火孪晶",它往往以相互平行的孪晶面为界横贯整个晶粒,是在再结晶过程中通过堆垛层错的生长形成的,如图9.19所示。它实际上也应属于生长孪晶,系从固体中生长过程中形成。

变形孪晶的生长同样可分为形核和长大两个阶段。晶体变形时先是以极快的速度爆发出薄片孪晶(常称之为"形核"),然后通过孪晶界扩展来使孪晶增宽。

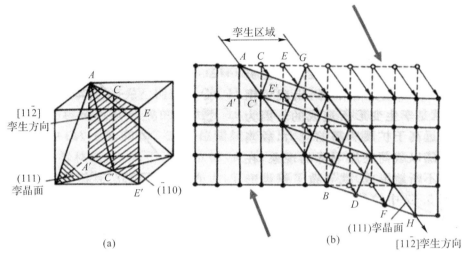

图9.18　位错的扭折运动面心立方晶体孪生变形示意图
(a)孪晶面和孪生方向;(b)孪生变形时原子的移动

图9.19　退火孪晶组织

就变形孪晶的萌生而言,一般需要较大的应力,即孪生所需的临界切应力要比滑移的大得多。例如测得 Mg 晶体孪生所需的分切应力应为 4.9～34.3 MPa,而滑移时临界分切应力仅为 0.49 MPa,所以,只有当滑移受阻时,应力才可能累积起孪生所需的数值,导致孪生变形。孪晶的萌生通常发生于晶体中应力高度集中的地方,如晶界等,但孪晶在萌生后的长大所需的应力则相对较小。如在 Zn 单晶中,孪晶形核时的局部应力必须超过 $10^{-1}G$(G 为切变模量)。但形核后,只要应力略微超过 $10^{-4}G$ 即可长大。因此,孪晶的长大速度极快,与冲击波的传播速度相当。由于在孪生变形时,在极短的时间内有相当数量的能量被释放出来,因而有时可伴随明显的声响。

图9.20是铜单晶在 4.2 K 时测得的拉伸曲线。开始塑性变形阶段的光滑曲线对应滑移

过程。当应力增高到一定值后发生突然下降,然后又反复地上升和下降,呈现锯齿形的变化,这就是孪生变形所造成的。因为形核所需的应力远高于扩展所需的应力,故当孪晶出现时就伴随以载荷突然下降的现象,在变形过程中孪晶不断地形成,就导致了锯齿形的拉伸曲线。图9.20中拉伸曲线锯齿形变化后又呈光滑曲线,表明变形又转为滑移方式进行。这是因为孪生导致晶体方位的改变,使某些滑移系处于有利的位向,又开始了滑移变形。

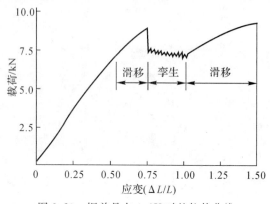

图 9.20　铜单晶在 4.2K 时的拉伸曲线

通常,对称性低、滑移系少的密排六方金属如 Cd,Zn,Mg 等往往容易出现孪生变形。密排六方金属的孪生面为 $\{10\,\overline{1}2\}$,孪生方向为 $\langle 10\overline{1}1\rangle$。对具有体心立方晶体结构的金属,当形变温度较低、形变速度极快或由于其他原因的限制使滑移过程难以进行时,也会通过孪生的方式进行塑性变形。体心立方金属的孪生面为 $\{112\}$,孪生方向为 $\langle 111\rangle$。面心立方金属由于对称性高,滑移系多而易于滑移,所以孪生很难发生,常见的是退火孪晶。面心立方金属只有在极低温度(4~78 K)下滑移极为困难时,才会产生孪生。面心立方金属的孪生面为 $\{111\}$,孪生方向为 $\langle 112\rangle$。

与滑移相比,孪生本身对晶体变形量的直接贡献是较小的。例如,一个密排六方结构的 Zn 晶体单纯依靠孪生变形时,其伸长率仅为 7.2%。但是,由于孪晶的形成改变了晶体的位向,从而使其中某些原处于不利的滑移系转换到有利于发生滑移的位置,可以激发进一步的滑移和晶体变形。这样,滑移与孪生交替进行,相辅相成,可使晶体获得较大的变形量。

(4)孪生的位错机制。由于孪生变形时,整个孪晶区发生均匀切变,其各层晶面的相对位移是借助一个不全位错(肖克莱不全位错)运动而形成的。以面心立方晶体为例(见图 9.21),如在某一 $\{111\}$ 滑移面上有一个全位错 $\dfrac{a}{2}\langle 110\rangle$ 扫过,滑移两侧晶体将产生一个原子间距 $\left(\dfrac{\sqrt{2}}{2}a\right)$ 的相对滑移量,且 $\{111\}$ 面的堆垛顺序不变,即仍为 ABCABC……。但如在相互平行且相邻的一组 $\{111\}$ 面上各有一个肖克莱不全位错扫过,则各滑移面间的相对位移就不是一个原子间距,而是 $\dfrac{\sqrt{6}}{6}a$,由于晶面发生层错而使堆垛顺序由原来的 ABCABC 改变为 ABCACBACB,这样就在晶体的上半部形成一片孪晶。

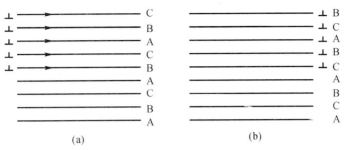

(a)　　　　　　　　　　　　(b)

图 9.21　面心立方晶体中孪晶的形成

柯策尔(A. H. Cottrell)和比耳贝(B. A. Bilby)提出形变孪晶是通过位错增殖的极轴机制形成的。图 9.22 是孪生的位错极轴机制示意图。其中 OA,OB 和 OC 三条位错线相交于结点 O。位错 OA 与 OB 不在滑移面上,属于不动位错(此处称为极轴位错)。位错 OC 及其柏氏矢量 b_3 都位于滑移面上,它可以绕结点 O 做旋转运动。称为扫动位错,其滑移面称为扫动面。如果扫动位错 OC 为一个不全位错,且 OA 和 OB 的柏氏矢量 b_1 和 b_2 各有一个垂直于扫动面的分量,其值等于扫动面(滑移面)的面间距,那么,扫动面将不是一个平面,而是一个连续蜷面(螺旋面)。在这种情况下,扫动位错 OC 每旋转一周,晶体便产生一个单原子层的孪晶,与此同时,OC 本身也攀移一个原子间距而上升到相邻的晶面上。扫动位错如此不断的扫动,就使位错线 OC 结点 O 不断地上升,也就相当于每个面都有一个不全位错在扫动,于是会在晶体中一个相当宽的区域内造成均匀切变,即在晶体中形成变形孪晶。

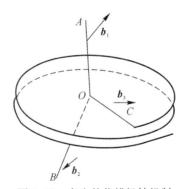

图 9.22　孪生的位错极轴机制

3. 扭折

由于各种原因,晶体中不同部位的受力情况和形变方式可能有很大的差异,对于那些既不能进行滑移也不能进行孪生的区域,晶体将通过其他方式进行塑性变形。以密排六方结构的镉单晶进行纵向压缩变形为例,若外力与 hcp 的底面 (0001)(即滑移面)平行,由于此时 $\varphi = 90°$,$\cos\varphi = 0$,取向因子为零,滑移面上的分切应力为零,晶体不能作滑移变形。若此时孪生过程因阻力也很大,无法进行。在此情况下,如继续增大压力,则为了使晶体的形状与外力相适应,当外力超过某一临界值时晶体将会产生局部弯曲,如图 9.23 所示,这种变形方式称为扭折,变形区域则称为扭折带。

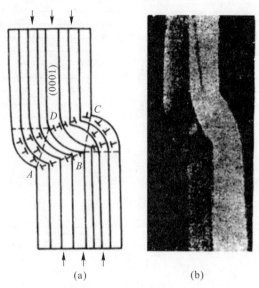

(a)　　　　　　　(b)

图 9.23　单晶镉被压缩时的扭折

(a)扭折示意图；(b)镉单晶的扭折带

由图 9.23(a)可见，扭折变形与孪生不同，它使扭折区晶体的取向发生了不对称性的变化，在 ABCD 区域内的点阵发生了扭曲，其左右两侧则发生了弯曲，扭曲区的上下界面(AB, CD)是由符号相反的两列刃型位错所构成的，而每一弯曲区则由同号位错堆积而成，取向是逐渐弯曲过渡的，但左右两侧的位错符号恰好相反。这说明扭折区最初是一个由其他区域运动过来的位错所汇集的区域，位错的汇集产生了弯曲应力，使晶体点阵发生折曲和弯曲从而形成扭折带。所以，扭折是一种协调性变形，它能引起应力松弛，使晶体不致断裂。晶体经扭折之后，扭折区内的晶体取向与原来的取向不再相同，有可能使该区域内的滑移系处于有利取向，从而产生滑移。

扭折带还会伴随着形成孪晶而出现。在晶体作孪生变形时，由于孪晶区域的切变位移，迫使与之相邻的周围晶体产生较大的应变。特别是在晶体两端受有约束的情况下，与孪晶相邻晶体区域的应变更大。为了消除这种影响来适应其约束条件，在相邻区域往往形成扭折带以实现过渡，如图 9.24 所示。

孪晶　↑孪生切变方向　　　　　　孪晶　扭折带

(a)　　　　　　　　　　　　(b)

图 9.24　伴随着形成孪晶而产生的扭折带

9.2.2　多晶体的塑性变形

实际使用的材料通常是由多晶体组成的。室温下，多晶体中每个晶粒变形的基本方式与单晶体相同，但由于相邻晶粒之间取向不同，以及晶界的存在，多晶体的变形既要克服晶界的阻碍,又要求各晶粒的变形相互协调与配合,因此,多晶体的塑性变形较为复杂。

1. 晶粒取向的影响

晶粒取向对多晶体塑性变形的影响,主要表现在各晶粒变形过程中的相互制约和协调性。

当外力作用于多晶体时,由于晶体的各向异性,位向不同的各个晶体所受应力并不一致,而作用在各晶粒的滑移系上的分切应力更因晶粒位向不同而相差很大,因此各晶粒并非同时开始变形。处于有利位向的晶粒首先发生滑移,处于不利方位的晶粒却还未开始滑移。而且,不同位向晶粒的滑移系取向也不相同,滑移方向也不相同,故滑移不可能从一个晶粒直接延续到另一晶粒中。但多晶体中每个晶粒都处于其他晶粒包围之中,它们的变形必然与其邻近晶粒相互协调配合,不然就难以进行变形,甚至不能保持晶粒之间的连续性,会造成空隙而导致材料的破裂。为了使多晶体中各晶粒之间的变形得到相互协调与配合,每个晶粒不只是在取向最有利的单滑移系上进行滑移,而是必须在几个滑移系其中包括取向并非有利的滑移系上进行,其形状才能相应地作各种改变。理论分析表明,多晶体塑性变形时要求每个晶粒至少能在 5 个独立的滑移系上进行滑移。这是因为任意变形均可用 ε_{xx},ε_{yy},ε_{zz},γ_{xy},γ_{yz} 和 γ_{zx} 6 个应变分量来表示,但塑性变形时,晶体的体积不变($\frac{\Delta V}{V} = \varepsilon_{xx} + \varepsilon_{yy} + \varepsilon_{zz} = 0$),只有 5 个独立的应变分量,每个独立的应变分量是由一个独立滑移系来产生的。可见,多晶体的塑性变形通过各晶粒的多系滑移来保证相互间的协调,即一个多晶体是否能够塑性变形,取决于它是否具备 5 个独立的滑移系来满足各晶粒变形时相互协调的要求。这就与晶体的结构类型有关:滑移系比较多的面心立方和体心立方晶体能满足这个条件,因此,它们的多晶体具有很好的塑性。而密排六方晶体由于滑移系少,晶粒之间的应变协调性很差,所以其多晶体的塑性变形能力很低。

2. 晶界的影响

从前述内容可知,晶界上原子排列不规则,点阵畸变严重,且晶界两侧的晶粒取向不同,滑移方向和滑移面彼此不一致,因此,滑移要从一个晶粒直接延续到下一个晶粒是极其困难的。这表明在室温下晶界对滑移具有阻碍效应。

对只有 2～3 个晶粒的试样进行拉伸试验表明,在晶界处呈竹节状,如图 9.25 所示。这表明晶界附近滑移受阻,变形量较小,而晶粒内部变形量较大,整个晶粒变形是不均匀的。

图 9.25　少晶粒试样拉伸后晶界处呈竹节状

多晶体试样经拉伸后,每一晶粒中的滑移带都终止在晶界附近。通过电镜仔细观察,可看到在变形过程中位错难以通过晶界被堵塞在晶界附近的情形,如图 9.26 所示。这种在晶界附近产生的位错塞积群会对晶内的位错源产生一反作用力。此反作用力随位错塞积数目 n 增大而增大:

$$n = \frac{k\pi\tau_0 L}{Gb} \tag{9.7}$$

式中,τ_0——作用于滑移面上外加分切应力;

　　k——系数,螺型位错 $k = 1$,刃型位错 $k = 1 - \nu$;

L——位错源至晶界之间的距离,当它增大到某一数值时,可使位错源停止开动,使晶体显著强化。

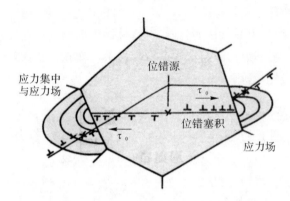

图 9.26 位错在相邻晶粒中的作用示意图

总之,由于晶界上点阵畸变严重且晶界两侧的晶粒取向不同,因而在一侧晶粒中滑移的位错不能直接进入第二晶粒。要使第二晶粒产生滑移,就必须增大外加应力以启动第二晶粒中的位错源动作。因此,对多晶体而言,外加应力必须大至足以激发大量晶粒中的位错源动作,产生滑移,才能产生明显的塑性变形。

由于晶界数量直接取决于晶粒的大小,因此晶界对多晶体塑性变形抗力的影响可通过晶粒大小来表征。实践证明,多晶体的强度随其晶粒细化而提高。多晶体的屈服强度 σ_s 与晶粒平均直径 d 的关系可用著名的霍尔-佩奇(Hall-Petch)公式表示:

$$\sigma_s = \sigma_0 + K d^{-\frac{1}{2}} \tag{9.8}$$

式中,σ_0 ——反映晶内对变形的阻力,相当于极大单晶的屈服强度;

K ——反映晶界对变形的影响系数,与晶界结构有关。

图 9.27 为一些低碳钢的下屈服点与晶粒直径间的关系,与霍尔-佩奇公式符合得非常好。

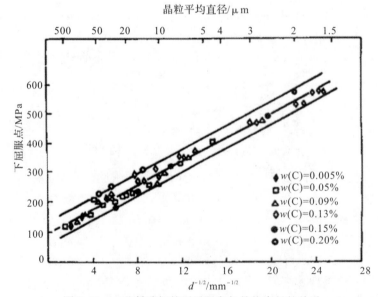

图 9.27 一些低碳钢的下屈服点与晶粒直径的关系

尽管霍尔-佩奇公式最初是一经验关系式,但也可根据位错理论,利用位错群在晶界附近引起的塞积模型导出。进一步实验证明,其适用性甚广。亚晶粒大小或者是两相片状组织的层片间距对屈服强度的影响(见图 9.28)、塑性材料的流变应力与晶粒大小之间、脆性材料的脆断应力与晶粒大小之间,以及金属材料的疲劳强度、硬度与其晶粒大小之间的关系也都可用霍尔-佩奇公式来表述。

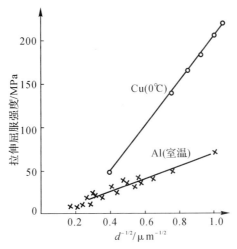

图 9.28　铜和铝的屈服强度与其亚晶尺寸的关系

因此,一般在室温使用的结构材料都希望获得细小而均匀的晶粒。这是因为细晶粒不仅使材料具有较高的强度、硬度,而且也使它具有良好的塑性和韧性,即使其具有良好的综合力学性能。

但是,当变形温度高至 $0.5T_m$(熔点)以上时,由于原子活动能力的增大,以及原子沿晶界的扩散速率加快,高温下的晶界具有一定的黏滞性特点,它对变形的阻力大为减弱。即使施加很小的应力,只要作用时间足够长,也会发生晶粒沿晶界的相对滑动,这成为多晶体在高温时一种重要的变形方式。此外,在高温时,多晶体特别是细晶粒的多晶体还可能出现另一种称为扩散性蠕变的变形机制,这个过程与空位的扩散有关。这种机制可用图 9.29 来说明。

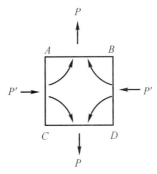

图 9.29　扩散蠕变机制示意图

设 $ABCD$ 为多晶体中一四方形晶粒,当它受拉伸变形时,其中受拉的晶界 AB,CD 附近形成空位比较容易,空位浓度较高。相反,受压的晶界 AC,BD 附近形成空位比较困难,空位浓度较低。这样,在晶粒内部造成了空位浓度梯度,从而导致空位从 AB,CD 向 AC,BD 定向移动,而原子则发生反方向的迁移,其结果必然是使晶粒沿拉伸方向变长。

据此,在多晶体材料中往往存在一"等强温度"(T_E)。温度低于 T_E 时,晶界强度高于晶粒内部的强度;当温度高于 T_E 时则得到相反的结果,如图 9.30 所示。

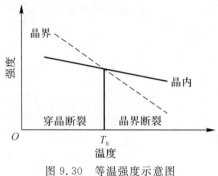

图 9.30　等温强度示意图

9.2.3　合金的塑性变形

工程上使用的金属材料绝大多数是合金。其变形方式,总的说来和金属的情况类似,只是由于合金元素的存在,又具有一些新的特点。按合金组成相不同,主要可分为单相固溶体合金和多相合金,它们的塑性变形又具有不同特点。

1. 单相固溶体合金的塑性变形

和纯金属相比最大的区别在于单相固溶体合金中存在溶质原子。溶质原子对合金塑性变形的影响主要表现在固溶强化作用,提高了塑性变形的阻力,此外,有些固溶体会出现明显的屈服点和应变时效现象。

(1)固溶强化。由于溶质原子的存在及其固溶度的增加,基体金属的变形抗力提高。图 9.31表明,Cu-Ni 固溶体的强度和塑性随溶质含量的增加,合金的强度、硬度提高,而塑性有所下降,即产生固溶强化效果。比较纯金属与不同浓度的固溶体的真应力-真应变曲线(见图 9.32),可看到溶质原子的加入不仅提高了整个应力-应变曲线的水平,而且使合金的加工硬化速率增大。

不同溶质原子所引起的固溶强化效果存在很大差别。图 9.33 为几种合金元素分别溶入铜单晶而引起的临界分切应力的变化情况。影响固溶强化的因素很多,主要有以下几个方面:

1)溶质原子的原子数分数越高,强化作用也越大,特别是当原子数分数很低时的强化效应更为显著。

2)溶质原子与基体金属的原子尺寸相差越大,强化作用也越大。

3)间隙型溶质原子比置换原子具有较大的固溶强化效果,且由于间隙原子在体心立方晶体中的点阵畸变属非对称性的,故其强化作用大于面心立方晶体的强化作用。但间隙原子的固溶度很有限,故实际强化效果也有限。

4)溶质原子与基体金属的价电子数相差越大,固溶强化作用越显著,即固溶体的屈服强度随合金电子浓度的增加而提高。

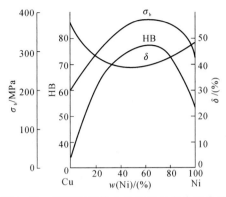

图 9.31　铜镍固溶体力学性能与成分的关系

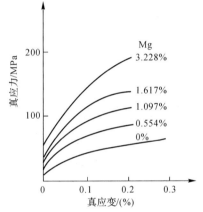

图 9.32　铝溶有镁后的真应力-真应变曲线

　　一般认为固溶强化是由于多方面的作用,主要有溶质原子与位错的弹性交互作用、化学交互作用和静电交互作用,此外当固溶体产生塑性变形时,位错运动改变了溶质原子在固溶体结构中以短程有序或偏聚形式存在的分布状态,从而引起系统能量的升高,由此也增加了滑移变形的阻力。

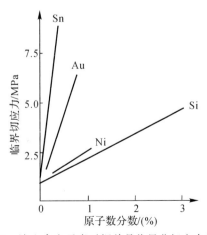

图 9.33　溶入合金元素对铜单晶临界分切应力的影响

(2)屈服现象与应变时效。图9.34为低碳钢典型的应力-应变曲线。与一般拉伸曲线不同,出现了明显的屈服点。当拉伸试样开始屈服时,应力随即突然下降,并在应力基本恒定情况下继续发生屈服伸长,所以拉伸曲线出现应力平台区。开始屈服与下降时所对应的应力值分别为上、下屈服点。在发生屈服延伸阶段,试样的应变是不均匀的。当应力达到上屈服点时,首先在试样的应力集中处开始塑性变形,并在试样表面产生一个与拉伸轴约成45°交角的变形带——吕德斯(Lüders)带。与此同时,应力降到下屈服点。随后这种变形带沿试样长度方向不断形成与扩展,从而产生拉伸曲线平台的屈服伸长。其中,应力的每一次微小波动,即对应一个新变形带的形成,如图9.34中放大部分所示。当屈服扩展到整个试样标距范围时,屈服延伸阶段就告结束。需指出的是屈服过程的吕德斯带与滑移带不同,它是许多晶粒协调变形的结果,即吕德斯带穿过了试样横截面上的每个晶粒,而其中每个晶粒内部则仍按各自的滑移系进行滑移变形。

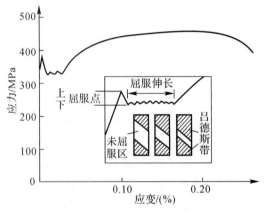

图9.34 低碳钢退火态的应力-应变曲线及屈服现象

屈服现象最初是在低碳钢中发现的。在适当条件下,上、下屈服点的差别可达10%～20%,屈服伸长可超过10%。后来发现在许多其他的金属和合金(如Mo,Ti和Al合金及Cd,Zn单晶、α和β黄铜等)中,只要这些金属材料中含有适量的溶质原子足以锚住位错,屈服现象均可发生。

通常认为在固溶体合金中,溶质原子或杂质原子可以与位错交互作用而形成溶质原子气团,即所谓的柯氏(Cottrell)气团。由刃型位错的应力场可知,在滑移面以上,位错中心区域为压应力,而滑移面以下的区域为拉应力。若有间隙原子C,N或比溶剂尺寸大的置换溶质原子存在,就会与位错交互作用偏聚于刃型位错的下方,以抵消部分或全部的张应力,从而使位错的弹性应变能降低。当位错处于能量较低的状态时,位错趋向稳定不易运动,即对位错有着"钉扎作用"。尤其在体心立方晶体中,间隙型溶质原子和位错的交互作用很强,位错被牢固地钉扎住。位错要运动,必须在更大的应力作用下才能挣脱柯氏气团的钉扎作用而发生移动,这就形成了上屈服点。而一旦挣脱之后,位错的运动就比较容易,因此应力降低,出现下屈服点和水平台。这就是屈服现象的物理本质。

Cottrell这一理论最初被人们广为接受。但20世纪60年代后,Gilman和Johnston发现:无位错的铜晶须,低位错密度的共价键晶体Si,Ge以及离子晶体LiF等也都有不连续屈服现象。因此,需要从位错运动本身的规律来加以说明,发展了更一般的位错增殖理论。

从位错理论中得知,材料塑性变形的应变速率 $\dot{\varepsilon}_p$ 与晶体中可动位错的密度 ρ_m 、位错运动的平均速度 v ,以及位错的柏氏矢量 b 成正比,即

$$\dot{\varepsilon}_p \propto \rho_m v b \tag{9.9}$$

而位错的平均运动速度 v 又与应力密切相关,即

$$v = \left(\frac{\tau}{\tau_0}\right)^m \tag{9.10}$$

式中,τ_0 ——位错作单位速度运动所需的应力;

　　τ ——位错受到的有效切应力;

　　m ——应力敏感指数,与材料有关。

在拉伸试验中,$\dot{\varepsilon}_p$ 由试验机夹头的运动速度决定,接近于恒定值。在塑性变形开始之前,晶体中的位错密度很低,或虽有大量位错但被钉扎住,可动位错密度 ρ_m 较低,此时要维持一定的 $\dot{\varepsilon}_p$ 值,势必使 v 增大。而要使 v 增大就需要提高 τ ,这就是上屈服点应力较高的原因。然而,一旦塑性变形开始后,位错迅速增殖,ρ_m 迅速增大,此时 $\dot{\varepsilon}_p$ 仍维持一定值,故 ρ_m 的突然增大必然导致 v 的突然下降,于是所需的应力 τ 也突然下降,产生了屈服应力降低,这也就是下屈服点屈服应力较低的原因。

这两种理论并不互相排斥而是互相补充的。两者结合可更好地解释低碳钢的屈服现象。单纯的位错增殖理论,其前提要求原晶体材料中的可动位错密度很低。低碳钢中的原始位错密度 ρ 为 $10^8/\mathrm{cm}^2$,但 ρ_m 只有 $10^3/\mathrm{cm}^2$,低碳钢之所以可动位错如此之低,正是因为碳原子强烈钉扎位错,形成了 Cottrell 气团之故。

与低碳钢屈服现象相关联的还有一种应变时效行为,如图 9.35 所示。当退火状态低碳钢试样拉伸到超过屈服点发生少量塑性变形后(曲线 a)卸载,然后立即重新加载拉伸,则可见其拉伸曲线不再出现屈服点(曲线 b),此时试样不发生屈服现象。如果不采取上述方案,而是将预变形试样在常温下放置几天或经 200 ℃ 左右短时加热后再行拉伸,则屈服现象又复出现,且屈服应力进一步提高(曲线 c),此现象通常称为应变时效。

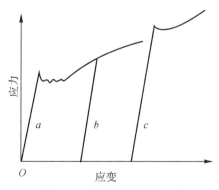

图 9.35　低碳钢的拉伸试验

a—预塑性变形;b—去载荷后立即再行加载;c—去载荷后放置一段时间或在 200℃ 加热后再加载

同样,Cottrell 气团理论能很好地解释低碳钢的应变时效。当卸载后立即重新加载,由于位错已经挣脱出气团的钉扎,故不出现屈服点。如果卸载后放置较长时间或经时效则溶质原子已经通过扩散而重新聚集到位错周围形成了气团,因此,屈服现象又重复出现。

2.多相合金的塑性变形

工程上用的金属材料基本上都是两相或多相合金。多相合金与单相固溶体合金的不同之处是除基体相外,尚有其他相存在。由于第二相的数量、尺寸、形状和分布不同,它与基体相的结合状况不一,以及第二相的形变特征与基体相的差异,使得多相合金的塑性变形更加复杂。

根据第二相粒子的尺寸大小可将合金分成两大类:若第二相粒子与基体晶粒尺寸属同一数量级,称为聚合型两相合金。若第二相粒子细小而弥散地分布在基体晶粒中,称为弥散分布型两相合金。这两类合金的塑性变形情况和强化规律有所不同。

(1)聚合型合金的塑性变形。当组成合金的两相晶粒尺寸属同一数量级,且都为塑性相时,则合金的变形能力取决于两相的体积分数。作为一级近似,可以分别假设合金变形时两相的应变相同和应力相同。于是,合金在一定应变下的平均流变应力 $\bar{\sigma}$ 和一定应力下的平均应变 $\bar{\varepsilon}$ 可由混合律表达,即

$$\bar{\sigma} = \varphi_1 \sigma_1 + \varphi_2 \sigma_2 \tag{9.11}$$

$$\bar{\varepsilon} = \varphi_1 \varepsilon_1 + \varphi_2 \varepsilon_2 \tag{9.12}$$

式中,φ_1,φ_2——两相的体积分数($\varphi_1 + \varphi_2 = 1$);

σ_1,σ_2——一定应变时的两相流变应力;

ε_1,ε_2——一定应力时的两相应变。

图 9.36 为等应变和等应力情况下的应力-应变曲线。

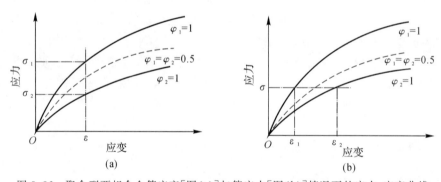

图 9.36　聚合型两相合金等应变[图(a)]与等应力[图(b)]情况下的应力-应变曲线

事实上,不论是应力或应变都不可能在两相之间是均匀的。上述假设及其混合律只能作为第二相体积分数影响的定性估算。实验证明,这类合金在发生塑性变形时,滑移往往首先发生在较软的相中,如果较强相数量较少时,则塑性变形基本上是在较弱的相中。只有当第二相为较强相,且体积分数大于 30% 时,才能起明显的强化作用。

如果聚合型合金两相中一个是塑性相,而另一个是脆性相时,则合金在塑性变形过程中所表现的性能,不仅取决于第二相的数量,而且与其形状、大小和分布密切相关。

以碳钢中的渗碳体(Fe_3C,硬而脆)在铁素体(以 α-Fe 为基的固溶体)基体中存在的情况为例,表 9.5 给出了渗碳体的形态与大小对碳钢力学性能的影响。

表 9.5　碳钢中渗碳体存在情况对力学性能的影响

性能	工业纯铁	共析钢(含碳量 0.8%)					含碳量 1.2%
		片状珠光体 (片间距≈ 630 nm)	索氏体 (片间距≈ 250 nm)	屈氏体 (片间距≈ 250 nm)	球状珠光体	淬火+ 350℃回火	网状渗碳体
σ_b/MPa	275	780	1 060	1 310	580	1 760	700
δ/(%)	47	15	16	14	29	3.8	4

　　(2)弥散分布型合金的塑性变形。当第二相以细小弥散的微粒均匀分布于基体相中时,将会产生显著的强化作用。第二相粒子的强化作用是通过其对位错运动的阻碍作用表现出来的。通常可将第二相粒子分为"不可变形的"和"可变形的"两类。这两类粒子与位错交互作用的方式不同,其强化的途径也就不同。一般来说,弥散强化型合金中的第二相粒子(借助粉末冶金方法加入的)是属于不可变形的,而沉淀相粒子(通过时效处理从过饱和固溶体中析出)多属可变形的。但当沉淀粒子在时效过程中长大到一定程度后,也能起着不可变形粒子的作用。

　　1)不可变形粒子的强化作用。不可变形粒子对位错的阻碍作用如图 9.37 所示。当运动位错与其相遇时,将受到粒子阻挡,使位错线绕着它发生弯曲。随着外加应力的增大,位错线受阻部分的弯曲加剧,以至围绕着粒子的位错线在左右两边相遇,于是正负位错彼此抵消,形成包围着粒子的位错环留下,而位错线的其余部分则越过粒子继续移动。显然,位错按这种方式移动时受到的阻力是很大的,而且每个留下的位错环要作用于位错源一反向应力,故继续变形时必须增大应力以克服此反向应力,使流变应力迅速提高。

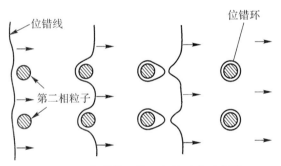

图 9.37　位错绕过第二相粒子的示意图

　　根据位错理论,迫使位错线弯曲到曲率半径为 R 时所需切应力为

$$\tau = \frac{Gb}{2R} \tag{9.13}$$

此时由于 $R = \dfrac{\lambda}{2}$,所以位错线弯曲到该状态所需切应力为

$$\tau = \frac{Gb}{\lambda} \tag{9.14}$$

式中,λ 为粒子间距。

　　这是一临界值,只有外加应力大于此值时,位错线才能绕过粒子。由式(9.14)可见,不可变形粒子的强化作用与粒子间距 λ 成反比,即粒子愈多,粒子间距愈小,强化作用愈明显。因此,减小粒子尺寸(在同样的体积分数时,粒子愈小,则粒子间距也愈小)或提高粒子的体积分

数都会引起合金强度的升高。

上述位错绕过障碍物的机制是由奥罗万(E. Orowan)首先提出的,故通常称为奥罗万机制,它已被实验所证实。

2)可变形颗粒的强化作用。当第二相粒子为可变形微粒时,位错将切过粒子使之随同基体一起变形,如图 9.38 所示。

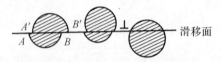

图 9.38 位错切割第二相粒子示意图

在这种情况下,强化作用主要决定于粒子本身的性质,以及与基体的联系,其强化机制甚为复杂,且因合金而异,其主要作用如下:

(a)位错切过粒子时,粒子产生宽度为 b 的表面台阶,由于出现了新的表面积,使总的界面能升高。

(b)当粒子是有序结构时,则位错切过粒子时会打乱滑移面上下的有序排列,产生反相畴界,引起能量的升高。

(c)由于第二相粒子与基体的晶体点阵不同或至少是点阵常数不同,故当位错切过粒子时必然在其滑移面上引起原子的错排,需要额外做功,给位错运动带来困难。

(d)由于粒子与基体的比体积差别,而且沉淀粒子与母相之间保持共格或半共格结合,故在粒子周围产生弹性应力场,此应力场与位错会产生交互作用,对位错运动有阻碍。

(e)由于基体与粒子中的滑移面取向不一致,则位错切过后会产生一割阶,割阶存在会阻碍整个位错线的运动。

(f)由于粒子的层错能与基体不同,当扩展位错通过后,其宽度会发生变化,引起能量升高。

以上这些强化因素的综合作用,使合金的强度得到提高。

总之,上述两种机制不仅可解释多相合金中第二相的强化效应,而且也可解释多相合金的塑性。然而不管哪种机制均受控于粒子的本性、尺寸和分布等因素,故合理地控制这些参数,可对沉淀强化型合金和弥散强化型合金的强度和塑性在一定范围内进行调整。

9.2.4 塑性变形对材料组织与性能的影响

塑性变形不但可以改变材料的外形和尺寸,而且能够使材料的内部组织和各种性能发生变化。即材料在变形的同时,性能也发生改变。

1. 显微组织的变化

经塑性变形后,金属材料的显微组织发生明显的改变。除了每个晶粒内部出现大量的滑移带或孪晶带外,随着变形度的增加,原来的等轴晶粒将逐渐沿其变形方向伸长,如图 9.39 所示。当变形量很大时,晶粒变得模糊不清,晶粒已难以分辨而呈现出如纤维状的条纹,称为纤维组织。纤维的分布方向即是材料流变伸展的方向。注意冷变形金属的组织与所观察的试样截面位置有关,如果沿垂直变形方向截取试样,则截面的显微组织不能真实反映晶粒的变形情况。

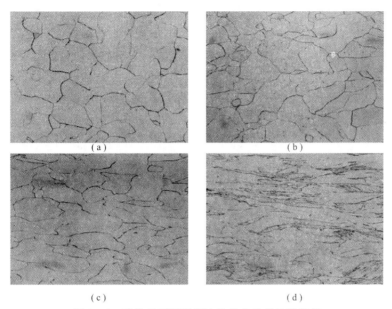

(a)　　　　　　　　　　　　　(b)

(c)　　　　　　　　　　　　　(d)

图 9.39　纯铁经不同程度冷轧后的光学显微组织

(a)纯铁,变形量 0%;(b)纯铁,变形量 20%;(c)纯铁,变形量 40%;(d)纯铁,变形量 60%

2.亚结构的变化

前已指出,晶体的塑性变形是借助位错在应力作用下运动和不断增殖。随着变形度的增大,晶体中的位错密度迅速提高,经严重冷变形后,位错密度可从原先退火态的 $10^6 \sim 10^7$ cm^{-2} 增至 $10^{11} \sim 10^{12}$ cm^{-2}。

变形晶体中的位错组态及其分布等亚结构的变化,主要可借助透射电子显微分析来了解。经一定量的塑性变形后,晶体中的位错线通过运动与交互作用,开始呈现纷乱的不均匀分布,并形成位错缠结。进一步增加变形度时,大量位错发生聚集,并由缠结的位错组成胞状亚结构(见图 9.40),其中,高密度的缠结位错主要集中于胞的周围,构成了胞壁,而胞内的位错密度甚低。此时,变形晶粒是由许多这种胞状亚结构组成的,各胞之间存在微小的位向差。随着变形度的增大,变形胞的数量增多、尺寸减小。如果经强烈冷轧或冷拉等变形,则伴随纤维组织的出现,其亚结构也将由大量细长状变形胞组成。

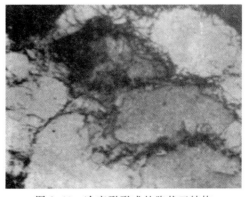

图 9.40　冷变形形成的胞状亚结构

　　研究指出,胞状亚结构的形成不仅与变形程度有关,而且还与材料类型有关。对于层错能较高的金属和合金(如铝、铁等),其扩展位错区较窄,可通过束集而发生交滑移,故在变形过程中经位错的增殖和交互作用,容易出现明显的胞状结构。而层错能较低的金属材料(如不锈钢、α黄铜),其扩展位错区较宽,使交滑移变得很困难,因此在这类材料中易观察到位错塞积群的存在。由于位错的移动性差,形变后大量的位错杂乱地排列于晶体中,构成较为均匀分布的复杂网络,因此,这类材料即使在大量变形时,出现胞状亚结构的倾向性也较小。

　　3.性能的变化

　　材料在塑性变形过程中,随着内部组织与结构的变化,其力学、物理和化学性能均发生明显的改变。

　　(1)加工硬化。图9.41是铜材经不同程度冷轧后的强度和塑性变化情况,表9.6是冷拉对低碳钢(C的质量分数为0.16%)力学性能的影响。从上述两例可清楚地看到,金属材料经冷加工变形后,强度(硬度)显著提高,而塑性则很快下降,即产生了加工硬化现象。加工硬化是金属材料的一项重要特性,可被用作强化金属的途径。特别是那些不能通过热处理强化的材料如纯金属,以及某些合金,如奥氏体不锈钢等,主要是借冷加工实现强化的。

　　图9.42是金属单晶体的典型应力-应变曲线(也称加工硬化曲线),其塑性变形部分是由三个阶段所组成:

　　Ⅰ阶段——易滑移阶段:当τ达到晶体的τ_c后,应力增加不多,便能产生相当大的变形。此段接近于直线,其斜率θ_I($\theta=\frac{d\tau}{d\gamma}$或$\theta=\frac{d\sigma}{d\varepsilon}$)即加工硬化率低,一般$\theta_I$约为$10^{-4}G$数量级($G$为材料的切变模量)。

　　Ⅱ阶段——线性硬化阶段:随着应变量增加,应力线性增长,此段也是直线,且斜率较大,加工硬化十分显著,$\theta_{II}\approx G/300$,近乎常数。

　　Ⅲ阶段——抛物线型硬化阶段:随应变增加,应力上升缓慢,呈抛物线型,θ_{III}逐渐下降。

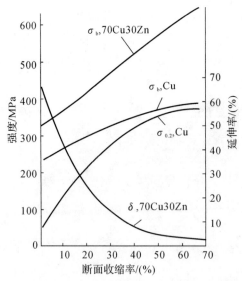

图9.41　冷轧对铜材拉伸性能的影响

表 9.6 冷拉对低碳钢(含碳量 0.16%)力学性能的影响

冷拉截面收缩率/(%)	屈服强度/MPa	抗拉强度/MPa	延伸率/(%)	断面收缩率/(%)
0	276	456	34	70
10	497	518	20	65
20	566	580	17	63
40	593	656	16	60
60	607	704	14	54
80	662	792	7	26

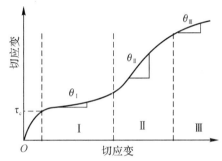

图 9.42 单晶体的切应力-切应变曲线显示塑性变形的三个阶段

各种晶体的实际曲线因其晶体结构类型、晶体位向、杂质含量,以及试验温度等因素的不同而有所变化,但总体而言,其基本特征相同,只是各阶段的长短受位错的运动、增殖和交互作用影响,甚至某一阶段可能就不再出现。图 9.43 为三种典型晶体结构金属单晶体的硬化曲线,其中面心立方和体心立方晶体显示出典型的三阶段加工硬化情况,只是含有微量杂质原子的体心立方晶体,则因杂质原子与位错交互作用,将产生前面所述的屈服现象并使曲线有所变化。至于密排六方金属单晶体的第Ⅰ阶段通常很长,远远超过其他结构的晶体,以至于第Ⅱ阶段还未充分发展时试样就已经断裂了。

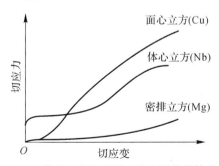

图 9.43 典型的面心立方、体心立方和密排六方金属单晶体的切应力-切应变曲线

对多晶体的塑性变形,由于晶界的阻碍作用和晶粒之间的协调配合要求,各晶粒不可能以单一滑移系动作而必然有多组滑移系同时作用,因此多晶体的应力-应变曲线不会出现单晶曲线的第Ⅰ阶段,而且其硬化曲线通常更陡,细晶粒多晶体在变形开始阶段尤为明显(见图9.44)。

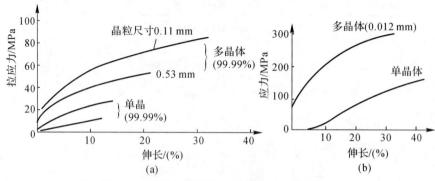

图 9.44　单晶与多晶的室温应力-应变曲线比较

(a) Al；(b) Cu

有关加工硬化的机制人们曾提出不同的理论,然而,最终的表达形式基本相同,即流变应力是位错密度的平方根的线性函数,这已被许多实验证实。因此,塑性变形过程中位错密度的增加及其所产生的钉扎作用是导致加工硬化的决定性因素。

(2)其他性能的变化。经塑性变形后的金属材料,由于点阵畸变、空位和位错等结构缺陷的增加,其物理性能和化学性能也发生一定的变化。如塑性变形通常可使金属的电阻率增高,增加的程度与形变量成正比,但增加的速率因材料而异,差别很大。例如,冷拔形变率为82%的纯钢丝电阻率升高2%。同样形变率的H70黄铜丝电阻率升高20%,而冷拔形变率99%的钨丝电阻率升高50%。另外,塑性变形后,金属的电阻温度系数下降,磁导率下降,热导率也有所下降,铁磁材料的磁滞损耗及矫顽力增大。

塑性变形使金属中的结构缺陷增多,自由能升高,因而导致金属中的扩散过程加速,金属的化学活性增大,腐蚀速度加快。

4. 形变织构

在塑性变形中,随着形变程度的增加,各个晶粒的滑移面和滑移方向都要向主形变方向转动,逐渐使多晶体中原来取向互不相同的各个晶粒在空间取向上呈现一定程度的规律性,这一现象称为择优取向,这种组织状态则称为形变织构。

形变织构随加工变形方式不同主要有两种类型:拔丝时形成的织构称为丝织构,其主要特征为各晶粒的某一晶向大致与拔丝方向相互平行。轧板时形成的织构称为板织构,其主要特征为各晶粒的某一晶面和晶向分别趋于同轧面与轧向相平行。几种常见金属的丝织构与板织构见表9.7。

表 9.7　常见金属的丝织构与板织构

晶体结构	金属或合金	丝织构	板织构
体心立方	α-Fe, Mo, W, 铁素体钢	〈110〉	{100}〈011〉＋{112}〈110〉＋{111}〈112〉
面心立方	Al, Cu, Au, Ni, Cu-Ni	〈111〉	{110}〈112〉＋{112}〈111〉
	Cu+Zn 质量分数为 50%	〈111〉＋〈100〉	{110}〈112〉
密排六方	Mg, Mg 合金	〈2130〉	{0001}〈10$\bar{1}$0〉
	Zn	〈0001〉与丝轴成 70°	{0001}与轧制面成 70°

实际上多晶体材料无论经过多么激烈的塑性变形也不可能使所有晶粒都完全转到织构的

取向上去,其集中程度取决于加工变形的方法、变形量、变形温度,以及材料本身情况(金属类型、杂质、材料内原始取向等)等因素。在实用中,经常用变形金属的极射赤面投影图来描述它的织构及各晶粒向织构取向的集中程度。

由于织构造成了各向异性,其存在对材料的加工成形性能和使用性能都有很大的影响,尤其织构不仅出现在冷加工变形的材料中,即使进行了退火处理也仍然存在,故在工业生产中应予以高度重视。一般来说,不希望金属板材存在织构,特别是用于深冲压成形的板材,织构会造成其沿各方向变形的不均匀性,使工件的边缘出现高低不平,产生了所谓"制耳"。但在某些情况下,又有利用织构提高板材性能的例子,如变压器用硅钢片,由于 $\alpha-Fe\langle100\rangle$ 方向最易磁化,故生产中通过适当控制轧制工艺可获得具有(110)[001]织构和磁化性能优异的硅钢片。

5. 残余应力

塑性变形中外力所做的功除大部分转化成热之外,还有一小部分以畸变能的形式储存在形变材料内部。这部分能量叫做储存能,其大小因形变量、形变方式、形变温度,以及材料本身性质而异,约占总形变功的百分之几。储存能的具体表现方式为宏观残余应力、微观残余应力及点阵畸变。残余应力是一种内应力,它在工件中处于自相平衡状态,是由工件内部各区域变形不均匀性,以及相互间的牵制作用所致。按照残余应力平衡范围的不同,通常可将其分为三种:

(1)第一类内应力,又称宏观残余应力,它是由工件不同部分的宏观变形不均匀性引起的,故其应力平衡范围包括整个工件。例如,将金属棒施以弯曲载荷(见图9.45),则上边受拉而伸长,下边受到压缩。变形超过弹性极限产生了塑性变形时,则外力去除后被伸长的一边就存在压应力,短边为张应力。又如,金属线材经拔丝加工后(见图9.46),由于拔丝模壁的阻力作用,线材的外表面较心部变形少,故表面受拉应力,而心部受压应力。这类残余应力所对应的畸变能不大,仅占总储存能的0.1%左右。

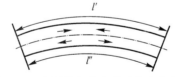

图 9.45　金属棒弯曲变形后的残余应力

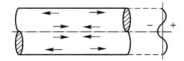

图 9.46　金属拉丝后的残余应力

(2)第二类内应力,又称微观残余应力,它是由晶粒或亚晶粒之间的变形不均匀性引起的。其作用范围与晶粒尺寸相当,即在晶粒或亚晶粒之间保持平衡。这种内应力有时可达到很大的数值,甚至可能造成显微裂纹并导致工件破坏。

(3)第三类内应力,又称点阵畸变。其作用范围是几十至几百纳米,它是由工件在塑性变形中形成的大量点阵缺陷(如空位、间隙原子、位错等)引起的。变形金属中储存能的绝大部分(80%~90%)用于形成点阵畸变。这部分能量提高了变形晶体的能量,使之处于热力学不稳定状态,故它有一种使变形金属重新恢复到自由能最低的稳定结构状态的自发趋势,并导致塑性变形金属在加热时的回复及再结晶过程。

金属材料经塑性变形后的残余应力是不可避免的,它将对工件的变形、开裂和应力腐蚀产生影响和危害,故必须及时采取消除措施(如去应力退火处理)。但是,在某些特定条件下,残余应力的存在也是有利的。例如,承受交变载荷的零件,若用表面液压和喷丸处理,使零件表面产生压应力的应变层,借以达到强化表面的目的,可使其疲劳寿命成倍提高。

9.3 回复和再结晶

如前所述,金属和合金经塑性变形后,不仅内部组织结构与各项性能均发生相应的变化,而且由于空位、位错等结构缺陷密度的增加,以及畸变能的升高,其将处于热力学不稳定的高自由能状态,因此,经塑性变形的材料具有自发恢复到变形前低自由能状态的趋势。当冷变形金属加热时会发生回复、再结晶和晶粒长大等过程。了解这些过程的发生和发展规律,对于改善和控制金属材料的组织和性能具有重要的意义。

9.3.1 冷变形金属在加热时的组织与性能变化

冷变形后材料经重新加热进行退火之后,其组织和性能会发生变化。观察在不同加热温度下变化的特点可将退火过程分为回复、再结晶和晶粒长大三个阶段。回复是指新的无畸变晶粒出现之前所产生的亚结构和性能变化的阶段。再结晶是指出现无畸变的等轴新晶粒逐步取代变形晶粒的过程。晶粒长大是指再结晶结束之后晶粒的继续长大。

图 9.47 为冷变形金属在退火过程中显微组织的变化示意图。由图可见,在回复阶段,晶粒的形状和大小与变形态的没有明显变化,仍保持着纤维状或扁平状,从光学显微组织上几乎看不出变化。在再结晶阶段,首先是在畸变度大的区域产生新的无畸变晶粒的核心,然后逐渐消耗周围的变形基体而长大,直到形变组织完全转变为新的、无畸变的细等轴晶粒为止。最后,在晶界表面能的驱动下,新晶粒互相吞食而长大,从而得到一个在该条件下较为稳定的尺寸,这称为晶粒长大阶段。

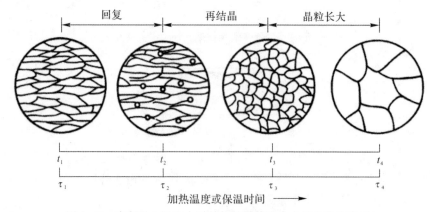

图 9.47 冷变形金属退火时晶粒的形状和大小的变化示意图

图 9.48 所示为冷变形金属在退火过程中的性能及能量变化。

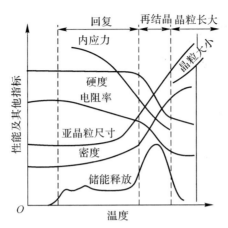

图 9.48　冷变形金属退火时一些性能的变化

(1)强度与硬度:回复阶段的硬度变化很小,约占总变化的 1/5,而再结晶阶段则下降较多。可以推断,强度具有与硬度相似的变化规律。上述情况主要与金属中的位错机制有关,即回复阶段中,变形金属仍保持很高的位错密度,而发生再结晶后,则由于位错密度显著降低,强度与硬度明显下降。

(2)电阻:变形金属的电阻在回复阶段已表现明显的下降趋势。因为电阻率与晶体点阵中的点缺陷(如空位、间隙原子等)密切相关。点缺陷所引起的点阵畸变会使传导电子产生散射,进而提高电阻率。它的散射作用比位错所引起的更为强烈。因此,在回复阶段,电阻率的明显下降就标志着在此阶段点缺陷的浓度有明显的减小。

(3)内应力:在回复阶段,大部或全部的宏观内应力可以消除,而微观内应力则只有通过再结晶方可全部消除。

(4)亚晶粒尺寸:在回复的前期,亚晶粒尺寸变化不大,但在后期,尤其在接近再结晶时,亚晶粒尺寸就显著增大。

(5)密度:变形金属的密度在再结晶阶段发生急剧增高,显然除与前期点缺陷数目减小有关外,主要是在再结晶阶段中位错密度显著降低所致。

(6)储能的释放:当冷变形金属加热到足以引起应力松弛的温度时,储存能就被释放出来。回复阶段各材料释放的储存能量均较小,再结晶晶粒出现的温度对应于储能释放曲线的高峰处。

9.3.2　回复

1. 回复动力学

回复是冷变形金属在退火时发生组织性能变化的早期阶段,在此阶段内物理或力学性能(如强度和电阻率等)的回复程度是随温度和时间而变化的。图 9.49 为同一变形程度的多晶体铁在不同温度退火时,屈服强度的回复动力学曲线。图中横坐标为时间,纵坐标为剩余应变硬化分数 $(1-R)$,R 为屈服强度回复率 $= (\sigma_m - \sigma_r)/(\sigma_m - \sigma_0)$,其中 σ_m,σ_r 和 σ_0 分别代表变形后、回复后和完全退火后的屈服强度。显然,$(1-R)$ 愈小,即 R 愈大,表示回复程度愈大。

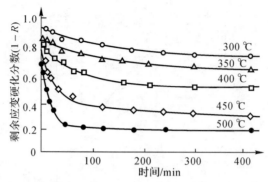

图 9.49　同一变形程度的多晶体铁在不同温度退火时屈服应力的回复动力学曲线

动力学曲线表明，回复是一个弛豫过程。其特点为：①没有孕育期；②在一定温度时，初期的回复速率很大，随后即逐渐变慢，直到趋近于零；③每一温度的回复程度有一极限值，退火温度愈高，这个极限值也愈高，而达到此极限值所需时间愈短；④预变形量愈大，起始的回复速率也愈快，晶粒尺寸减小也有利于回复过程的加快。

2. 回复的机制

根据回复阶段的加热温度不同，冷变形金属的回复机制也不同。

（1）低温回复。低温时，回复主要与点缺陷的迁移运动有关。金属材料在冷变形时产生的大量点缺陷——空位和间隙原子。而从前述内容可知，点缺陷运动所需的热激活能较低，因而可以在较低温度进行。这些缺陷可迁移至晶界（或者是金属材料表面），并通过空位与位错之间的交互作用、空位与间隙原子的重新结合，以及空位聚合起来形成空位对、空位群等形成位错环而消失，从而使点缺陷密度明显下降。故对点缺陷很敏感的电阻率此时也明显下降。

（2）中温回复。加热温度稍高时，会发生线缺陷的运动，即位错运动和重新分布。回复的机制主要与位错的滑移有关：同一滑移面上异号位错可以相互吸引而抵消，位错偶极子的两根位错线相消，等等。

（3）高温回复。当加热温度进一步提高时（约 $0.3T_m$），刃型位错可获得足够能量产生攀移。攀移产生两个重要的后果：①使滑移面上不规则的位错重新分布，刃型位错垂直排列成墙，这种分布可显著降低位错的弹性畸变能，因此，可看到对应于此温度范围，有较大的应变能释放。②沿垂直于滑移面方向排列并具有一定取向差的位错墙（小角度亚晶界），以及由此所产生的亚晶，即多边化结构。

显然，高温回复多边化过程的驱动力主要来自应变能的下降。多边化过程产生的条件：①塑性变形使晶体点阵发生弯曲；②在滑移面上有塞积的同号刃型位错；③需加热到较高的温度，使刃型位错能够产生攀移运动。多边化后刃型位错的排列情况如图 9.50 所示，故形成了亚晶界。一般认为，在产生单滑移的单晶体中多边化过程最为典型。而在多晶体中，由于容易发生多系滑移，不同滑移系上的位错往往会缠结在一起，会形成胞状组织，故多晶体的高温回复机制比单晶体更为复杂，但从本质上看也是包含位错的滑移和攀移。通过攀移使同一滑移面上异号位错相消，位错密度下降，位错重排成较稳定的组态，构成亚晶界，形成回复后的亚晶结构。

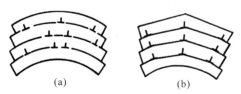

图 9.50 曲线位错在多变化过程中重新分布

(a)多变化前刃型位错散乱分布;(b)多边形化后刃型位错排列成位错墙

从上述回复机制可以理解,回复过程中电阻率的明显下降主要是由于过量空位的减少和位错应变能的降低。内应力的降低主要是由于晶体内弹性应变的基本消除。而硬度及强度下降不多则是由于位错密度下降不多而亚晶还较细小。

据此,回复退火主要是用作去应力退火,基本上使冷加工的金属保持在加工硬化状态下,降低其内应力,以避免变形并改善工件的耐蚀性。例如,黄铜弹壳冷冲压后,有残余应力,会发生沿晶开裂,所以要在 260 ℃退火回复,以消除应力。

9.3.3 再结晶

冷变形后的金属加热到一定温度之后,在原变形组织中重新产生了无畸变的新晶粒,而性能也发生了明显的变化并恢复到变形前的状况,这个过程称为再结晶。因此,与前述回复的变化不同,再结晶是一个显微组织重新形成的过程。

再结晶的驱动力是变形金属经回复后未被释放的储存能(相当于变形总储能的 90%)。通过再结晶退火可以消除冷加工的影响,因此,在实际生产中起着重要作用。

1. 再结晶过程

再结晶是一种形核和长大过程,即通过在变形组织的基体上产生新的无畸变再结晶晶核,并通过逐渐长大形成等轴晶粒,从而取代全部变形组织的过程。不过,再结晶的晶核不是新相,其晶体结构并未改变,这是与其他固态相变不同的地方。

(1)形核。透射电镜观察研究表明,再结晶晶核是现存于局部高能量区域内的,以多边化形成的亚晶为基础形核。由此提出了几种不同的再结晶形核机制:

1)晶界弓出形核。对于变形程度较小(一般小于 20%)的金属材料,其再结晶核心多以晶界弓出方式形成,即应变诱导晶界移动或称为凸出形核机制。

当变形度较小时,各晶粒之间将由于变形不均匀性而引起位错密度不同。如图 9.51 所示,A,B 两相邻晶粒中,若 B 晶粒因变形度较大而具有较高的位错密度时,则经多边化后,其中所形成的亚晶尺寸也相对较为细小。于是,为了降低系统的自由能,在一定温度条件下,晶界处 A 晶粒的某些亚晶将开始通过晶界弓出迁移而凸入 B 晶粒中,以吞食 B 晶粒中亚晶的方式开始形成无畸变的再结晶晶核。

2)亚晶形核。此机制一般是在大的变形度下发生。前面已述及,当变形度较大时,晶体中位错不断增殖,由位错缠结组成的胞状结构,将容易在加热过程中发生胞壁平直化,并形成亚晶。借助亚晶作为再结晶的核心,其形核机制又可分为以下两种:

(a)亚晶合并机制。在回复阶段形成的亚晶,其相邻亚晶边界上的位错网络通过解离、拆散,以及位错的攀移与滑移,逐渐转移到周围其他亚晶界上,从而使得相邻亚晶边界的消失和亚晶的合并。合并后的亚晶,由于尺寸增大,以及亚晶界上位错密度的增加,使相邻亚晶的位向差相应增大,并逐渐转化为大角度晶界,它比小角度晶界具有大得多的迁移率,故可以迅速移动,清除其移动路程中存在的位错,使得在它后面留下无畸变的晶体,从而构成再结晶核心。

在变形程度较大且具有高层错能的金属中,多以这种亚晶合并机制形核。

(b)亚晶迁移机制。由于位错密度较高的亚晶界,其两侧亚晶的位向差较大,故在加热过程中容易发生迁移并逐渐变为大角晶界,于是就可作为再结晶核心而长大。此机制常出现在变形度很大的低层错能金属中。

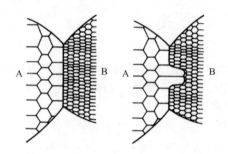

图9.51 具有亚晶粒组织的晶粒间凸出形核示意图

上述两机制都是依靠亚晶粒的粗化来发展为再结晶核心的。亚晶粒本身是在剧烈应变的基体只通过多边化形成的,几乎无位错的低能量地区,它通过消耗周围的高能量区长大成为再结晶的有效核心,因此,随着形变度的增大会产生更多的亚晶而有利于再结晶形核。这就可解释再结晶后的晶粒为什么会随着变形度的增大而变细的问题。

图9.52为三种再结晶形核方式的示意图。

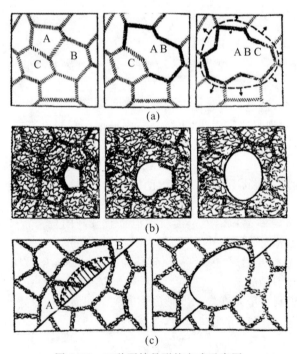

图9.52 三种再结晶形核方式示意图

(a)亚晶粒合并形核;(b)亚晶粒长大形核;(c)凸出形核

(2)长大。再结晶晶核形成之后,它就借界面的移动而向周围畸变区域长大。界面迁移的推动力是无畸变的新晶粒本身与周围畸变的母体(即旧晶粒)之间的应变能差,晶界总是背离其曲率中心,向着畸变区域推进,直到全部形成无畸变的等轴晶粒为止,再结晶过程全部结束。

2. 再结晶动力学

再结晶动力学涉及的主要因素是形核率和长大速率的大小。若以纵坐标表示已发生再结晶的体积分数,横坐标表示时间,则由试验得到的恒温动力学曲线具有如图 9.53 所示的典型 S 曲线特征。该图表明,再结晶过程有一孕育期,且再结晶开始时的速度很慢,随之逐渐加快,至再结晶的体积分数约为 50% 时速度达到最大,最后又逐渐变慢,这与回复动力学有明显区别。

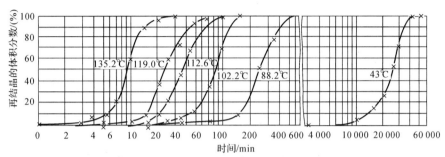

图 9.53　经 98% 冷轧的高纯铜(99.999%)在不同温度下的等温再结晶曲线

3. 再结晶温度及其影响因素

由于再结晶可以在一定温度范围内进行,为了便于讨论和比较不同材料再结晶的难易,以及各种因素的影响,需对再结晶温度进行定义。

冷变形金属开始进行再结晶的最低温度称为再结晶温度,它可用金相法或硬度法测定,即以显微镜中出现第一颗新晶粒时的温度或以硬度下降 50% 所对应的温度,定为再结晶温度。工业生产中则通常以经过大变形量(约 70% 以上)的冷变形金属,经 1 h 退火能完成再结晶(再结晶晶粒的体积分数不小于 95%)所对应的温度定义为再结晶温度。

再结晶温度并不是一个物理常数,它不仅随材料而改变,同一材料其冷变形程度、原始晶粒度等因素也影响着再结晶温度。

(1)变形程度的影响。随着冷变形程度的增加,储能也增多,再结晶的驱动力就越大,因此再结晶温度越低(见图 9.54),等温退火时的再结晶速度也越快。但当变形量增大到一定程度后,再结晶温度就基本上稳定不变了。对工业纯金属,经强烈冷变形后的最低再结晶温度约等于其熔点的 0.35~0.40。表 9.8 列出了一些金属的再结晶温度。

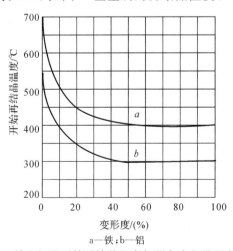

a—铁;b—铝

图 9.54　铁和铝的开始再结晶温度与预先冷变形程度的关系

表 9.8　一些金属的再结晶温度(T_R)(工业纯,经强烈冷变形,在 1 h 退火后完全再结晶)

金属	再结晶温度/℃	熔点/℃	T_R/T_m	金属	再结晶温度/℃	熔点/℃	T_R/T_m
Sn	<15	232	—	Cu	200	1083	0.35
Pb	<15	327	—	Fe	450	1538	0.40
Zn	15	419	0.43	Ni	600	1455	0.51
Al	150	660	0.45	Mo	900	2625	0.41
Mg	150	650	0.46	W	1200	3410	0.40
Ag	200	960	0.39				

注:表中 T_m 为熔点。

注意,在给定温度下发生再结晶需要一个最小变形量(临界变形度)。低于此变形度,不发生再结晶。

(2)原始晶粒尺寸。在其他条件相同的情况下,金属的原始晶粒越细小,则变形的抗力越大,冷变形后储存的能量较高,再结晶温度则较低。此外,晶界往往是再结晶形核的有利区域,因此,细晶粒金属的再结晶形核率和长大速率均增加,所形成的新晶粒更细小,再结晶温度也更低。

(3)微量溶质原子。微量溶质原子的存在对金属的再结晶有很大的影响。表 9.9 列出了一些微量溶质原子对冷变形纯铜的再结晶温度的影响。微量溶质原子存在显著提高再结晶温度的原因可能是溶质原子与位错及晶界间存在着交互作用,使溶质原子倾向于在位错及晶界处偏聚,对位错的滑移和攀移及晶界的迁移起着阻碍作用,从而不利于再结晶的形核和核的长大,阻碍再结晶过程。

表 9.9　微量溶质元素对光谱纯铜(99.999%)50%再结晶温度的影响

材料	50%再结晶的温度/℃	材料	50%再结晶的温度/℃
光谱纯铜	140	光谱纯铜加 0.01%Sn	315
光谱纯铜加 0.01%Ag	205	光谱纯铜加 0.01%Sb	320
光谱纯铜加 0.01%Cd	305	光谱纯铜加 0.01%Te	370

(4)第二相粒子。第二相粒子的存在既可能促进基体金属的再结晶,也可能阻碍再结晶,主要取决于基体上分散相粒子的大小及其分布。当第二相粒子尺寸较大,间距较宽(一般大于 1 μm)时,再结晶核心能在其表面产生。在钢中常见到再结晶核心在夹杂物 MnO 或第二相粒状 Fe_3C 表面上产生。当第二相粒子尺寸很小且又较密集时,则会阻碍再结晶的进行,在钢中常加 Nb,V 或 Al 形成 NbC,V_4C_3,AlN 等尺寸很小的化合物(<100 nm),它们会抑制形核。

(5)再结晶退火工艺参数。加热速度、加热温度与保温时间等退火工艺参数,对变形金属的再结晶有着不同程度的影响。

当加热速度过于缓慢时,变形金属在加热过程中有足够的时间进行回复,使点阵畸变程度降低,储存能减小,从而使再结晶的驱动力减小,再结晶温度上升。但是,极快速度的加热也会因在各温度下停留时间过短而来不及形核与长大,致使再结晶温度升高。

当变形程度和退火保温时间一定时,退火温度越高,再结晶速度越快,产生一定体积分数的再结晶所需要的时间也越短,再结晶后的晶粒也就越粗大。

在一定范围内延长保温时间会降低再结晶温度,如图 9.55 所示。

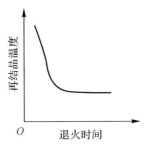

图 9.55　退火时间与再结晶温度的关系

4. 再结晶后晶粒的大小

再结晶完成以后,位错密度较小的新的无畸变晶粒取代了位错密度很高的冷变形晶粒。由于晶粒大小对材料性能将产生重要影响,因此,调整再结晶退火参数,控制再结晶的晶粒尺寸,在生产中具有重要的实际意义。

(1)变形量的影响。图 9.56 所示为变形程度对再结晶后晶粒大小的影响。当变形程度很小时,晶粒尺寸即为原始晶粒的尺寸,这是因为变形量过小,造成的储存能不足以驱动再结晶,所以晶粒大小没有变化。当变形程度增大到一定数值后,此时的畸变能已足以引起再结晶,但由于变形程度不大,得到特别粗大的晶粒。通常,把对应于再结晶后得到特别粗大晶粒的变形程度称为"临界变形度"。一般金属的临界变形度约为 $2\% \sim 10\%$。在生产实践中,要求细晶粒的金属材料应当避开这个变形量,以免恶化工件性能。

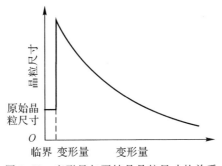

图 9.56　变形量与再结晶晶粒尺寸的关系

当变形量大于临界变形量之后,驱动形核与长大的储存能不断增大,而且形核率增大较快,因此,再结晶后晶粒细化,且变形度愈大,晶粒愈细化。

(2)退火温度的影响。退火温度对刚完成再结晶时晶粒尺寸的影响比较弱。但提高退火温度可使再结晶的速度显著加快,临界变形度数值变小(见图 9.57)。若再结晶过程已完成,随后还有一个晶粒长大阶段很明显,温度越高晶粒越粗大。

如果将变形程度、退火温度及再结晶后晶粒大小的关系表示在一个立体图上,就是所谓"再结晶全图",它对于控制冷变形后退火的金属材料的晶粒大小有很好的参考价值。图 9.58 所示为铝再结晶全图。

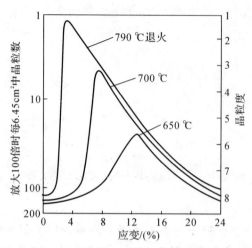

图 9.57 低碳钢(含碳量 0.06%)变形量及退火温度对再结晶后晶粒尺寸的影响

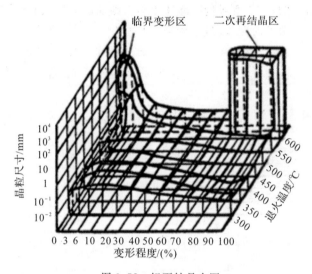

图 9.58 铝再结晶全图

此外,原始晶粒大小、杂质含量,以及形变温度等均对再结晶后的晶粒大小有影响。

9.3.4 晶粒长大

再结晶结束后,材料通常得到细小等轴晶粒,若继续提高加热温度或延长加热时间,将引起晶粒进一步长大。

对晶粒长大而言,晶界移动的驱动力通常来自总的界面能的降低。晶粒长大按其特点可分为两类:正常晶粒长大与异常晶粒长大(二次再结晶)。前者表现为大多数晶粒几乎同时逐渐均匀长大,而后者则为少数晶粒突发性的不均匀长大。

1. 晶粒的正常长大及其影响因素

再结晶完成后,晶粒长大是一自发过程。从整个系统而言,晶粒长大的驱动力是降低其总界面能。若就个别晶粒长大的微观过程来说,晶粒界面的不同曲率是造成晶界迁移的直接原因。实际上晶粒长大时,晶界总是向着曲率中心的方向移动。由于晶粒长大是通过大角度晶界的迁移来进行的,因而所有影响晶界迁移的因素均对晶粒长大有影响。

正常晶粒长大时,晶粒大小满足如下关系:

$$\bar{D}_t^2 - \bar{D}_0^2 = K't \tag{9.15}$$

式中,$\bar{D}_t$ —— t 时刻晶粒平均直径;

$\bar{D}_0$ —— 起始晶粒平均直径;

K' —— 常数。

在实践上,式(9.15)中的 $\bar{D}_0$ 常可以忽略,这时,晶粒的二次方直径随保温时间的平方根而增大。

(1)温度。由图 9.59 可以看出,温度越高,晶粒的长大速度也越快。

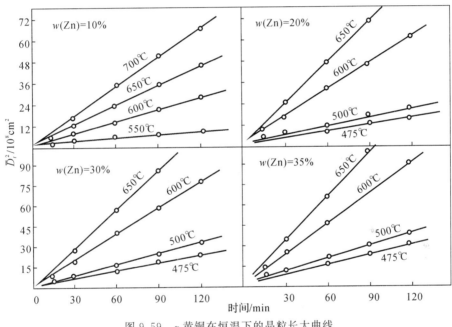

图 9.59　α 黄铜在恒温下的晶粒长大曲线

(2)分散相粒子。当合金中存在第二相粒子时,由于分散颗粒对晶界的阻碍作用,从而使晶粒长大速度降低。实际上,由于合金基体均匀分布着许多第二相颗粒,因此,晶界迁移能力及其所决定的晶粒长大速度,不仅与分散相粒子的尺寸有关,而且受到单位体积中第二相粒子数量的重要影响。通常,在第二相颗粒所占体积分数一定的条件下,颗粒愈细,其数量愈多,则晶界迁移所受到的阻力也愈大,故晶粒长大速度随第二相颗粒的细化而减小。当晶界能所提供的晶界迁移驱动力正好与分散相粒子对晶界迁移所施加的阻力相等时,晶粒的正常长大即停止。此时的晶粒平均直径称为极限晶粒平均直径 $\bar{D}_m$,其值可由下式确定:

$$\bar{D}_m = \frac{4r}{3\varphi} \tag{9.16}$$

式中,r —— 第二相粒子半径;

φ —— 单位体积合金中第二相粒子所占的体积分数。

由式(9.16)可知,第二相粒子越小,极限晶粒平均直径也越小。

(3)晶粒间的位向差。实验研究表明,相邻晶粒间的位向差对晶界的迁移有很大影响。当晶界两侧的晶粒位向较为接近或具有孪晶位向时,晶界迁移速度很小。但若晶粒间具有大角度晶界的位向差时,则随着晶界能和扩散系数相应增大,因而其晶界的迁移速度也加快。

(4)杂质与微量合金元素。如图 9.60 所示为微量 Sn 在高纯 Pb 中对 300 ℃时晶界迁移速度的影响。由图 9.60 可见,当 Sn 在纯 Pb 中由小于 1×10^{-6} 增加到 6×10^{-5} 时,一般晶界的迁移速度降低约 4 个数量级。通常认为,由于微量杂质原子与晶界的交互作用及其在晶界区域的吸附,形成了一种阻碍晶界迁移的"气团"(如 Cottrell 气团对位错运动的钉扎),从而随着杂质含量的增加,晶界的迁移速度显著降低。但是,如图中虚线所示,微量杂质原子对某些具有特殊位向差的晶界迁移速度影响较小,这可能与该类晶界结构中的点阵重合性较高,从而不利于杂质原子的吸附有关。

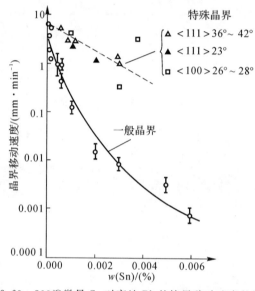

图 9.60　300℃微量 Sn 对高纯 Pb 的境界移动速度的影响

2. 异常晶粒长大(二次再结晶)

异常晶粒长大又称不连续晶粒长大或二次再结晶,是一种特殊的晶粒长大现象。

发生异常晶粒长大的基本条件是正常晶粒长大过程被分散相微粒、织构等阻碍。当晶粒细小的一次再结晶组织被继续加热时,上述阻碍正常晶粒长大的因素一旦开始消除时,少数特殊晶界将迅速迁移,这些晶粒一旦长到超过它周围的晶粒时,由于大晶粒的晶界总是凹向外侧的,因而晶界总是向外迁移而扩大,结果它就愈长愈大,直至互相接触为止,形成二次再结晶。因此,二次再结晶的驱动力来自界面能的降低,而不是来自应变能。它不是重新形核,而是以一次再结晶后的某些特殊晶粒作为基础而长大的。图 9.61 为纯的和含少量的 MnS 的 Fe-3Si 合金(变形度为 50%)于不同温度退火 1 h 后晶粒尺寸的变化。二次再结晶的某些特征可从图 9.61 中清楚可见。

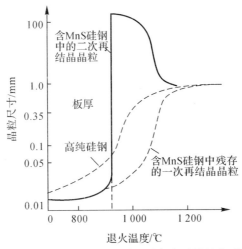

图 9.61 纯和含 MnS 的 Fe-3Si 合金(变形度 50%)在不同温度下退火 1 h 的晶粒尺寸

9.3.5 再结晶织构与退火孪晶

1. 再结晶织构

通常具有变形织构的金属经再结晶后的新晶粒若仍具有择优取向,称为再结晶织构。如图 9.62 所示为低碳钢再结晶织构。

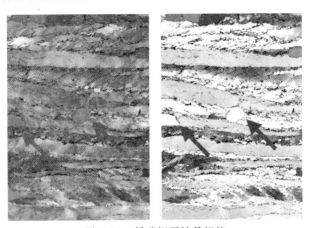

图 9.62 低碳钢再结晶织构

再结晶织构与原变形织构之间可存在以下三种情况:①与原有的织构相一致;②原有织构消失而代之以新的织构;③原有织构消失不再形成新的织构。

关于再结晶织构的形成机制,有两种主要的理论:定向生长理论与定向形核理论。

定向生长理论认为:一次再结晶过程中形成了各种位向的晶核,但只有某些具有特殊位向的晶核才可能迅速向变形基体中长大,即形成了再结晶织构。当基体存在变形织构时,其中大多数晶粒取向是相近的,晶粒不易长大,而某些与变形织构呈特殊位向关系的再结晶晶核,其晶界则具有很高的迁移速度,故发生择优生长,并通过逐渐吞食其周围变形基体达到互相接触,形成与原变形织构取向不同的再结晶织构。

定向形核理论认为:当变形量较大的金属组织存在变形织构时,由于各亚晶的位向相近,而使再结晶形核具有择优取向,并经长大形成与原有织构相一致的再结晶织构。

许多研究工作表明,定向生长理论较为接近实际情况。有人还提出了定向形核+择优生长的综合理论更符合实际。表 9.10 和表 9.11 分别列出了一些金属及合金的冷轧线材和冷轧板材的再结晶织构。

表 9.10　一些金属冷轧线材的再结晶织构

面心立方金属		$\langle 111 \rangle + \langle 100 \rangle; \langle 112 \rangle$
体心立方金属		$\langle 110 \rangle$
密排六方金属	Be	$\langle 11\bar{1}0 \rangle$
	Zr,Ti	$\langle 11\bar{2}0 \rangle$

表 9.11　一些金属和合金冷轧板材的再结晶织构

面心立方金属:	
Al,Au,Cu,Ni,Th,Cu−Ni,Fe−Cu−Ni,Ni−Fe	$\{100\}\langle 001 \rangle$
Ag,Ag−30%Au,Ag−1%Zn,Cu−(5~39)%Zn,Cu−(1~5)%Zn,	
Cu−0.5%Be,Cu−0.5%Cd,Cu−0.05%P,Cu−10%Fe	$\{113\}\langle 211 \rangle$
体心立方金属:	
Mo	与变形织构相同
Fe,V,Fe−Si	$\{111\}\langle 2\bar{1}1 \rangle; \{001\}+\{112\}$ 且 $\langle 100 \rangle$ 方向与轧制方向呈 15°角
Fe−Si	经两段轧制及退火后 $\{110\}\langle 001 \rangle$ 经高温轧制后(>1 100°C)退火后 $\{110\}\langle 001 \rangle$, $\{100\}\langle 001 \rangle$
Ta	$\{111\}\langle 211 \rangle$
W	与变形织构相同
	$\{001\}$ 且 $\langle 110 \rangle$ 与轧制方向呈 12°角
密排六方金属	与变形织构相同

2. 退火孪晶

某些面心立方金属和合金如铜及铜合金,镍及镍合金和奥氏体不锈钢等冷变形后经再结晶退火后,其晶粒中会出现的退火孪晶。如图 9.63 所示的 A,B,C 代表三种典型的退火孪晶形态:A 为晶界交角处的退火孪晶;B 为贯穿晶粒的完整退火孪晶;C 为一端终止于晶内的不完整退火孪晶。孪晶带两侧互相平行的孪晶界属于共格的孪晶界,由(111)晶面组成;孪晶带在晶粒内终止处的孪晶界,以及共格孪晶界的台阶处均属于非共格的孪晶界。

在面心立方晶体中形成退火孪晶需在{111}晶面的堆垛次序中发生层错,即由正常堆垛顺序 ABCABC……改变为 ABCBACBACBACABC……。如图 9.64 所示,其中C和$\overline{\text{C}}$两面为共格孪晶界面,其间的晶体则构成一退火孪晶带。

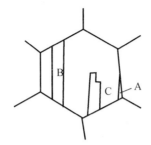

图 9.63　退火孪晶示意图

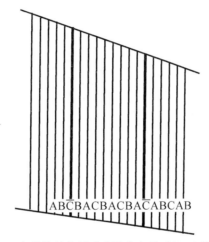

ABCBACBACBA$\overline{\text{C}}$ABCAB

图 9.64　面心立方结构的金属形成退火孪晶时(111)晶面的对多次序

关于退火孪晶的形成机制,一般认为退火孪晶是在晶粒生长过程中形成的,如图 9.65 所示。当晶粒通过晶界移动而生长时,原子层在晶界角处 (111) 面上的堆垛顺序偶然错堆,就会出现一共格的孪晶界并随之在晶界角处形成退火孪晶,这种退火孪晶通过大角度晶界的移动而长大。在长大过程中,如果原子在 (111) 表面再次发生错堆而恢复原来的堆垛顺序,则又形成第二个共格孪晶界,构成了孪晶带。同样,形成退火孪晶必须满足能量条件,层错能低的晶体容易形成退火孪晶。

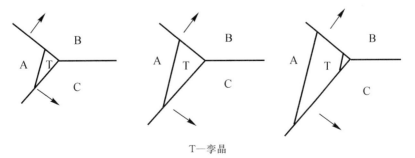

T—孪晶

图 9.65　晶粒生长时晶界角处退火孪晶的形成及长大

9.4 晶体的热变形、蠕变与超塑性

9.4.1 晶体的热变形

晶体的高温塑性变形是材料科学与工程的一个重要研究领域。高温通常是指晶体点阵中原子具有较大热运动能力的温度环境,一般粗略地用 T/T_m 的比值来界定,$T/T_m > 0.5$ 即为高温。认识高温变形的规律对材料加工成型和高温构件使用时变形的控制都是极有意义的。

热变形在生产上称为热加工,是指晶体在再结晶温度以上进行的变形。晶体在高温下容易变形。晶体的变形抗力随温度的提高而下降,这是点阵原子的活动能力随温度的升高而增加的必然结果。当温度高到使晶体在形变的同时又迅速发生回复和再结晶时,晶体的强度下降得非常厉害。

1. 动态回复和动态再结晶

晶体在高温下形变,同时也发生回复和再结晶。这种与形变同时发生的回复和再结晶称为动态回复和动态再结晶。而变形停止后仍继续进行的再结晶称为亚动态再结晶。

(1)动态回复。冷变形金属在高温回复时,由于螺型位错的交滑移和刃型位错的攀移,产生多边化和位错缠结胞的规整化,对于层错能高的晶体,这些过程进行得相当充分,形成了稳定的亚晶结构。经动态回复后就不会发生动态再结晶。同理,这些高层错能的晶体,如 Al,α-Fe,铁素体钢及一些密排六方金属(Zn,Mg,Sn 等),因易于交滑移和攀移,热加工时主要的软化机制是动态回复而没有动态再结晶。图 9.66 为工业纯铁动态回复时的真应力-真应变曲线,可将其分成 3 个阶段。

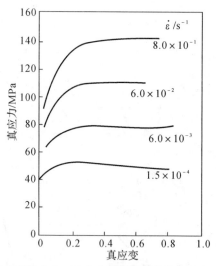

图 9.66 工业纯铁在 700℃时动态回复阶段的真应力-真应变曲线

第 I 阶段为微应变阶段。热加工初期,高温回复尚未进行,晶体以加工硬化为主,位错密度增加。因此,应力增加很快,但应变量却很小(<1%)。第 II 阶段为均匀变形阶段。晶体开始均匀塑性变形,位错密度继续增大,加工硬化逐步加强。但同时动态回复也在逐步增加,形变位错不断消失,其造成的软化机制逐步抵消一部分加工硬化,使曲线斜率下降并趋于水平。

第Ⅲ阶段为稳态流变阶段,由变形产生的加工硬化与动态回复产生的软化达到平衡,即位错的增殖和湮灭达到了动力学平衡状态,位错密度维持恒定。当变形温度和速度一定时,多边形化和位错胞壁规整化形成的亚晶界是不稳定的,它们随位错的增减而被破坏或重新形成,且二者速度相等,从而使亚晶界得以保持等轴状和稳定的尺寸与位向。此时,流变应力不再随应变的增加而增大,曲线保持水平。动态回复真应力-真应变曲线 3 个阶段的划分如图 9.67 所示。

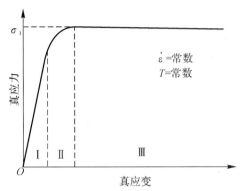

图 9.67　动态回复真应力-真应变曲线的三个阶段划分示意图

显然,加热时只发生动态回复的金属,由于内部有较高的位错密度,若能在热加工后快速冷却到室温,可使材料具有较高的强度。但若缓慢冷却则会发生静态再结晶而使材料彻底软化。

(2)动态再结晶。对于一些层错能较低的金属,由于不利于位错的攀移,滑移的运动性较差,高温回复不可能充分进行,其热加工时的主要软化机制为动态再结晶。一些面心立方金属如铜及其合金、镍及其合金、γ-Fe、奥氏体钢等都属于这种情况。图 9.68 为热加工时发生动态再结晶的真应力-真应变曲线。可见,随应变速率不同曲线有所差异,但大致可分为三个阶段:第Ⅰ阶段为加工硬化阶段,应力随应变上升很快,动态再结晶没有发生,金属出现加工硬化。第Ⅱ阶段为动态再结晶开始阶段,当应变量达到临界值时,动态再结晶开始,其软化作用随应变增加逐渐加强,使应力随应变增加的幅度逐渐降低,当应力超过最大值后,软化作用超过加工硬化,应力随应变的增加而下降。第Ⅲ阶段为稳态流变阶段,此时加工硬化与动态再结晶软化达到了动态平衡。当应变以高速率进行时,曲线为一水平线;而应变以低速率进行时,曲线出现波动。这是由于应变速率低时,位错密度增加慢,因此在动态再结晶引起软化后,位错密度增加所驱动的动态再结晶一时不能与加工硬化相抗衡,金属重又硬化而使得曲线上升。当位错密度增加至足以使动态再结晶占主导地位时,曲线便又下降。以后这一过程循环往复,但波动幅度逐渐衰减。

动态再结晶过程同样是形核和长大的过程,其机制与冷变形金属的再结晶基本相同,也是大角度晶界的迁移。但动态再结晶具有反复形核、有限长大的特点,已形成的再结晶核心在长大时继续受到变形作用,使已再结晶部分的位错增殖,储存能增加,与邻近变形机体的能量差减小,长大驱动力降低而停止长大。而当这一部分的储存能增高到一定程度时,又会重新形成再结晶核心。如此反复进行。

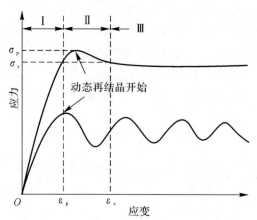

图 9.68　动态再结晶应力-应变曲线的三个阶段划分示意图

2.热加工后金属的组织与性能

热加工不仅改变了材料的形状,而且由于其对材料组织和微观结构的影响,也使材料的性能发生改变,主要体现在以下几个方面。

(1)改善铸态组织,减少缺陷。热变形可以焊合铸态组织中的气孔和疏松等缺陷,增加组织致密性,并通过反复的形变和再结晶破碎粗大的铸态组织,减小偏析,改善材料的机械性能。

(2)形成流线和带状组织,使材料性能各向异性。热加工后,材料中的偏析、夹杂物、第二相、晶界等将沿金属变形方向呈断续、链状(脆性夹杂)和带状(塑性夹杂)延伸,形成流动状的纤维组织,称为流线。通常,沿流线方向比垂直流线方向具有较高的机械性能。另外,在共析钢中,热加工可使铁素体和珠光体沿着变形方向呈带状或层状分布,称为带状组织。有时,在层、带间还伴随着夹杂和偏析元素的流线,使材料表面表现出较强的各向异性,横向的塑性和韧性明显降低,切削性能也变坏。

如图 9.69 所示为热加工制备吊钩形成的流线组织。左图与右图的不同之处在于,右图是热加工后再经机加工所得。根据流线组织的特点可知,左图吊钩的力学性能优于右图。这是因为右图吊钩在机加工过程很多流线被切断,根据前述流线组织特点可知,其承载能力下降。

图 9.69　工件热加工形成的流线组织

(3)晶粒大小的控制。热加工时动态再结晶的晶粒大小主要取决于变形时的流变应力,应力越大,晶粒越细小。因此要想在热加工后获得细小的晶粒,必须控制变形量、变形的终止温度和随后的冷却速度,同时添加微量的合金元素抑制热加工后的静态再结晶也是很好的方法。

热加工后的细晶材料具有较高的强韧性。

9.4.2　蠕变

1.蠕变现象的研究

早期,人们对金属材料强度认识不足,设计金属构件时仅以短时强度作为设计依据。不少构件即使使用应力低于弹性极限,使用一段时间后仍然会发生因塑性变形而失效或因破断而失效的现象。随着科学技术的发展,金属材料的使用温度日益提高,这种矛盾越来越突出。这就使人们进一步认识到材料强度与使用期限之间尚有密切的联系,从而相继开拓了蠕变、蠕变断裂、松弛、疲劳、断裂力学等长时强度研究领域。蠕变则是其中研究最早、内容较丰富而成果较显著的一个领域,成为其他几个研究领域的基础。

金属在持续应力的作用下(即使是在远低于弹性极限的情况下)会发生缓慢的塑性变形。熔点较低的金属容易产生这种现象。金属在承受载荷时的温度越高,这种现象越明显。在一定温度下,金属受持续应力作用而产生的缓慢的塑性变形的现象称为蠕变。引起蠕变的应力称为蠕变应力。在这种持续应力的作用下,蠕变变形逐渐增加,最终可以导致断裂,这种断裂称为蠕变断裂。导致断裂的这一初始应力称蠕变断裂应力。在有些情况下,把蠕变应力及蠕变断裂应力作为材料在一定条件下的一种强度指标来讨论时,往往又把它们称为蠕变强度和蠕变断裂强度,后者又称为持久强度。蠕变现象的发生是温度和应力共同作用的结果。温度和应力的作用方式可以是恒定的,也可以是变动的。常规的蠕变试验则是专门研究在恒定载荷及恒定温度下的蠕变规律。为了与变动情况相区别,把这种试验称为静态蠕变试验。

蠕变现象很早就被发现。最初研究的是 Pb,Zn 等低熔点纯金属,因为这些金属在室温下就已经表现出明显的蠕变现象。以后逐步研究了较高熔点的 Al,Mg 等纯金属的蠕变现象,进而又研究了 Fe,Ni 以至难熔金属 W,Pt 等的蠕变规律。对纯金属的研究后来发展到对 Fe,Co,Ni 基合金及其他各种高温合金的研究。对这些合金,要求它们在几百摄氏度的高温下才能表现出明显的蠕变现象。

蠕变现象的研究是与工业技术的发展密切相关的。随着工作温度的提高,材料蠕变现象越来越明显,随材料的蠕变强度的要求越来越高。不同的工作温度需选用具有不同蠕变性能的材料,因此蠕变强度就成为决定高温金属材料使用性能的重要因素。

2.蠕变曲线

在恒定温度下,一个受单向恒定载荷作用的试样,其变形与时间的关系可用如图 9.70 所示的典型蠕变曲线表示。曲线可以分为如下几个阶段:

第 I 阶段:减速蠕变阶段(图 9.70 中的 ab 段),在加载荷的瞬间产生了变形 δ_i ,以后随着载荷时间的延续变形连续进行,但变形速率不断降低。

第 II 阶段:恒定蠕变阶段(图 9.70 中的 bc 段),此阶段蠕变变形速率随加载时间的延续而保持恒定,且为最小蠕变速率,称为稳态蠕变速率。

第 III 阶段:加速蠕变阶段(图 9.70 中的 cd 段),随着蠕变过程的进行,蠕变速率显著增加,直至最终产生蠕变断裂。d 点所对应的时间就是蠕变断裂时间。

图 9.70 中的下方图是根据上方图曲线的斜率做出。由其可见明显不同阶段的减速蠕变、恒定蠕变和加速蠕变的特点。

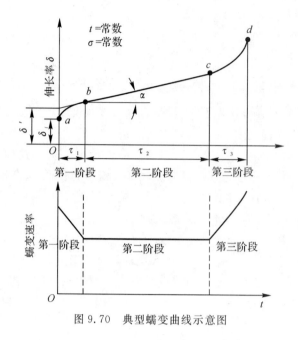

图 9.70　典型蠕变曲线示意图

3.蠕变强度及持久强度

在工程上,需按蠕变强度和持久强度确定许用应力。蠕变强度及持久强度是表示材料抵抗因外力作用导致蠕变变形或蠕变断裂的能力,是材料本身所具有的一种固有性能。蠕变强度是材料在规定的蠕变条件(在一定的温度下及一定的时间内,达到一定的蠕变变形或蠕变速度)下保持不失效的最大承载应力。在测量中以失效应力表示,这是因为在规定条件下两者的数值相等。通常,以试样在恒定温度和恒定拉伸载荷下,在规定时间内伸长(总伸长或残余伸长)率达到某规定值或稳态蠕变速率达到某规定值时的蠕变应力表示蠕变强度。根据不同的试验要求,蠕变强度有以下两种表示方法:

(1)在规定的时间内达到规定变形量的蠕变强度,记为 $\sigma_{\delta/\tau}^{T}$,单位为 MPa。其中,T 为温度(℃),δ 为伸长率(总伸长或残余伸长,%),τ 为持续时间(h)。例如,$\sigma_{0.2/1200}^{650}$ 表示为 650℃,1 200 h达到 0.2%伸长率的蠕变强度。

这种蠕变强度一般用于需要提供总蠕变变形的构件设计。对短时蠕变试验,蠕变速度往往较大,第一阶段的蠕变变形量所占的比例较大,第二阶段的蠕变速度不易确定,所以用总蠕变变形作测量对象比较合适。

(2)稳态蠕变速率达到规定值时的蠕变强度,记为 σ_{v}^{T} ,单位为 MPa。其中,T 为温度(℃),v 为稳态蠕变速率(%/h)。例如,$\sigma_{1\times10^{-5}}^{650}$ 表示为 650℃,稳态蠕变速度达到 1×10^{-5} %/h的蠕变强度。

这种蠕变强度通常用于一般受蠕变变形控制的运行时间较长的构件。因为在这种条件下蠕变速率较小,第一阶段的变形量所占的比例较小,蠕变的第二阶段明显,最小蠕变速度容易测量。

金属材料的蠕变机制可以分为位错蠕变机制和扩散蠕变机制。这两种蠕变机制之间没有确切的划分界限。其中,蠕变机制的条件为温度较低,$T<0.5T_{m}$,应力较高;而扩散蠕变机制通常是温度高,应力较小,适用于陶瓷,Ni 基超合金。

9.4.3 超塑性

超塑性可以说是非晶体固体或玻璃的正常状态,如玻璃在高温下可以通过黏滞性流变被拉得很长而不发生颈缩,金属及合金通常没有这种性质。但如果一种晶体在某种显微组织、形变温度和形变速度下表现出了特别大的均匀塑性变形而不产生颈缩,延伸率达到 500% ~ 2000%,我们就称这个材料具有超塑性。这种超塑性的范围主要取决于显微组织的变化,因此称为组织超塑性。超塑性的本质特点是,在高温发生、应变硬化很小或者等于零。要将塑性流变用黏性流变来分析,可写成状态方程:

$$\sigma = K\dot{\varepsilon}^m \tag{9.17}$$

式中,K——由材料决定的常数;

m——应变速率敏感系数,$m = \lg\sigma/\lg\dot{\varepsilon}$。

可见,产生超塑性是需要条件的,通常需要满足:

(1)材料具有细小的等轴原始组织。可以肯定地说,材料产生超塑性的唯一必要的显微组织条件就是尺寸为微米级的超细晶粒,一般晶粒尺寸在 0.5~5 μm 范围,同时要求在热加工过程中晶粒不能长大或长得很慢,即要始终保持细小的晶粒组织。由于第二相的存在是稳定晶粒尺寸的最佳方法,因此产生超塑性的最佳组织应是由两个或多个紧密交错相的超细晶粒组成的组织,这就解释了为什么大多数超塑性材料都是共晶、共析或析出型合金。

(2)在高温下变形,一般情况下,超塑性材料的加工温度范围在 $(0.5 \sim 0.65)T_m$ 之间。高温下的超塑性变形不同于热加工时的动态回复与动态再结晶变形,共变形机制主要是晶界的滑动和扩散性蠕变。

(3)低应变速率和高的应变速率敏感系数。超塑性加工时的应变速率通常在 $10^{-2} \sim 10^{-4}$ s^{-1},以保证晶界扩散过程充分进行。但应变速率敏感系数 m 值要大。超塑性发生在 $\lg\sigma$ - $\lg\dot{\varepsilon}$ 曲线最大斜率区,此时,m 的取值范围通常在 $0.5 \leqslant m \leqslant 0.7$ 较大值范围。这是因为当 m 值较大时,试样横截面积 A 随时间 t 的变化率 dA/dt 的变化不敏感,拉伸时不易产生缩颈,而呈现出超塑性。经超塑性变形后材料的组织结构具有以下特征:超塑性变形时尽管变形量很大,但晶粒没有被拉长,仍保持等轴状;超塑性变形没有晶内滑移和位错密度的变化,抛光试样表面看不到滑移线;超塑性变形过程中晶粒有所长大,且形变量越大,应变速率越小,晶粒长大越明显;超塑性变形时产生晶粒换位,使晶粒趋于无规则排列,并可因此消除再结晶织构和带状组织。

应当指出,随着材料科学研究的深入,人们对超塑性的认识也在不断拓展,很多不完全符合上述条件的超塑性变形现象不断出现,如在很多镁合金中存在的高应变速率超塑性现象(如变形速率为 1 s^{-1})。在 Fe - Al,Ni - Al 等金属,化合物存在粗晶(数十至上百微米)超塑性现象,这些都有待于进一步研究。

超塑性变形后材料的组织仍保持等轴晶形态,没有颈缩现象,一般不会形成织构。近些年的研究工作表明,材料的超塑性变形量已经远远超过 2 000%。如图 9.71 所示为纳米材料的超塑性变形,其变形量已经超过 5 000%。

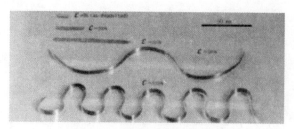

图 9.71　纳米材料的超塑性

9.5　无机材料中晶相的塑性形变

塑性形变是指一种在外力移去后不能恢复的形变。无机材料的塑性形变,远不如金属塑性变形容易。材料经受此种形变而不破坏的能力叫延展性。此种性能在材料加工和使用中都很有用,是一种重要的力学性能。无机材料的致命弱点就是在常温时大都缺乏延展性,使得材料的应用受到很大限制。20 世纪 50 年代发现 AgCl 离子晶体可以冷轧变薄。MgO,KCl,KBr 单晶也可以弯曲而不断裂,LiF 单晶的应力-应变曲线和金属类似,也有上、下屈服点。图 9.72 示出了 KBr 和 MgO 晶体受力时的应力应变曲线。

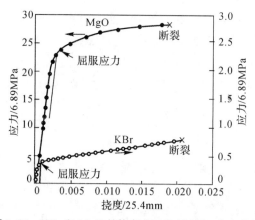

图 9.72　KBr 和 MgO 晶体弯曲试验的应力-应变曲线

多年来进行了延展性陶瓷材料的大量研究工作,但至今在常温下,除少数例外,大多数无机材料都不具延性,也就是说,没有或只有很小的塑性形变。最近发现,含 CeO_2 的四方 ZrO_2 多晶陶瓷在应力超过一定值后,表现出很大的塑性变形,因为这种变形是由四方 ZrO_2 相变为单斜 ZrO_2 引起的,所以称为相变塑性。

常温下,大多数无机材料不能产生塑性形变,首先要分析塑性形变的机理。这里先从比较简单的单晶入手。

9.5.1　晶格滑移

前已述及,晶体中的塑性形变有两种基本方式:滑移和孪生。在无机非金属材料中同样是滑移现象最为常见。

在无机非金属材料中,晶体中滑移总是发生在主要晶面和主要晶向上。这些晶面和晶向指数较小,原子密度大,也就是柏氏矢量 b 较小,只要滑动较小的距离就能使晶体结构复原,所以比较容易滑动。滑动面和滑动方向组成这类晶体的滑移系统。例如 NaCl 型结构的离子晶体,其滑移系统通常是⟨110⟩晶面族和⟨1 10⟩晶向族。

如图 9.73 所示为岩盐型离子晶体滑移示意图。由图 9.73 中所示晶体滑移示意图可见:①从几何因素考虑,在(110)晶面,沿[1 10]方向滑移,同号离子间柏氏矢量较小;②从静电作用因素考虑,在滑移过程中不会遇到同号离子的巨大斥力,因此,在(110)面上,沿[1 10]方向滑移比较容易进行。

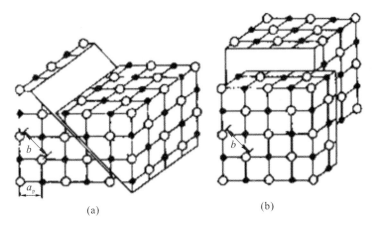

图 9.73　岩盐型结构晶体沿(110)方向的平移滑动

(a) 在⟨110⟩面族上;(b) 在⟨100⟩面族上

离子晶体的滑移除了考虑粒子的密排因素外,还需考虑不同离子间的静电作用。

金属晶体易于滑移而产生塑性形变,就是因为金属滑移系很多,如体心立方金属滑移系有 48 个之多,而无机材料的滑移系统却非常少。其原因在于金属键没有方向性,而无机材料的离子键或共价键具有明显的方向性。同号离子相遇,斥力极大,只有个别滑移系统才能满足几何条件与静电作用条件。晶体结构愈复杂,满足这种条件就愈困难。因此,只有为数不多的无机材料晶体在室温下具有延性。这些晶体都属于一种称为 NaCl 型结构的最简单的离子晶体结构,如 AgCl,KC1,MgO,KBr,LiF 等。Al_2O_3 属刚玉型晶体结构,比较复杂,因而室温下不能产生滑移。

至于多晶陶瓷,其晶粒在空间随机分布,不同方向的晶粒,其滑移面上的剪应力差别很大。即使个别晶粒已达临界剪应力而发生滑移,也会受到周围晶粒的制约,使滑移受到阻碍而终止。所以,多晶陶瓷材料更不容易产生滑移而发生塑性变形。

9.5.2　塑性形变的位错运动理论

同金属材料一样,实际陶瓷材料晶体中存在位错缺陷,当受剪应力作用时,并不是晶体内两部分整体相互错动,而是位错在滑移面上沿滑移方向运动。使位错运动所需的力比使晶体两部分整体相互滑移所需的力小得多。所以,实际晶体的滑移是位错的结果。

但是,和金属材料相比较而言,陶瓷材料通常以离子键或共价键为主,因此晶体中的位错运动更加困难。这是因为陶瓷晶体中的位错从一个低能态的位置运动到另外一个低能态的位置需要克服的能垒比金属晶体大得多。在不受载荷的条件下,金属晶体的能垒值为 $0.1\sim0.2$ eV,而陶瓷晶体的为 1.0 eV。此外,如前所述,无机非金属材料主要键合类型为离子键或共价键,具有明显的方向性。加之,位错只能在滑移面上运动,无机材料中滑移系只有有限几个。因此滑移面上分剪应力往往很小,尤其是在多晶陶瓷中更是如此。在多晶材料中,不同晶粒的滑移系不同,在晶粒中的位错运动遇到晶界就会塞积下来,形不成宏观滑移。所以更难产生塑性形变。

位错运动的理论充分说明无机材料中产生位错运动是困难的。当滑移面上的分剪应力尚未使位错以足够速度运动时,此应力可能已超过微裂纹扩展所需的临界应力而使材料脆断。这说明,无机材料中不易形成位错,位错运动也很困难,也就难以产生塑性形变

不过,温度升高时,位错运动的速度加快,因此脆性材料如 Al_2O_3,在高温下也有一定塑性形变。

9.5.3 塑性形变速率对屈服强度的影响

塑性形变速率与所受剪应力的大小呈正比。在 $900\,^{\circ}\mathrm{C}$ 温度下对单晶 Al_2O_3 试样进行不同形变速率下的拉伸试验。结果表明,形变速率大的,相应的剪应力最大值也大,表现在宏观上屈服强度点也愈高,因而塑性变形速率和屈服强度有一定关系,其表达式与金属晶体相似,通过应变速率敏感指数 m 将应力与应变速率联系起来。常温下一些无机非金属材料的 m 列于表 9.12 中。由表 9.12 可见,无机非金属材料的 m 值明显大于金属材料的。

表 9.12　一些材料在常温下的 m 值

材料	结构	m
LiF	岩盐型	$13.5\sim21$
NaCl	岩盐型	$7.8\sim29.5$
MgO	岩盐型	$2.5\sim6$
CaF	萤石型	7
Si	金刚石型	$1.4\sim1.5$

9.5.4 无机材料的高温蠕变

常温下无机材料呈现脆性,因此常温下使用无机材料时,用不着考虑蠕变。但在高温下无机材料却具有不同程度的蠕变行为,因而在高温下使用无机材料时,就必须考虑蠕变。无机材料是很有前途的高温结构材料,因此对无机材料的高温蠕变的研究愈来愈受重视。

实验发现,典型的蠕变曲线如图 9.74 所示。无机非金属材料的蠕变曲线可以分为四个阶段:起始阶段、减速蠕变阶段、稳态蠕变阶段和加速蠕变阶段。其中,后三个阶段同金属材料。

起始段是指在外力作用下发生瞬时弹性形变。若外力超过试验温度下的弹性极限,则起始阶段也包括一部分塑性形变。起始阶段形变是瞬时发生的,和时间没有关系。

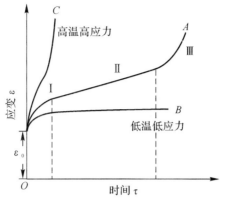

图 9.74　无机材料蠕变曲线

图 9.74 还表明,当外力和温度不同时,虽然蠕变曲线仍保持上述几个阶段的特点,但各段时间及倾斜程度将变化。从图中可以看出,当温度或应力较低时,稳态蠕变阶段延长。当应力或温度增加时,稳定态蠕变阶段缩短,甚至不出现。外力对应变速率的影响很大。

陶瓷材料的蠕变机制除位错蠕变和扩散蠕变机制外,还需考虑晶界蠕变机制。这是因为金属材料高温合金通常考虑柱状晶或单晶,晶界的数量少。而多晶陶瓷中存在着大量晶界,当晶界位向差大时,可以把晶界看成是非晶体,因此在温度较高时,晶界黏度迅速下降,外力导致晶界黏滞流动,发生蠕变。影响蠕变的主要因素有以下 5 个:

(1)温度。前面已提到温度升高,蠕变增大。这是由于温度升高,位错运动和晶界错动加快,扩散系数增大,这些都对蠕变有所贡献。

(2)应力。蠕变随应力增加而增大。若对材料施加压应力,则增加了蠕变的阻力。

(3)显微结构的影响。蠕变是结构敏感的性能。气孔、晶粒尺寸、玻璃相等都对蠕变有很大的影响。随着气孔率增加,蠕变率也增大。这是因为气孔减少了抵抗蠕变的有效截面积。此外,当晶界黏性流动起主要作用时,气孔的空余体积可以容纳晶粒所发生的形变。

关于晶粒尺寸的影响,晶粒愈小,蠕变率愈大。这是因为晶粒小,晶界的比例增加,晶界扩散及晶界流动对蠕变的贡献也就增大。

玻璃相对蠕变的影响也很大。通常多晶陶瓷存在玻璃相。当温度升高时,玻璃相的黏度降低,因而变形速率增大,亦即蠕变率增大。从表 9.13 看出,非晶态玻璃的蠕变率比结晶态要大得多。

在高温耐火材料中消除玻璃相是必要的,但实践上难以做到。当然也可用控制温度,改变玻璃组成等办法来降低玻璃的湿润特性,但这样一来,又会使得低温下不易烧结成致密的耐火材料。

此外,还可通过改变玻璃组成来改变玻璃相的黏度。在氧化镁中加入氧化铬制成镁砖,由于降低了玻璃相的湿润性,从而提高了抗蠕变的性能;反之,添加 Fe_2O_3 时,由于增加了玻璃相的湿润性而降低了强度。

表 9.13　一些无机材料的蠕变

材　料	蠕变率(1 300 ℃,1.24×10^7Pa)/h^{-1}
多晶 Al_2O_3	0.13×10^{-5}
多晶 BeO	30×10^{-5}
多晶 MgO(注浆成型)	33×10^{-5}
多晶 MgO(等静压成型)	33×10^{-5}
多晶 $MgAl_2O_4$　(2～3μm)	26.3×10^{-5}
(1～3mm)	0.1×10^{-5}
多晶 ThO_2	100×10^{-5}
多晶 ZrO_2	3×10^{-5}
石英玻璃	20 000×10^{-5}
软玻璃 Al_2O_3	1.9×10^9×10^{-5}
隔热耐火砖	100 000×10^{-5}
	(1 300 ℃,7×10^4Pa)
石英玻璃	0.001
软玻璃	8
隔热耐火砖	0.005
铬砖	0.000 5
镁砖	0.000 02

(4)组成。显然,组成不同的材料其蠕变行为不同。即使组成相同,单独存在和形成化合物,其蠕变行为也不一样。例如 Al_2O_3 和 SiO_2,单独存在和形成莫来石(3Al_2O_3·SiO_2)时,蠕变行为就不相同。

(5)晶体结构。随着共价键结构程度增加,扩散及位错运动降低,因此,像碳化物、硼化物等陶瓷材料的抗蠕变性能就很好。

9.5.5　提高无机材料强度改进材料韧性的途径

影响无机材料强度的因素是多方面的。材料强度的本质是内部质点间的结合力。为了使材料实际强度提高到理论强度的数值,人们长期以来对比进行了大量的研究。从对材料的形变及断裂的分析可知,在晶体结构稳定的情况下,控制强度的主要参数有三个,即弹性模量 E、断裂功(断裂表面能)γ 和裂纹尺寸 c。其中 E 是非结构敏感的。γ 与微观结构有关,但单相材料的微观结构对 γ 的影响不大。唯一可以控制的是材料中的微裂纹,可以把微裂纹理解为各种缺陷的总和。所以强化措施大多从消除缺陷和阻止其发展着手,主要有下列几方面。

1. 微晶、高密度与高纯度

为了消除缺陷,提高晶体的完整性,细、密、匀、纯是当前陶瓷发展的一个重要方面。近年来出现了许多微晶、高密度、高纯度陶瓷,例如用热压工艺制造的 Si_3N_4 陶瓷,密度接近理论值,几乎没有气孔。

特别值得提出的是各种纤维材料及晶须。表 9.14 列出了一些纤维和晶须的特性。可以看出,将块体材料制成细纤维,强度大约提高一个数量级,制成晶须则提高两个数量级,与理论强度的大小同数量级。晶须提高强度的主要原因之一就是提高了晶体的完整性。实验指出,晶须强度随晶须截面直径的增加而降低。

表 9.14　几种无机材料的块体、纤维及晶须的抗拉强度比较

材料	抗拉强度/GPa		
	块体	纤维	晶须
Al_2O_3	0.28	2.1	21
BeO	0.14(稳定态)	—	13.3
ZrO_2	0.14(稳定态)	2.1	—
Si_3N_4	0.12~0.14(反应烧结)	—	14

2. 提高抗裂能力与预加应力

人为地预加应力,在材料表面造成一层压应力层,可以提高材料的抗拉强度。脆性断裂通常是在拉应力作用下,自表面开始断裂。如果在表面造成一层残余压应力层,则在材料使用过程中,表面受到拉伸破坏之前首先要克服表面上残余压应力。通过加热、冷却,在表面层中人为地引入残余压应力过程叫做热韧化。这种技术已被广泛应用于制造安全玻璃(钢化玻璃),如门窗、眼镜用玻璃。方法是将玻璃加热到转变温度以上、熔点以下,然后淬冷,这样,表面立即冷却变成刚性的,而内部仍处于熔融状态。此时表面受拉、内部受压。因内部是软化状态不会破坏,在继续冷却中,内部将比表面以更大的速率收缩,使表面受压、内部受拉,结果在表面形成残留应力,如图 9.75 所示。这种热韧化技术近年来也用于其他结构陶瓷材料。例如,将 Al_2O_3 在 1 700 ℃下于硅油中淬冷,强度就会提高。淬冷不仅在表面造成压应力,而且还可使晶粒细化。利用表面层与内部的热膨胀系数不同,也可以达到预加应力的效果。

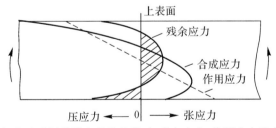

图 9.75　热韧化玻璃板受横向弯曲载荷时,残余应力、作用应力及合成应力分布

3. 化学强化

如果要求表面残余压应力更高,则热韧化的办法难以做到,可采用化学强化(离子交换)的办法。这种技术是通过改变表面化学的组成,使表面的摩尔体积比内部的大。由于表面体积膨大受到内部材料的限制,就产生两向状态的压应力。

通常是用一种大的离子置换小的离子。由于受扩散限制及受带电离子的影响,实际上,压力层的厚度被限制在数百微米内。

化学强化的玻璃板的应力分布和热韧化玻璃不同。在热韧化玻璃中,应力分布形状接近抛物线,且最大的表面压应力接近内部最大拉压力的两倍。但化学强化的应力分布,通常不是抛物线,而是在内部存在一个小的接近平直的拉应力区,到化学强化区突然变为压应力。表面压应力与内部拉应力之比可达数百,如果内部拉应力很小,则化学强化玻璃可以切割和钻孔;但如果压力层较薄而内部拉应力较大,内部裂纹能自发扩展,破坏时可能裂成碎块。化学强化方法目前尚在发展中,相信会得到更广泛的应用。

此外,将表面抛光及化学处理以消除表面缺陷也能提高强度。

强化材料的一个重要发展是复合材料,为近年来迅速发展的领域之一。

4. 相变增韧

利用多晶多相陶瓷中某些相成分在不同温度的相变,从而增韧的效果,这统称为相变增韧。例如,利用 ZrO_2 的马氏体相变来改善陶瓷材料的力学性能,是目前引人注目的研究领域。人们研究了多种 ZrO_2 的相变增韧,发现由四方相转变成单斜相,体积增大 $3\%\sim5\%$,如部分稳定 ZrO_2(PSZ),四方 ZrO_2 多晶陶瓷(TZP),ZrO_2 增韧 Al_2O_3 陶瓷(ZTA),ZrO_2 增韧莫来石陶瓷(ZTM),ZrO_2 增韧尖晶石陶瓷,ZrO_2 增韧钛酸铝陶瓷,ZrO_2 增韧 Si_3N 陶瓷、增韧 SiC 以及增韧塞隆等。

其中 PSZ 陶瓷较为成熟,TZP,ZTA,ZTM 研究得也较多。PSZ,TZP,ZTA 等的断裂韧性 K_{IC} 已达 $11\sim15$ MPa·$m^{1/2}$,有的高达 20 MPa·$m^{1/2}$,但温度升高时,相变增韧失效。另外,在高温下长期受力,增韧效果是否有变化,也是尚待研究的课题。

相变增韧以其复杂的成分来说,也可称为一种复合材料。

5. 弥散增韧

在基体中渗入具有一定颗粒尺寸的微细粉料,达到增韧的效果,这称为弥散增韧。这种细粉料可能是金属粉末,加入陶瓷基体之后,以其塑性变形,来吸收弹性应变能的释放量,从而增加了断裂表面能,改善了韧性。细粉料也可能是非金属颗粒,在与基体生料颗粒均匀混合之后,在烧结或热压时,多半存在于晶界相中,以其高弹性模量和高温强度增加了整体的断裂表面能,特别是高温断裂韧性。

无论是哪一种弥散粉末,都存在一个弥散的起码要求,即必须具备粉体弥散相和基体之间的化学相容性和物理润湿性,使其在烧结后成为完整的整体,而不致产生有害的第三种物质。弥散增韧陶瓷也是复合材料的一种。

习　题

1. 单晶体塑性变形的主要机制有哪些?
2. 多晶体发生塑性变形时,除了要考虑单晶体的变形机制外还需考虑什么?
3. 固溶体金属材料发生塑性变形与纯金属发生塑性变形相比较而言有哪些特点?
4. 试着从塑性变形角度分析软粒子弥散分布在基体材料中对材料是否起强化作用。
5. 冷变形金属材料发生回复和再结晶,其性能主要发生哪些变化?
6. 冷加工和热加工形成的纤维组织有何不同?
7. 什么是临界变形度,为什么金属材料变形量通常要大于临界变形度?
8. 金属材料发生超塑性的条件有哪些?

第 10 章　亚稳态材料

材料的稳定状态是指其体系自由能最低时的平衡状态,通常相图中所显示的即是稳定的平衡状态。但是,由于种种因素,材料会以高于平衡态时自由能的状态存在,处于一种非平衡的亚稳态。同一化学成分的材料,其亚稳态时的性能不同于平衡态时的性能,而且亚稳态可由形成条件的不同而有多种形式,它们所表现的性能迥异,在很多情况下,亚稳态材料的某些性能会优于其处于平衡态时的性能,甚至出现特殊的性能。因此,对材料亚稳态的研究不仅有理论上的意义,更具有重要的实用价值。

材料在平衡条件下只以一种状态存在,而非平衡的亚稳态则可出现多种形式,大致有以下几种类型:

(1)细晶组织。当组织细小时,界面增多,自由能升高,故为亚稳状态。其典型的例子是纳米晶组织,其晶界体积可占材料总体积的 50% 以上。

(2)高密度晶体缺陷的存在。晶体缺陷使原子偏离平衡位置,晶体结构排列的规则性下降,故体系自由能增高。另外,对于有序合金,当其有序度下降,甚至是无序状态(化学无序)时,也使自由能升高。

(3)形成过饱和固溶体。即溶质原子在固溶体中的浓度超过平衡浓度,甚至在平衡状态是互不溶解的组元相互溶解。

(4)发生非平衡转变,生成具有与原先不同结构的亚稳新相,例如钢及合金中的马氏体、贝氏体,以及合金中的准晶态相等。

(5)由晶态转变为非晶态,由结构有序变为结构无序,自由能增高。

可用图 10.1 所表示的自由能变化来解释亚稳相存在的原因。图中的粒子处于右侧的谷底位置其自由能最低,可以说其处于稳态。与此相对,当粒子处于左侧的谷底位置时,其自由能高于右侧谷底,但低于其相邻的位置。这表明,如果粒子要离开这个谷底位置进入稳态的另一谷底位置需要克服能垒 Q 对它的约束。相对于右侧谷底的能量最低状态,这种状态是相对稳定的,将其称为亚稳态。这从热力学上说明了亚稳态是可以存在的。

10.1　纳米晶材料

前述霍尔-佩奇公式指出了多晶体材料的强度与其晶粒尺寸之间的关系,晶粒越细强度越高。自 20 世纪 80 年代以来,随着材料制备新技术的发展,人们开始研制出晶粒尺寸为纳米(nm)级的材料,并发现这类材料不仅强度更高(但不符合霍尔-佩奇公式),其结构和各种性能都具有特殊性。纳米晶材料(或称纳米结构材料)已成为国际上发展新材料中的一个非常重要的研究领域,并在材料科学和凝聚态物理学科中引出了新的研究方向——纳米材料学。

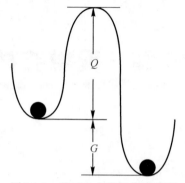

图 10.1　粒子自由能变化示意图

10.1.1　纳米晶材料的结构

纳米晶材料(纳米结构材料)的概念最早是由 H. Gleiter 提出的,这类材料至少在一个方向上的尺寸小于 100 nm。图 10.2 为纳米晶材料的二维模型,不同取向的纳米尺度小晶粒由晶界联结在一起,由于晶粒极微小,晶界所占的比例就相应地增大。若晶粒尺寸为 5～10 nm,晶界将占到 50% 体积,即有约 50% 原子位于排列不规则的晶界处,其原子密度及配位数远远偏离了完整的晶体结构。因此纳米晶材料是一种非平衡态的结构,其中存在大量的晶体缺陷。此外,如果材料中存在杂质原子或溶质原子,则这些原子的偏聚作用使晶界区域的化学成分也不同于晶内成分。由于结构上和化学上偏离正常多晶结构,所表现的各种性能也明显不同于通常的多晶体材料。

研究人员曾对双晶体的晶界应用高分辨电子显微分析、广角 X 射线或中子衍射分析,以及计算机模拟等多种方法,测得双晶体晶界的相对密度是晶体密度的 75% ～90%。纳米晶材料的晶界结构不同于双晶体晶界,当晶粒尺寸为几纳米时,其晶界的边长会短于晶界层厚度,故晶界处原子排列显著地改变。如图 10.3 所示为应用正电子湮没技术测定的平均正电子寿命与晶粒尺寸的关系,随着晶粒尺寸的减小,寿命增加。这表示晶界中自由体积增加。一些研究表明,纳米晶材料可由其化学成分和晶粒尺寸来表征,但也与材料的化学键类型、杂质情况、制备方法等因素有关,即使是同一成分、同样晶粒尺寸的材料,其晶界区域的原子排列还会因上述因素而明显地变化,其性能也相应地改变,如图 10.2 所示只是一个被简单化了的结构模型。

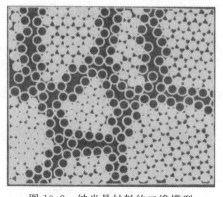

图 10.2　纳米晶材料的二维模型

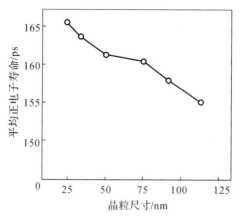

图 10.3 纳米晶 $Fe_{78}B_{13}Si_9$ 的晶粒大小与平均正电子寿命的关系

纳米材料也可由非晶物质组成,例如,纳米玻璃的组成相均为非晶态,如图 10.4 所示的生物活性纳米玻璃纤维。由不同化学成分物相所组成的纳米晶材料,通常称为纳米复合材料,如图 10.5 所示。

图 10.4 生物活性纳米玻璃纤维

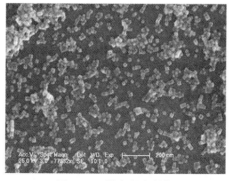

图 10.5 纳米复合材料

10.1.2 纳米晶材料的性能

纳米结构材料因其超细的晶体尺寸(与电子波长为同一数量级)和高体积分数的晶界(高密度缺陷)而呈现特殊的物理、化学和力学性能。表 10.1 所列的一些纳米晶材料与通常多晶体或非晶态时的性能比较,明显地反映了其变化特点。

表 10.1　纳米晶与通常多晶或非晶态的性能

性能	单位	金属	多晶	非晶态	纳米晶
热膨胀系数	$10^{-6}\ K^{-1}$	Cu	16	18	31
比热容(295K)	$J/(g \cdot K)$	Pd	0.24	—	0.37
密度	g/cm^3	Fe	7.9	7.5	6
弹性模量	GPa	Pd	123	—	88
剪切模量	GPa	Pd	43	—	32
断裂强度	MPa	Fe-1.8%C	700	—	8000
屈服强度	MPa	Cu	83	—	185
饱和磁化强度(4K)	$4\pi \cdot 10^{-7}\ T \cdot m^3/kg$	Fe	222	215	130
磁化率	$4\pi \cdot 10^{-9}\ m^3/kg$	Sb	-1	-0.03	20
超导临界温度	K	Al	1.2	—	3.2
扩散激活能	eV	Ag 于 Cu 中	2	—	0.39
		Cu 自扩散	2.04	—	0.64
德拜温度	K	Fe	467	—	3

纳米晶材料的力学性能远高于其通常多晶状态,表 10.1 中所举的高碳铁(质量分数 1.8%)就是一个突出的例子,其断裂强度由通常的 700 MPa 提高到 8 000 MPa,增加高达 1 140%。但一些实验结果表明霍尔-佩奇公式的强度与晶粒尺寸关系并不适用于纳米晶材料。这是因为霍尔-佩奇公式是由位错塞积的强化作用导出的,当晶粒尺寸为纳米级时,晶粒中可存在的位错极少,故霍尔-佩奇公式不适用于纳米材料。此外,纳米晶材料的晶界区域在应力作用下会发生弛豫过程而使材料强度下降。纳米晶材料强度的提高不能超过晶体的理论强度。图 10.6 是纳米晶铜(25 nm)的应力-应变曲线与多晶 Cu(50 μm)应力-应变曲线的比较,其屈服强度(σ_s)从原先的 83 MPa 提高到 185 MPa。纳米晶材料不仅具有高的强度和硬度,其塑性韧性也大大改善。例如陶瓷材料通常不具有延展性,但纳米 TiO_2 在室温下能塑性变形,在 180 ℃时形变量可以达到 100%。

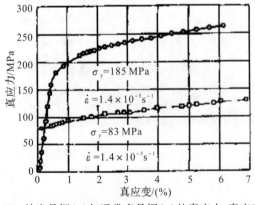

图 10.6　纳米晶铜(○)与通常多晶铜(□)的真应力-真应变曲线

纳米晶微粒之间能产生量子输运的隧道效应、电荷转移和界面原子耦合等作用,故纳米材料的物理性能也不同于常规材料。纳米晶导电金属的电阻高于多晶材料,因为晶界对电子有散射作用,当晶粒尺寸小于电子平均自由程时,晶界散射作用加强,电阻及电阻温度系数增加。但纳米半导体材料却具有高的电导率,如纳米硅薄膜的室温电导率高于多晶硅 3 个数量级,高于非晶硅达 5 个数量级。纳米晶材料的磁性也不同于常规多晶材料,纳米铁磁材料具有低的饱和磁化强度、高的磁化率和低的矫顽力,例如部分晶化的 $Fe_{73.5}Si_{13.5}B_9Cu_1Nb_3$ 合金中形成 $5\sim20$ nm 的 $Fe-Si(B)$ 微晶分布在非晶基体上,具有高的起始磁导率(约 10^5 H/m)、低的矫顽力(约 10^{-2} A/cm)、高的磁感应强度(达 1.7 T)。其磁性甚至超过最佳性能的坡莫合金,而后者的价格却非常昂贵。纳米材料的其他性能,如超导临界温度和临界电流的提高、特殊的光学性质、触媒催化作用等也是引人注目的。

10.1.3　纳米晶材料的形成

纳米晶材料可由多种途径形成,可归纳为以下四种方法:

(1)以非晶态(金属玻璃或溶胶)为起始相,使之在晶化过程中形成大量的晶核而生长成为纳米晶材料。

(2)对起始为常规粗晶的材料,通过强烈地塑性形变(如高能球磨、高速应变、爆炸成形等手段)或造成局域原子迁移(如高能粒子辐照、火花刻蚀等)使之产生高密度缺陷而致自由能升高,转变形成亚稳态纳米晶。

(3)通过蒸发、溅射等沉积途径,如物理气相沉积(PVD)、化学气相沉积(CVD)、电化学方法等生成纳米微粒然后固化,或在基底材料上形成纳米晶薄膜材料。

(4)沉淀反应方法,如溶胶-凝胶(sol-gel)法,热处理时效沉淀法等,析出纳米微粒。

10.2　准晶态材料

经典的固体理论将固体物质按其原子聚集状态分为晶态和非晶态两种类型。通过晶体学分析得出如下结论:晶体中原子呈有序排列,且具有平移对称性,晶体点阵中各个阵点的周围环境必然完全相同,故晶体结构只能有 1,2,3,4,6 次旋转对称轴,而 5 次及高于 6 次的对称轴不能满足平移对称的条件,均不可能存在于晶体中。近年来由于材料制备技术的发展,出现了不符合晶体的对称条件,但呈一定的周期性有序排列的类似于晶态的固体,具有 5 次对称轴的结构。于是,一类新的原子聚集状态的固体出现了,这种状态被称为准晶态,此固体称为准晶。5 次对称准晶态出现后,人们很快就在其他一些合金系中也发现了 8,10,12 次对称准晶。如图 10.7 所示为熔体中生长的 $Ho-Mg-Zn$ 准晶。

图 10.7　$Ho-Mg-Zn$ 准晶

10.2.1　准晶的结构

准晶的结构既不同于晶体也不同于非晶体。应用高分辨电子显微分析获得的准晶态合金的原子结构图像表明其原子分布不具有平移对称性,但仍有一定的规则,其 5 次对称性明显可见,且呈长程的取向性有序分布,故可认为是一种准周期性排列。

由于准晶不能通过平移操作实现周期性,故不能如晶体那样取一个晶胞来代表其结构。目前较常用的是以拼砌花砖方式的模型来表征准晶结构,如图 10.8 所示。

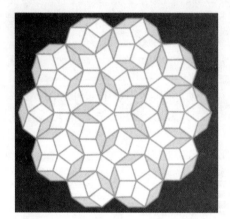

图 10.8　准晶拼砌花砖方式的模型

准晶结构有多种形式,目前所知可分成下列几种类型:

(1)一维准晶。这类准晶在一个方向是准周期性而其他两个方向是周期性的。

(2)二维准晶。它们是由准周期有序的原子层周期地堆垛而构成的,是将准晶态和晶态的结构特征结合在一起。

(3)二十面体准晶。可分为 A 和 B 两类。A 类以含有 54 个原子的二十面体作为结构单元;B 类则以含有 137 个原子的多面体为结构单元。

10.2.2　准晶的性能

到目前为止,人们尚难以制成大块的准晶态材料,最大的也只是几毫米,故对准晶的研究多集中在其结构方面,对性能的研究测试则甚少报道。但从获得的准晶都很脆的特点可知,其作为结构材料使用还有一段距离。准晶的特殊结构对其物理性能有明显的影响,这方面或许可以利用。

准晶的密度低于其晶态时的密度,这是由于其原子排列的规则性不及晶态严密,但其密度高于非晶态,说明其准周期性排列仍是较密集的。准晶的比热容比晶态大,例如准晶态 Al - Mn 合金的比热容较相同成分的晶态合金的高 13%。准晶合金的电阻率很高而电阻温度系数则很小,其电阻随温度的变化规律也各不相同。

总之,对准晶合金的性能目前了解不多,但对准晶这一新兴领域已引起人们的高度重视,有关的研究工作还在进行中。

10.2.3　准晶的形成

除了少数准晶为稳态相之外,大多数准晶相均属亚稳态产物,它们主要通过快冷方法形成,此外经离子注入混合或气相沉积等途径也能形成准晶。准晶的形成过程包括形核和生长两个过程,故采用快冷法时,对其冷却速度(冷速)要适当进行控制,冷速过慢则不能抑制结晶过程而会形成结晶相;冷速过大则准晶的形核生长也被抑制而形成非晶态。此外,其形成条件还与合金成分、晶体结构类型等多种因素有关,并非所有的合金都能形成准晶,这方面的规律还有待进一步探索和掌握。

亚稳态的准晶在一定条件下会转变为结晶相,即平衡相。加热(退火)促使准晶的转变,故准晶转变是热激活过程,其晶化激活能与原子扩散激活能相近。

准晶也可能从非晶态转化形成,例如 Al - Mn 合金经快速凝固形成非晶后,在一定的加热条件下会转变成准晶,这表明准晶相对于非晶态是热力学较稳定的亚稳态。

10.3　非晶态材料

10.3.1　非晶态的形成

非晶态可由气相、液相快冷形成,也可在固态直接形成(如离子注入、高能粒子轰击、高能球磨、电化学或化学沉积、固相反应等)。

以合金熔体快冷为例,合金由液相转变为非晶态(金属玻璃)的能力,既取决于冷却速度也取决于合金成分。对纯金属如 Ag,Cu,Ni 等的结晶形核条件的理论计算得出,最小冷却速度要达到 $10^{12}\sim10^{13}$ K/s 时才能获得非晶,这在目前的熔体急冷方法尚难做到,故纯金属采用熔体急冷还不能形成非晶态。而某些合金熔液的临界冷速就较低,一般在 10^7 K/s 以下,采用现有的急冷方法能获得非晶态。除了冷速之外,合金熔体形成非晶与否还与其成分有关,不同的合金系形成非晶能力不同。同一合金系中通常只是在某一成分范围内能够形成非晶(该成分范围与采用的急冷方法和冷速有关)。

总之,非晶态亚稳材料是在极端非平衡条件下得到的。

10.3.2　非晶态的结构

非晶结构不同于晶体结构,它既不能取一个晶胞为代表,且其周围环境也是变化的,故测定和描述非晶结构均属难题,只能统计性地进行表达。常用的非晶结构分析方法是用 X 射线或中子散射得出的散射强度谱求出其"径向分布函数"。如图 10.9 所示为 $Ni_{81}B_{19}$ 非晶合金的 X 射线衍射谱。根据衍射谱所得的径向分布函数的第一个峰表示最近邻原子的间距,而峰所包含的面积给出平均配位数。从图所示的间距可知非晶态中间距与凝聚态的间距相近,其配位数在 $11.5\sim14.5$ 范围,这些结果表示非晶态合金(金属玻璃)也是密集堆积型固体,与晶体相近。从所得出的部分原子对分布函数可知:在非晶态合金中异类原子的分布也不是完全无序的。

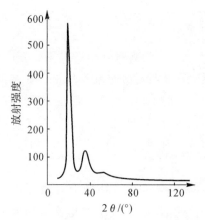

图 10.9　非晶态 $Ni_{81}B_{19}$ 的 X 射线散射谱

10.3.3　非晶态的性能

1. 力学性能

非晶合金的力学性能主要表现为高强度和高断裂韧性,但弹性模量较低。非晶合金的强度与组元类型有关,金属-类金属型的强度高,而金属-金属型则低一些。非晶合金的塑性较低,在拉伸时小于 1%,但在压缩、弯曲时有较好的塑性,压缩塑性可达 40%。非晶合金薄带弯曲达 180°也不断裂。非晶合金塑性变形方式与应力大小有关。

2. 物理性能

非晶态合金因其结构呈长程无序,因此,在物理性能上与晶态合金之间,显示出异常情况。非晶合金一般具有高的电阻率和低的电阻温度系数,有些非晶合金如 Nb - Si,Mo - Si - B,Ti - Ni - Si 等,在低于其临界转变温度可具有超导电性。目前非晶合金最令人注目的是其优良的磁学性能,包括软磁性能和硬磁性能。一些非晶合金很易于磁化,磁矫颃力很低,且涡流损失少,是极佳的软磁材料,其中代表性的是 Fe - B - Si 合金。此外,使非晶合金部分晶化后可获得 10~20 nm 尺度的极细晶粒,因而细化磁畴,产生更好的高频软磁性能。有些非晶合金具有很好的硬磁性能,其磁化强度、剩磁、矫顽力、磁能积都很高,例如 Nd - Fe - B 非晶合金经部分晶化处理后(14~50 nm 晶粒尺寸)达到目前永磁合金的最高磁能积值,是重要的永磁材料。如图 10.10 所示为由甩带法制备的非晶磁性材料。

3. 化学性能

许多非晶态合金具有极佳的抗腐蚀性,这是由于其结构的均匀性,不存在晶界、位错、沉淀相,以及在凝固结晶过程产生的成分偏析等能导致局部电化学腐蚀的因素。图 10.11 是 304 不锈钢(多晶)与非晶态 $Fe_{70}Cr_{10}P_{13}C_7$ 合金在 30℃ 的 HCl 溶液中腐蚀速度的比较。可见,304 不锈钢的腐蚀速度明显高于非晶态合金,且随 HCl 浓度的提高而增大,而非晶合金即使在强酸中也是耐蚀的。

图 10.10 甩带法制备的非晶态磁性材料

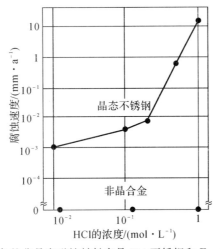

图 10.11 甩带法制备的非晶态磁性材料多晶 304 不锈钢和 $Fe_{70}Cr_{10}P_{13}C_7$ 非晶态合金
在 30℃的 HCl 溶液中腐蚀速度

<h1 style="text-align:center">习　　题</h1>

1.为什么要制备亚稳态材料？

2.何为纳米材料？纳米材料有哪些特征？

3.什么是准晶？严格来说,准晶是晶体吗？

4.安泰科技股份有限公司是我国非晶金属材料重要生产基地,其生产工艺为甩带法,通过查阅资料试着分析该生产方法可能出现的问题。

参 考 文 献

[1] 胡赓祥，蔡珣，戎咏华. 材料科学基础[M]. 上海：上海交通大学出版社，2012.

[2] 陶杰，姚正军，薛烽. 材料科学基础[M]. 北京：化学工业出版社，2018.

[3] 卡恩. 走进材料科学[M]. 杨柯，等，译. 北京：化学工业出版社，2008.

[4] 刘智恩. 材料科学基础[M]. 西安：西北工业大学出版社，2010.

[5] 赵品，谢辅洲，孙振国. 材料科学基础教程[M]. 哈尔滨：哈尔滨工业大学出版社，2016.

[6] 石德柯. 材料科学基础[M]. 北京：机械工业出版社，2003.

[7] WILLIAM D C Jr, DAVID G R. Materials Science and Engineering An Introduction
[M]. 9th ed. New York：John Wiley & Sons，2014.

[8] DONALD R A, PRADEEP P F. Essentials of Materials Science and Engineering[M].
Toronto：Cengage Learning，2009.

[9] 金志浩，高积强，乔冠军. 工程陶瓷材料[M]. 西安：西安交通大学出版社，2000.

[10] 王建明，杨舒宇. 镍基铸造高温合金[M]. 北京：冶金工业出版社，2014.

[11] 徐祖耀，李鹏兴. 材料科学导论[M]. 上海：上海科学技术出版社，1986.

[12] 肖季美. 合金相与相变[M]. 北京：冶金工业出版社，1987.

[13] СОЛНЦЕВ Ю П, ПРЯХИН Е И. Материаловедение[M]. Санкт－Петербург：
ХИМИЗДАТ，2007.

[14] 江伯鸿. 材料热力学[M]. 上海：上海交通大学出版社，1999.

[15] 徐祖耀，李麟. 材料热力学[M]. 2版. 北京：科学出版社，2000.

[16] 谢希文，过梅丽. 材料科学与工程导论[M]. 北京：北京航空航天大学出版社，1991.

[17] 小威廉，大卫来斯微什. 材料科学与工程基础[M]. 郭福，等，译. 北京：化学工业出版
社 2016.

[18] 田凤仁. 无机材料结构基础[M]. 北京：冶金工业出版社，1993.

[19] 程天一，章守华. 快速凝固技术与新型合金[M]. 北京：宇航出版社，1990.

[20] 刘有延，傅秀军. 准晶体[M]. 北京：科教出版社，1999.

[21] DAVID A P, KENNETH E E, MOHFMED Y S. 金属和合金中的相变[M]. 陈冷，余
永宁，译. 北京：高等教育出版社，2011.

[22] 张耀君. 纳米材料基础[M]. 北京：化学工业出版社，2015.

[23] АЛЕКСФНДРОВ В М. Материаловедение и Технология Конструкционных Материалов
[M]. Архангельск：ИПЦ САФУ，2015.

[24] 阿斯基兰德. 材料科学与工程[M]. 陈皇钧，译. 台北：晓园出版社，1995.

[25] 那顺桑，李杰，艾立群. 金属材料力学性能[M]. 北京：冶金工业出版社，2011.

[26] 张帆，郭益平，周伟敏. 材料性能学[M]. 上海：上海交通大学出版社，2009.

[27] 陆学善. 相图与相变[M]. 合肥：中国科学技术大学出版社，1990.

[28] 余永宁. 金属学原理[M]. 北京：冶金工业出版社，2013.

[29] 余永宁. 材料科学基础[M]. 北京：高等教育出版社，2006.

[30] 杜双明，王晓刚. 材料科学与工程概论[M]. 西安：西安电子科技大学出版社 2011.